FUNDAMENTALS OF
VIRTUAL REALITY TECHNOLOGY
虚拟现实技术基础

高天寒 董傲霜 王英博 喻春阳 段沛博 ◎编著

机械工业出版社
CHINA MACHINE PRESS

虚拟现实凭借其多感知、沉浸感、交互性和构想性，已成为一种先进的"所见即所得"人机交互方式，并广泛应用于教育、医疗、娱乐等多个领域，展现出强大的应用潜力和价值。本书紧跟国家需求，以虚拟现实技术为核心，同时融合增强现实、混合现实等相关技术，全面系统地介绍了虚拟现实技术概述、系统构成、硬件设备、关键技术等九方面内容。

本书充分汲取了编写团队多年的教学和实践经验及学生反馈，内容丰富，结构清晰，语言通俗易懂，旨在帮助读者在深入理解虚拟现实技术的基础上，掌握泛虚拟现实设计与研发技能，为学习和工作打下坚实基础。本书可作为高等院校和高职院校相关专业课程的教材，为培养具备泛虚拟现实技术研发能力的实用性、复合型、国际化人才提供有力支持。

图书在版编目（CIP）数据

虚拟现实技术基础 / 高天寒等编著 . -- 北京：机械工业出版社，2025.6. -- （计算机科学战略新兴技术丛书）. -- ISBN 978-7-111-77446-4

Ⅰ．TP391.98

中国国家版本馆 CIP 数据核字第 2025SY3066 号

机械工业出版社（北京市百万庄大街 22 号　邮政编码 100037）

策划编辑：姚　蕾　　　　　　　　　　责任编辑：姚　蕾　郎亚妹
责任校对：邓冰蓉　张慧敏　景　飞　　责任印制：单爱军
天津嘉恒印务有限公司印刷
2025 年 6 月第 1 版第 1 次印刷
185mm×260mm・15.75 印张・384 千字
标准书号：ISBN 978-7-111-77446-4
定价：59.00 元

电话服务　　　　　　　　网络服务
客服电话：010-88361066　　机 工 官 网：www.cmpbook.com
　　　　　010-88379833　　机 工 官 博：weibo.com/cmp1952
　　　　　010-68326294　　金 书 网：www.golden-book.com
封底无防伪标均为盗版　机工教育服务网：www.cmpedu.com

前　言

虚拟现实（简称 VR）技术是一种可以创建和让人体验虚拟世界的计算机仿真技术。它的目标是以计算机技术为核心，结合相关科学技术，生成在视觉、听觉、嗅觉、味觉、触觉等方面高度仿真的数字化环境。用户借助必要的设备与数字化环境中的对象进行交互，相互影响，产生亲临真实环境的感受和体验。

虚拟现实独具多感知性、沉浸性、交互性及构想性，加之其高仿真特性，已成为一种"所见即所得"的人机交互技术。随着虚拟现实、增强现实、混合现实等泛虚拟现实技术的普及，虚拟现实技术已深入人们生产生活的各个方面，并广泛应用于教育/培训、医疗、传媒/社交/娱乐、工业、农业、旅游、城市规划/房产、电商、军事、航空航天等领域，从而完美发挥其核心优势，为相关行业的发展提供有效支持。

虚拟现实作为用户感知的强大媒介，将带给用户前所未有的体验。尽管现阶段仍存在清晰度较低、计算性能较差、软件内容较局限与容易让人眩晕等问题，但随着硬件设备性能的快速提升及核心技术的不断突破，这些限制终将被克服，从而推动虚拟现实领域的又一次重大突破，进而掀起新一轮科技浪潮。

本书积极响应国家号召，以虚拟现实技术为核心，辅以增强现实、混合现实等技术，进行全方位知识梳理。全书共分为九章，涵盖虚拟现实技术概述、系统构成、硬件设备、关键技术、项目开发流程、开发工具、开发平台、技术扩展、开发案例的相关内容，力求解决当下虚拟现实课程中缺乏交互性的问题。本书凝聚了编写团队多年的教学经验、项目实践及历届学生课堂反馈的宝贵意见，尽可能让读者在理解理论内容的基础上，掌握一定的泛虚拟现实设计与研发技术，为学习、工作巩固理论基础并积累实战经验。

本书整体结构合理，概念讲解清晰，语言通俗易懂，实战案例丰富，图文并茂且对领域内专有名词进行了详细注释，易于读者理解。本书的开发案例兼具较高的实用性和趣味性，代码和流程均经过严格调试与校验，确保准确无误。本书可作为高等院校及高职院校相关专业课程讲解教材使用，为具备泛虚拟现实关键技术研发能力、从事专业技术及管理工作的实用性、复合型、国际化行业人才提供支持。

本书由高天寒主编，董傲霜、王英博、喻春阳、段沛博、米庆巍、江欣蓓、周嵩、谷祖安等参与编著。在本书的编写过程中，参考了大量国内外前沿的文献资料，在此对文献作者做出的成绩和贡献致以崇高的敬意和由衷的感谢。

由于本书为初次出版，书中难免存在疏漏和不当之处，敬请读者批评指正！

编　者

目　录

前言
第1章　虚拟现实技术概述 ………………… 1
　1.1　虚拟现实的发展 …………………… 3
　　1.1.1　虚拟现实的起源与发展历史 ……… 3
　　1.1.2　虚拟现实的当下研究热点与产业
　　　　　生态 ………………………… 7
　　1.1.3　虚拟现实的技术瓶颈与未来发展
　　　　　趋势 ………………………… 8
　1.2　虚拟现实的定义 …………………… 11
　　1.2.1　虚拟现实的概念 ………………… 12
　　1.2.2　虚拟现实的基本特征 …………… 12
　　1.2.3　虚拟现实系统的基本构成 ……… 12
　1.3　虚拟现实的分类 …………………… 13
　　1.3.1　桌面式虚拟现实系统 …………… 13
　　1.3.2　沉浸式虚拟现实系统 …………… 14
　　1.3.3　增强式虚拟现实系统 …………… 15
　　1.3.4　分布式虚拟现实系统 …………… 15
　1.4　虚拟现实的应用领域 ……………… 16
　　1.4.1　教育/培训领域 ………………… 17
　　1.4.2　医疗领域 ………………………… 20
　　1.4.3　传媒/社交/娱乐领域 …………… 21
　　1.4.4　工业领域 ………………………… 25
　　1.4.5　农业领域 ………………………… 26
　　1.4.6　旅游领域 ………………………… 28
　　1.4.7　城市规划/房产领域 …………… 29
　　1.4.8　电商领域 ………………………… 31
　　1.4.9　军事领域 ………………………… 32
　　1.4.10　航空航天领域 ………………… 33
　1.5　本章小结 …………………………… 34

参考文献 ……………………………………… 35
思考题 ………………………………………… 38
第2章　虚拟现实系统构成 ………………… 39
　2.1　虚拟环境 …………………………… 39
　　2.1.1　虚拟环境搭建软件 ……………… 39
　　2.1.2　虚拟环境处理硬件 ……………… 40
　2.2　视觉系统 …………………………… 40
　　2.2.1　固定式 VR 显示器 ……………… 40
　　2.2.2　CAVE 立体显示装置 …………… 41
　　2.2.3　头戴式 VR 显示器 ……………… 42
　　2.2.4　手持式 VR 显示器 ……………… 42
　　2.2.5　视网膜投影设备 ………………… 43
　　2.2.6　分时显示设备 …………………… 43
　　2.2.7　全息投影设备 …………………… 44
　2.3　听觉系统 …………………………… 44
　　2.3.1　固定式音频设备 ………………… 44
　　2.3.2　耳机式音频设备 ………………… 45
　　2.3.3　三维立体声设备 ………………… 46
　2.4　反馈系统 …………………………… 47
　　2.4.1　触觉传感器 ……………………… 47
　　2.4.2　嗅觉传感器 ……………………… 48
　　2.4.3　味觉传感器 ……………………… 50
　　2.4.4　力觉传感器 ……………………… 51
　2.5　跟踪系统 …………………………… 53
　　2.5.1　机械跟踪器 ……………………… 53
　　2.5.2　惯性跟踪器 ……………………… 53
　　2.5.3　光学跟踪器 ……………………… 54
　　2.5.4　电磁跟踪器 ……………………… 54
　　2.5.5　超声波跟踪器 …………………… 55

2.6 交互系统……56
  2.6.1 语言交互设备……56
  2.6.2 动作交互设备……57
  2.6.3 肌肉及神经交互设备……58
  2.6.4 意念控制设备……58
2.7 本章小结……59
参考文献……60
思考题……62

第3章 虚拟现实硬件设备……63
3.1 PC连接类设备……63
  3.1.1 HTC Vive……63
  3.1.2 Oculus Rift……65
  3.1.3 Valve Index……66
  3.1.4 Pimax……67
  3.1.5 HUAWEI VR眼镜……67
  3.1.6 HP Reverb G2 Omnicept……67
  3.1.7 arpara 5K VR……68
  3.1.8 PlayStation VR……68
3.2 头戴式一体机……69
  3.2.1 Oculus Quest……69
  3.2.2 Vive Focus……69
  3.2.3 HTC Vive Flow……70
  3.2.4 Pico……70
  3.2.5 NOLO Sonic……70
  3.2.6 DP VR……71
  3.2.7 MI VR……71
  3.2.8 Skyworth VR……72
  3.2.9 iQUT……72
  3.2.10 arpara AIO VR……72
3.3 移动端眼镜……73
  3.3.1 千幻魔镜……73
  3.3.2 爱奇艺VR小阅悦……73
  3.3.3 Google Cardboard……73
  3.3.4 三星Gear VR……74
  3.3.5 UGP VR……74
  3.3.6 小宅VR……74
  3.3.7 索尼Xperia View……75

3.4 体感设备……75
  3.4.1 体感器……75
  3.4.2 三维鼠标……76
  3.4.3 数据手套……76
  3.4.4 数据衣……76
  3.4.5 VR跑步机……77
  3.4.6 VR手势识别设备……77
  3.4.7 眼部追踪设备……78
3.5 本章小结……79
参考文献……80
思考题……81

第4章 虚拟现实关键技术……82
4.1 虚拟环境建模技术……82
  4.1.1 几何建模技术……83
  4.1.2 纹理映射建模技术……85
  4.1.3 物理建模技术……86
  4.1.4 行为建模技术……88
4.2 实时场景生成与优化技术……88
  4.2.1 真实感光照计算……89
  4.2.2 基于几何的实时绘制技术……89
4.3 立体显示技术……90
  4.3.1 立体视觉的形成原理……90
  4.3.2 立体视觉的生成与再造……91
4.4 虚拟音效技术……92
  4.4.1 虚拟声音形成的原理……93
  4.4.2 虚拟声音的特征……93
  4.4.3 语音识别技术……94
  4.4.4 虚拟声音的合成……94
4.5 捕捉识别技术……94
  4.5.1 面部表情识别技术……95
  4.5.2 眼动识别技术……96
  4.5.3 唇语识别技术……97
  4.5.4 手势识别技术……98
  4.5.5 体感反馈技术……99
4.6 跟踪定位技术……99
  4.6.1 超声波跟踪定位技术……99
  4.6.2 电磁式跟踪定位技术……100

4.6.3　光学式跟踪定位技术 ……………… 100
　　4.6.4　无线射频识别技术 ………………… 101
　　4.6.5　其他定位技术 ……………………… 102
4.7　新一代人机交互技术 ………………………… 102
　　4.7.1　语义识别技术 ……………………… 102
　　4.7.2　脑机接口技术 ……………………… 103
　　4.7.3　用户建模技术 ……………………… 104
　　4.7.4　心理分析技术 ……………………… 105
4.8　数据传输技术 ………………………………… 106
　　4.8.1　5G 通信技术 ………………………… 106
　　4.8.2　蓝牙传输技术 ……………………… 108
　　4.8.3　Wi-Fi 传输技术 ……………………… 109
参考文献 …………………………………………… 111
思考题 ……………………………………………… 112

第 5 章　虚拟现实项目开发流程 …………… 113
5.1　虚拟现实项目开发概述 ……………………… 113
5.2　虚拟现实项目设计 …………………………… 113
　　5.2.1　虚拟现实项目及系统类型 …………… 113
　　5.2.2　流程设计及团队分工 ………………… 117
　　5.2.3　设计目标和原则 ……………………… 120
5.3　虚拟现实项目开发 …………………………… 122
　　5.3.1　项目开发流程 ………………………… 122
　　5.3.2　开发团队角色 ………………………… 123
　　5.3.3　虚拟现实内容制作方式 ……………… 126
　　5.3.4　交互功能开发 ………………………… 127
　　5.3.5　项目开发的重难点问题 ……………… 127
5.4　虚拟现实项目测试 …………………………… 128
　　5.4.1　测试标准 ……………………………… 128
　　5.4.2　基本要求 ……………………………… 128
　　5.4.3　测试方法 ……………………………… 130
5.5　开发建议 ……………………………………… 133
5.6　本章小结 ……………………………………… 134
参考文献 …………………………………………… 135
思考题 ……………………………………………… 136

第 6 章　虚拟现实开发工具 …………………… 137
6.1　策划工具 ……………………………………… 137
　　6.1.1　Axure RP 与 MockingBot ……………… 137
　　6.1.2　MindMaster 与 XMind ………………… 138
　　6.1.3　Machinations ………………………… 139
6.2　程序开发工具 ………………………………… 140
　　6.2.1　Visual Studio ………………………… 140
　　6.2.2　Xcode ………………………………… 144
6.3　美术开发工具 ………………………………… 144
　　6.3.1　Photoshop 与 Illustrator ……………… 144
　　6.3.2　Premiere 与 After Effects ……………… 145
　　6.3.3　3ds Max 与 MAYA …………………… 146
　　6.3.4　Substance Painter 与 Substance
　　　　　 Designer ………………………………… 152
　　6.3.5　UVLayout 与 Unfold3D ……………… 157
　　6.3.6　ZBrush ………………………………… 158
　　6.3.7　Blender ………………………………… 158
　　6.3.8　Houdini ………………………………… 159
6.4　音乐及音效处理工具 ………………………… 160
　　6.4.1　Audition ……………………………… 160
　　6.4.2　Virtual DJ …………………………… 160
参考文献 …………………………………………… 162
思考题 ……………………………………………… 163

第 7 章　虚拟现实开发平台 …………………… 164
7.1　Unity 3D ……………………………………… 164
　　7.1.1　Unity 3D 的发展历史 ………………… 164
　　7.1.2　Unity 3D 的核心功能概述 …………… 165
　　7.1.3　Unity 3D 的虚拟现实支持 …………… 168
7.2　虚幻引擎 ……………………………………… 169
　　7.2.1　虚幻引擎的发展历史 ………………… 169
　　7.2.2　虚幻引擎的核心功能概述 …………… 170
　　7.2.3　虚幻引擎的虚拟现实支持 …………… 176
7.3　CRYENGINE ………………………………… 176
　　7.3.1　CRYENGINE 的发展历史 …………… 177
　　7.3.2　CRYENGINE 的核心功能概述 ……… 178
　　7.3.3　CRYENGINE 的虚拟现实支持 ……… 178
思考题 ……………………………………………… 179

第 8 章　虚拟现实技术扩展 …………………… 180
8.1　增强现实技术 ………………………………… 181
　　8.1.1　增强现实的定义 ……………………… 181

8.1.2　增强现实与虚拟现实……………182
　　8.1.3　增强现实的应用领域……………184
8.2　混合现实技术……………………………189
　　8.2.1　混合现实的定义…………………189
　　8.2.2　混合现实与虚拟现实……………190
　　8.2.3　混合现实的应用领域……………191
8.3　全息投影技术……………………………198
　　8.3.1　全息投影技术的定义……………198
　　8.3.2　全息投影技术的应用领域………199
8.4　扩展现实技术……………………………199
　　8.4.1　扩展现实技术的定义……………200
　　8.4.2　扩展现实技术的应用领域………200
8.5　本章小结…………………………………204
参考文献…………………………………………205
思考题……………………………………………207

第9章　虚拟现实开发案例……………………208
9.1　项目准备…………………………………208
　　9.1.1　Unity 3D 引擎……………………208

　　9.1.2　外部硬件配置………………………209
　　9.1.3　SteamVR 插件的获取……………213
9.2　SteamVR 插件的具体操作………………215
　　9.2.1　Skeleton……………………………215
　　9.2.2　SteamVR 输入………………………217
　　9.2.3　绑定 UI………………………………218
　　9.2.4　使用动作……………………………219
9.3　交互系统…………………………………220
　　9.3.1　玩家与移动…………………………220
　　9.3.2　简单物体交互………………………222
　　9.3.3　特殊物体交互………………………223
9.4　校史馆系统设计与实现案例……………226
　　9.4.1　系统分析……………………………226
　　9.4.2　系统设计……………………………226
　　9.4.3　系统实现……………………………231
9.5　本章小结…………………………………239
参考文献…………………………………………240
思考题……………………………………………241

第 1 章　虚拟现实技术概述

　　虚拟现实（Virtual Reality，VR），也称为虚拟环境，是利用计算机模拟生成的一个三维空间的虚拟世界。它为用户提供视觉、听觉等感官模拟，使其获得身临其境的感受，并可以即时、无限制地观察三维空间内的事物。当用户进行位置移动时，计算机可以立即进行复杂运算，将精确的三维世界影像传回，从而产生临场感。虚拟现实技术集成了计算机图形学、计算机仿真、人工智能、立体显示、捕捉识别、跟踪定位、人机交互及网络并行处理等多项技术的新发展成果，是一种由计算机技术辅助生成的高技术模拟系统。作为当今前沿的科学、哲学和技术之一，虚拟现实技术是一种创造全面幻想的全新手段。虚拟现实是用户感受美好、体验恐惧的强大的媒介，它将带给用户前所未有的体验，相比于其他媒介而言，更能鲜明突显个体的特质。与此同时，在认知和感知方面，虚拟现实也是研究人类存在的颇具影响力的手段。

　　从技术的角度来说，虚拟现实系统具有四个基本特征，即多感知性（multi-sensory）、沉浸性（immersion）、交互性（interactivity）和构想性（imagination）。它强调在虚拟系统中的用户的主导作用。用户从过去只能从计算机系统的外部去观测处理结果，到能够沉浸于计算机系统所创建的虚拟环境中；从过去只能通过键盘、鼠标与计算环境中的单维数字信息发生作用，到能够使用多种传感器与多维信息环境进行交互；从过去只能以定量计算为主的结果中得到启发来加深对事物的认识，到从定性和定量综合集成的环境中得到感性和理性的认识来深化概念并萌发新意。总而言之，未来的虚拟系统旨在尽量"满足"用户的需要，而不是让用户被强迫去"凑合"那些不是很亲切的计算机系统。

　　当前，大部分虚拟现实技术都是视觉体验，一般通过计算机屏幕、特殊显示设备或立体显示设备获得。同时，在一些仿真中也加入了其他感官处理，如从音响和耳机中获得的声音效果。此外，在一些高级的触觉系统中还包含了触觉信息（也叫作力反馈），在医疗和娱乐领域有着广泛的应用。用户与虚拟环境的主体交互通过标准设备或仿真设备来实现，而虚拟环境既可以与现实世界类似，如飞行仿真和作战训练，也可以与现实世界存在明显差异，如虚拟现实游戏。目前，由于技术上的限制（计算机处理能力、图像分辨率和通信带宽等），高逼真的虚拟现实环境依然很难形成。然而，随着时间的推移，处理器、图像和数据通信技术将愈发成熟，这些限制终将被克服，从而推动虚拟现实领域的又一次重大突破。虚拟现实技术概述架构图如图 1-1 所示。

第 1 章

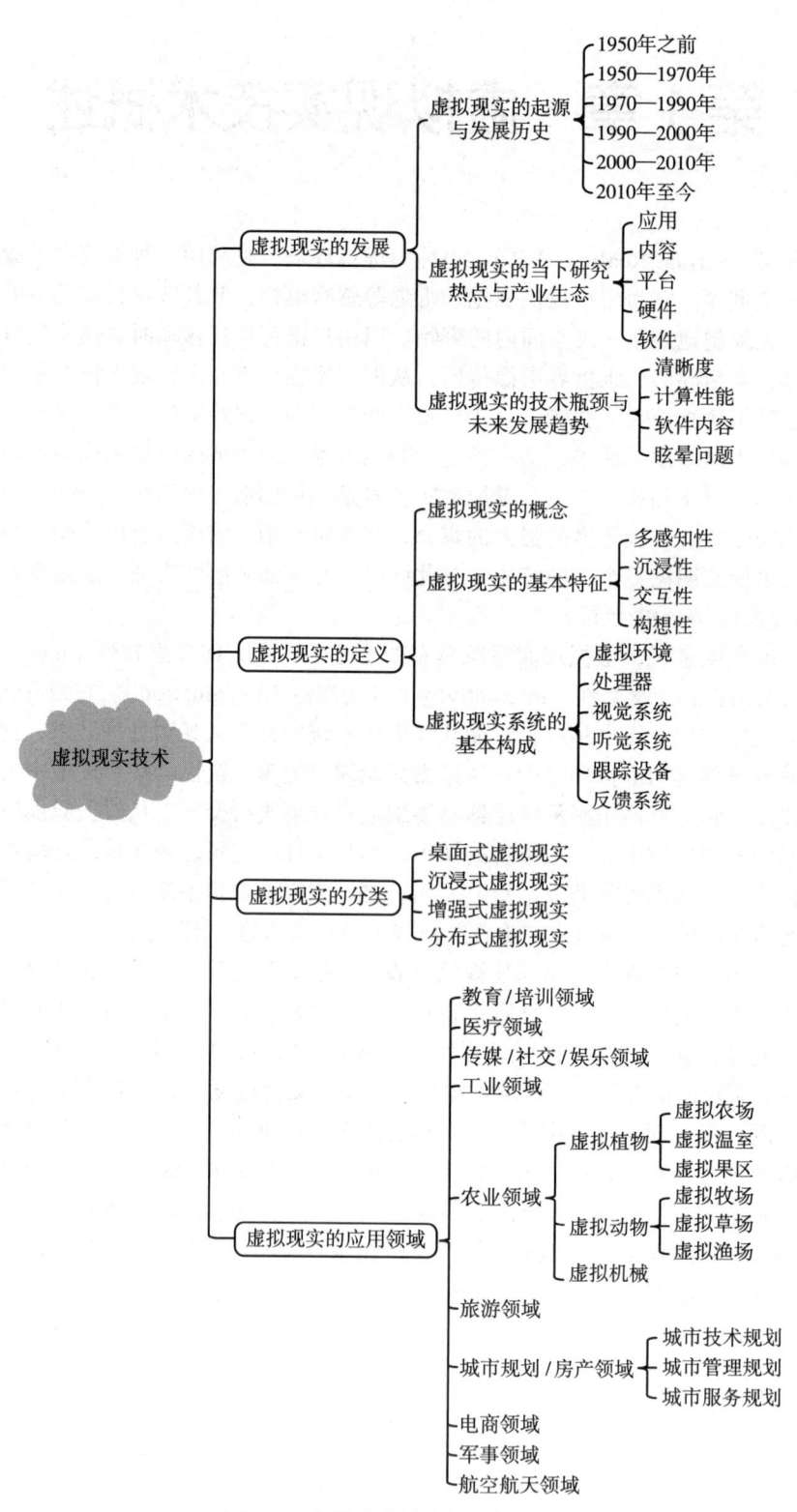

```
虚拟现实技术
├── 虚拟现实的发展
│   ├── 虚拟现实的起源与发展历史
│   │   ├── 1950年之前
│   │   ├── 1950—1970年
│   │   ├── 1970—1990年
│   │   ├── 1990—2000年
│   │   ├── 2000—2010年
│   │   └── 2010年至今
│   ├── 虚拟现实的当下研究热点与产业生态
│   │   ├── 应用
│   │   ├── 内容
│   │   ├── 平台
│   │   ├── 硬件
│   │   └── 软件
│   └── 虚拟现实的技术瓶颈与未来发展趋势
│       ├── 清晰度
│       ├── 计算性能
│       ├── 软件内容
│       └── 眩晕问题
├── 虚拟现实的定义
│   ├── 虚拟现实的概念
│   ├── 虚拟现实的基本特征
│   │   ├── 多感知性
│   │   ├── 沉浸性
│   │   ├── 交互性
│   │   └── 构想性
│   └── 虚拟现实系统的基本构成
│       ├── 虚拟环境
│       ├── 处理器
│       ├── 视觉系统
│       ├── 听觉系统
│       ├── 跟踪设备
│       └── 反馈系统
├── 虚拟现实的分类
│   ├── 桌面式虚拟现实
│   ├── 沉浸式虚拟现实
│   ├── 增强式虚拟现实
│   └── 分布式虚拟现实
└── 虚拟现实的应用领域
    ├── 教育/培训领域
    ├── 医疗领域
    ├── 传媒/社交/娱乐领域
    ├── 工业领域
    ├── 农业领域
    │   ├── 虚拟植物
    │   │   ├── 虚拟农场
    │   │   ├── 虚拟温室
    │   │   └── 虚拟果区
    │   ├── 虚拟动物
    │   │   ├── 虚拟牧场
    │   │   ├── 虚拟草场
    │   │   └── 虚拟渔场
    │   └── 虚拟机械
    ├── 旅游领域
    ├── 城市规划/房产领域
    │   ├── 城市技术规划
    │   ├── 城市管理规划
    │   └── 城市服务规划
    ├── 电商领域
    ├── 军事领域
    └── 航空航天领域
```

图 1-1　虚拟现实技术概述架构图

1.1 虚拟现实的发展

术语"人造现实"(Artificial Reality, AR)由迈伦·克鲁格(Myron W. Krueger)创造,并自20世纪70年代沿用至今。然而,术语"虚拟现实"的起源可以追溯至法国剧作家、诗人、演员和导演安托南·阿尔托(Antonin Artaud),他在知名著作《残酷戏剧:戏剧及其重影》中,将剧院描述为"虚拟现实"。美国作家埃里克·戴维斯(Erik Davis)将虚拟现实称为"角色、物体、图像在炼金术师颅内幻想中的律动"。

此外,"虚拟现实"一词也被用在达米恩·布罗德里克(Damien Broderick)于1982年出版的科幻小说《犹大曼陀罗》(*The Judas Mandala*)中,但使用的范围与上述定义有所不同。由牛津词典列举的最早使用记录来源于1987年的一篇名为"Virtual Reality"的文章,但其含义与当今意义不同。真正符合当下定义的"虚拟现实"是由杰伦·拉尼尔(Jaron Lanier)和他的公司VPL Research创造并推广的。VPL Research持有众多20世纪80年代中期的虚拟现实技术专利,并开发了第一个被广泛使用的头戴式可视设备(Head Mounted Display, HMD)EyePhone和触觉输出设备DataGlove。虚拟现实的概念是在《头脑风暴》(*Brainstorm*)、《割草者》(*Lawnmower Man*)等电影的推广下才逐渐向大众普及的。20世纪90年代的虚拟现实研究热潮伴随着霍华德·莱恩格尔德(Howard Rheingold)的非小说类书籍《虚拟现实》(*Virtual Reality*)的发表席卷而来。本书将"虚拟现实"这个名词去神秘化,使其更易于初级技术人员和爱好者理解。

1.1.1 虚拟现实的起源与发展历史

1. 1950年之前

虚拟现实的概念起源于斯坦利·温鲍姆(Stanley G. Weinbaum)的科幻小说《皮格马利翁的眼镜》(*Pygmalion's Spectacles*),该著作被认为是探讨虚拟现实的首部科幻作品,简短的故事中详细地描述了以嗅觉、触觉和全息护目镜为基础的虚拟现实系统。

2. 1950—1970年

莫顿·海利希(Morton Heilig)在20世纪50年代创造了一个"体验剧场",可以在有效涵盖所有感觉的同时吸引观众注意屏幕上的活动。1962年,他构建了一个名为Sensorama的原型———一种机械设备,其中展示了五部短片并涵盖了视觉、听觉、嗅觉和触觉等多种感觉,至今仍在小范围内使用。Sensorama的原型如图1-2所示。在同一时期,道格拉斯·卡尔·恩格尔巴特(Douglas Carl Engelbart)将计算机屏幕用作输入和输出设备,为虚拟现实技术的有效呈现提供了重要支撑。

1968年,伊凡·爱德华·苏泽兰(Ivan Edward Sutherland)与学生鲍勃·斯普劳尔(Bob Sproull)创造了第一个虚拟现实及增强现实(Augmented Reality, AR)头戴式显示器系统。这种头戴式显示器被称为达摩克利斯之剑(The Sword of Damocles)。然而,这一系统十分原始,同时也相当沉重,实用性较低。

3. 1970—1990年

在早期的虚拟现实中,最值得注意的是阿斯电影地图(Aspen Movie Map),它由麻省理工学院于 1978 年创建，背景为科罗拉多州阿斯彭，用户可以自由徜徉在夏季、冬季、多边形三种街头模式中。

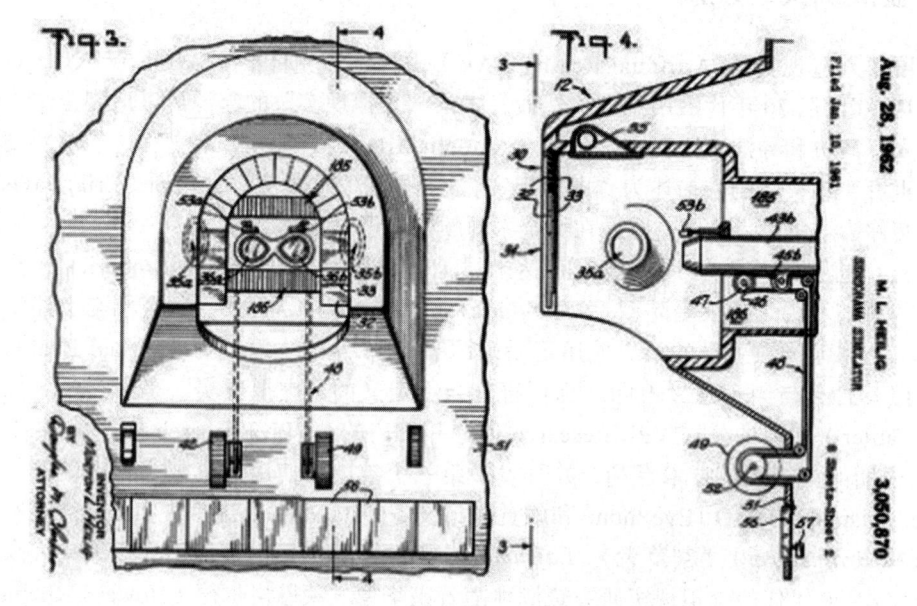

图 1-2　Sensorama 原型

Atari 公司于 1982 年成立了虚拟现实研究实验室，但在两年后因雅达利冲击（Atari Shock）（雅达利冲击）关闭。1985 年，由杰伦·拉尼尔创办的 VPL Research 完成了数据手套（DataGlove）、眼睛电话（EyePhone）及环绕音响（AudioSphere）等多种虚拟现实设备的研发，从而使虚拟现实这一概念广为人知。在 20 世纪 80 年代末，媒体报道逐渐增加，众多知名文化机构称赞虚拟现实不仅是一种全新的艺术形式，还是一个全新的领域。随着媒体的报道，人们也逐渐意识到虚拟现实的无穷潜力，甚至有些媒体将虚拟现实与莱特兄弟发明的飞机相提并论。

1988 年，Autodesk 的 Cyberspace 项目率先在低成本个人计算机上成功实现虚拟现实。项目负责人埃里克·古里奇森（Eric Gullichsen）于 1990 年离开并成立了 Sense8 公司，完成了 WorldToolKit 这一著名虚拟现实 SDK 的开发，它为个人计算机提供了首个带有纹理映射的实时图形，并在工业界和学术界得到了广泛应用。

4. 1990—2000 年

1991 年，SEGA 公司发布了适用于 Mega Drive 家用游戏机的 SEGA VR 头显。它在遮阳板、立体声耳机和惯性传感器中使用 LCD 屏幕，使系统能够跟踪用户头部运动并实时做出反应。同年，游戏 *Virtuality* 推出，成为第一个在众多国家或地区发行的大规模生产、联网的多人虚拟现实娱乐系统。每台 *Virtuality* 系统的成本约为 7.3 万美元，包含头盔和手套。此外，该系统也是首个三维虚拟现实系统。罗莱·克鲁兹·内拉（Carolina Cruz-Neira）、丹尼尔·桑丁（Daniel J. Sandin）和托马斯·蒂凡提（Thomas A. DeFanti）在电子可视化实验室创建了第一个立方体沉浸式房间，即洞穴自动虚拟环境（Cave Automatic Virtual Enviroment，CAVE）。CAVE 是一个多投影环境，与全息甲板类似，允许用户看到自身与房间内其他人的关系。麻省理工学院毕业生和美国国家航空航天局（National Aeronautics and Space Administration，NASA）科学家安东尼奥·梅迪纳（Antonio Medina）设计了一个虚拟现实系统，尽管信号存在显著的延迟问题，但它可以在一定程度上实时从地球"驱动"火星探测器。该系统被称为"计算机模拟遥控操作"，是虚拟现实的重要延伸。

1994年，SEGA发行了SEGA VR-1运动模拟器街机（如图1-3所示）及街机游戏 *Dennou Senki Net Merc*，两者都使用了名为Mega Visor Display的高级头戴式显示器，从而实现了头部运动跟踪，并产生立体3D图像。同年，苹果发布QuickTime VR格式，至今仍与虚拟现实广泛链接。

1995年，Nintendo完成了Virtual Boy（如图1-4所示）并在日本发布。1996年，虚拟环境剧场系统在美国网景通信公司主办的展览会中发表，首次展示了虚拟现实与网络互联的情形。

图 1-3　SEGA VR-1　　图 1-4　Virtual Boy

1999年，企业家菲利普·罗斯戴尔（Philip Rosedale）组织林登实验室（Linden Lab）以硬件为核心进行研究，使PC用户完全沉浸于360°的虚拟现实中。

5. 2000—2010年

2001年，SAS Cube成为第一个台式机立体空间，由Z-A生产，于同年4月在法国拉瓦尔完成。

2007年，Google公司推出街景视图，逐步呈现世界各地全景，涵盖城市、农村、道路、建筑物等。其3D模式于2010年推出。

6. 2010年至今

2010年，帕尔默·拉奇（Palmer Luckey）设计了Oculus Rift的第一个原型。该原型建立在另一个虚拟现实头显的外壳上，只能进行旋转跟踪。然而，它拥有90°的视野，这在当时的消费市场上前所未有。由创建视野的镜头所引起的失真问题由约翰·卡马克（John Carmack）编写的软件纠正。这个原型为Oculus后续设备的设计更新奠定了基础。2012年，约翰·卡马克在E3电子游戏展上首次展示了Oculus Rift，如图1-5所示。

图 1-5　Oculus Rift

2013年，Valve发现并免费分享了低余晖（Low-Persistence）显示的突破，使虚拟现实内容的无延迟、无拖尾显示成为可能。该技术被Oculus用于后续研发的所有头显中。2014年年初，Valve展示了他们的SteamSight原型，即2016年发布的两款消费类头显的前身。该原型与消费类头显共享主要功能，包括每只眼睛独立的1K显示器、满足低余晖的大面积位置跟踪器和菲涅尔透镜。2015年，HTC和Valve宣布联合推出HTC Vive及配套控制器，内嵌名为Lighthouse的跟踪技术，利用壁挂式"基站"搭载红外线进行位置追踪。

2014年，SONY宣布了Morpheus计划，代号为PlayStation VR。这是一款用于PlayStation 4视频游戏机的虚拟现实硬件设备（如图1-6所示）。同年，Google发布了Cardboard（如图1-7所示），这是一款可自己动手制作的立体查看器，用户可以通过将智能手机放在纸板架上，然后把纸板架戴在头上观看手机中的虚拟视频与场景。迈克尔·奈马克（Michael Naimark）被任命为Google新虚拟现实部门的首位常驻设计师。2015年，Razer推出开源项目OSVR。

图1-6　PlayStation VR 　　　　图1-7　Google Cardboard

2016年，HTC出货了第一批HTC Vive Steam VR头显（如图1-8所示），标志着基于传感器进行位置追踪的首个商业版本的产生。它允许用户在定义的空间内进行自由移动。SONY在2017年提交的一项专利表明，他们正在为PlayStation VR开发与HTC Vive类似的位置追踪技术，具有开发无线头显的潜力。同年，Conductor VR发布了全球首个大空间多人交互虚拟现实行业应用。

2019年，Oculus发布了Oculus Rift S（如图1-9所示）和独立头显Oculus Quest（如图1-10所示）。与前几代设备的由外向内跟踪相比，这些头显使用全新的由内向外跟踪方式。同年，Valve发布了Valve Index（如图1-11所示），功能包括130°视野、独具沉浸感和舒适度的离耳式耳机、支持独立手指跟踪的开放式控制器、前置摄像头及用于扩展的前置扩展槽等。

图1-8　HTC Vive Steam VR

图1-9　Oculus Rift S

图 1-10 Oculus Quest

图 1-11 Valve Index

2020年，Oculus发布了Oculus Quest 2（如图1-12所示），该设备具有更清晰的屏幕、更低的价格和更高的性能。然而，用户需要登录Facebook账户才能使用这款头显。

2021年，欧洲航空安全局（European Aviation Safety Agency，EASA）批准了首个基于虚拟现实的飞行模拟训练装置（Flight Synthetic Training Device，FSTD），如图1-13所示。该设备为旋翼机飞行员提供了在虚拟环境中进行危险操作训练的可能，大幅提升了安全性，并有效解决了旋翼机运行中的一个关键风险问题。该培训设备的能力与技术进步可用于补充全飞行模拟器，满足对新的垂直起降（Vertical Take-Off and Landing，VTOL）飞行器的培训需求。同时，通过审查关键培训场景并使模拟器用于高风险培训操作，得出该设备符合欧洲航空安全局旋翼机安全路线图中的安全目标。

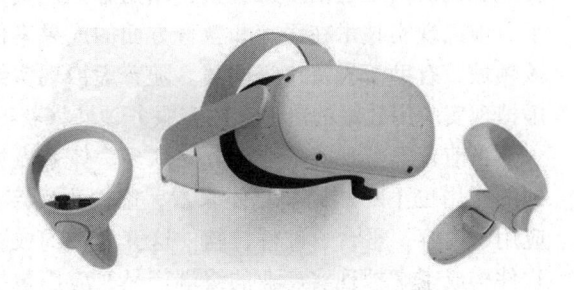

图 1-12 Oculus Quest 2

图 1-13 基于虚拟现实的飞行模拟训练装置

1.1.2 虚拟现实的当下研究热点与产业生态

虚拟现实领域主要涉及计算机科学和工程学两大学科。5G商用化进程的加速和"非接触式"经济的新需求为虚拟现实产业发展带来了新的机遇。虚拟现实技术在企业复工复产、服务保障、抗疫效率提升等方面发挥了积极作用。当前，虚拟现实产业的关键技术不断突破，消费级和行业级虚拟现实产品及行业应用解决方案供给更为丰富，产业投资热情再度高涨，虚拟现实产业正逐渐步入稳步发展期。

2020年，虚拟现实终端市场迅速扩大，为虚拟现实产业带来了新的增长空间。随着居家娱乐、在线教育、远程医疗、远程巡防等行业应用需求的增长，虚拟现实终端出货量快速增长。由于虚拟现实终端尚未出现明确的领军企业，因此将有更多企业跨界入局。面向普及型消费领域的PC端、移动端、电视端、一体机等多形态虚拟现实终端出货量将继续高速增长，各种虚拟现实终端新品迭代快速推进，外形上将更注重时尚、轻巧和舒适性，功能上将保持高分辨率、广视角、低功耗、无线化的发展趋势。形态多样化、功能集成化的终端产品将为虚拟现实应用与内容的发展提供全新基础载体。

近年来，虚拟现实产业核心技术不断取得突破，系统及解决方案逐渐成熟，已形成较为完整的虚拟现实产业链。随着内容的不断丰富，虚拟现实整体上将向更多样化的形态、更高效的渲染效率、更低的能耗，以及提升视频解码能力和带宽的方向延伸。虚拟现实内容和终端互相促进，正向盈利的产业模式逐渐成熟，虚拟现实产业链、价值链闭环加速形成。

虚拟现实技术在非接触式经济的发展方面发挥了积极作用。随着企业和机构的投融资交流和调研活动逐渐步入正轨，国内虚拟现实行业的投资市场也逐步恢复到较为活跃的水平。虚拟现实技术在医疗和教育方面的成果案例及良好市场前景，将吸引投资者再次关注该领域，有助于投资市场回暖。随着虚拟现实终端产品性能的提升，以及地方出台的加速虚拟现实应用政策的落地，内容服务领域将获得资本市场的持续资金注入。

当前，虚拟现实产业链分支众多、体系庞大，硬件、平台等各类别在整个产业链中起到的作用也不尽相同。总体来看，虚拟现实产业链主要覆盖硬件、软件等多个垂直领域。应用、内容、平台、硬件、软件这五大类构成了虚拟现实产业体系的核心。其中，硬件和软件构成了虚拟现实产业的终端产品，应用包括各应用领域的应用软件和应用分发，内容则涵盖各应用领域的内容运营与制作。

从高大上的"黑科技"，到日常生活的吃穿住行，虚拟现实技术产品已与不同行业深度融合，在工业制造、文化、健康、商贸等领域发挥重要作用。作为引领全球新一轮产业变革的重要力量，虚拟现实产业的发展有望推动经济社会各领域发展质量和提升效益。

虚拟现实技术跨界融合了多个领域的技术，是下一代通用性技术平台和下一代互联网入口。虚拟现实产业的飞跃离不开技术融合的美美与共。虚拟现实在过去只是一个新奇和有趣的应用，但当它与人工智能、大数据相结合时，就能从一个"娱乐工具"变成解决实际问题的"核心技术"。

商用的5G技术为提升虚拟现实体验提供了强大的技术支撑。业内人士指出，5G的特性与虚拟现实的结合将为各行各业的发展带来更大的想象空间。5G的超高传输速率和端到端低时延的特性，能很好地满足虚拟现实技术的要求。而虚拟现实想要真正落地应用，也需要多元的应用场景和实时接入能力，同时，这也依赖于更高性能的5G网络。

人工智能与虚拟现实的融合，同样为虚拟现实开拓了广阔的生存空间。研究人员预测，人工智能与虚拟现实技术的结合将在医学、教育等诸多方面重塑未来日常生活和企业运营方式。更重要的是，虚拟现实只有与实体经济紧密结合，才能化虚为实。离开实体经济，即使虚拟现实等技术再流行、资本再青睐，如果不能推进实体业转型升级以及可持续和绿色的发展，这样的技术也会变得毫无意义。

1.1.3 虚拟现实的技术瓶颈与未来发展趋势

虚拟现实技术已成为当下的研究热点，但事实上，虚拟现实距离行业成熟仍有很长的路要走。接下来，我们分别从清晰度、计算性能、软件内容与眩晕问题几个方面对虚拟现实的技术瓶颈进行阐述。

1. 清晰度

从用户反馈可以看出，虚拟现实体验中最重要的就是清晰度。视网膜屏是清晰度的最终目标。我们首先引入一个跨平台的通用概念，即每一度视场角像素数（Pixels Per Degree，PPD）。目前，业内普遍认为 60 PPD 可视为视网膜屏。也就是说，在人类视野中，若每个视场中存在 60 个以上的像素，人就无法分辨像素颗粒。按照 60 PPD 的标准，一个视场角（Field Of View，FOV）为 100° 的虚拟现实眼镜，单眼就需要 6000 个像素，即单目 6K，双目 12K。

早期的虚拟现实眼镜普遍使用 2K 的分辨率，该分辨率会存在较明显的纱窗效应[⊖]。目前，双目 3K 屏是市场上已有的主流顶级分辨率，在这个分辨率下纱窗效应已经并不明显。而对于分辨率更高的 4K 屏而言，由于实机较少，实际效果还有待验证。虽然部分厂商声称已使用 8K 屏，但实际上为两个 4K 屏横向拼接，像素密度并没有变化。

由此可见，目前成熟应用的屏幕分辨率远未达到 12K 的要求。其中的主要问题在于 60 PPD 这一业界流行标准。这个标准或存夸大成分，60 PPD 相当于把手机放到 40 厘米处肉眼所观察到的情况。但实验表明，即便把手机放到 20 厘米处，肉眼仍然很难看到像素颗粒，尤其是在看图片时，相对于看锐利的文字边缘，像素颗粒将变得更难以分辨，此情况相当于只有 30 PPD 左右。按照这个新标准，对 100° FOV 的虚拟现实眼镜来说，单目只需要约 3000 个像素就可以视为有实用价值的视网膜屏，即双目 6K。这个数值与目前市场上已经存在的 4K 相比，没有明显差异。

2. 计算性能

继屏幕问题之后，随之而来的便是为能充分利用视网膜屏所需的计算能力，特别是视频解码能力。以 4K 视频为例，虚拟现实视频可以 360° 观看。对于 4K、360° 2D 全景视频来说，其 4K 的边长需要最终被环绕到一个 360° 的圆上。因此，在使用 100° FOV 的眼镜观看时，人眼在一个方向上能看到的像素数量略高于 1000。但对于双目 4K 屏幕来说，单目像素数却是 2000，所以在 4K 分辨率的眼镜上只播放 4K 视频是远远不够的。在 4K 屏幕上应播放 8K 视频，以此类推，在未来的视网膜屏 6K 眼镜上应播放 12K 的视频。

然而，12K 视频的解码难度是相当高的。就当前的一体机处理芯片来说，顶级芯片也只能做到流畅解码 4K 视频，离 12K 的要求相差甚远。为了达到这一要求，可以使用分片解码方式来巧妙避开这个问题。

分片解码的概念十分简单和直观，即只解码所视范围。故对于 100° FOV 来说，8K 视频只需要解码 2K 左右，芯片处理起来也就游刃有余了。可以说，分片解码是未来虚拟现实视频播放所必须落实的技术，否则视网膜清晰度的视频对于计算能力和网络传输来说都是灾难。当前，各个虚拟现实厂商已经逐渐着手尝试分片解码技术，相信在不久的将来，这项技术会在真正意义上普及开来。

随着分辨率的提升，渲染一个完整的场景所需的计算能力也日益增大，尤其在场景中存在较为复杂的材质、模型、特效与光照时，这种情况更加凸显。此时，需要引入注视点渲染技术来降低处理难度。

注视点渲染技术利用了人眼的特性之一，即虽然人眼的整体 FOV 很大，但在同一时间内，它只能分辨很小的 FOV 内的景物。

实验表明，当把视野中央直径 40° 以外的图像压缩到四分之一的分辨率时，人眼并不

⊖ 纱窗效应：由于虚拟现实眼镜屏幕和内容的分辨率不足，人眼会直接看到显示屏的像素点。

会感知到分辨率的下降。因此，对于一个 100° FOV 的虚拟现实眼镜，可以只对 40° 范围以内的景物进行高清渲染，而 40° 以外的部分只需要用四分之一的分辨率来渲染，以便大幅度降低渲染计算能力需求。

当然，人眼并不会只看向正前方，所以注视点渲染技术还需要与眼动追踪技术结合使用。目前，眼动追踪技术已有比较成熟的方案，但是特定区域渲染技术还没有广泛推广，仍需要各大厂商共同推进。

3. 软件内容

全新计算平台的普及需要丰富的内容生态。目前，移动平台、PC 平台和 PlayStation 平台的虚拟现实软件与游戏数量分别为 1000、2000 和 200 余款，而这些数字远不及 PC 端与移动端的总体软件和游戏数量。

目前影响软件内容增长的主要因素有两个。一个因素是设备保有量低，导致对开发者的吸引力较低。这个因素是由行业发展阶段决定的，只能寄希望于大型游戏厂商的投资来推动市场。另一个因素是虚拟现实行业的软件标准不统一问题，尤其是移动平台的完全碎片化问题。尽管大部分都基于 Android 平台，但每个厂商的 SDK 标准却各不相同。软件开发商需要针对不同的眼镜平台对接不同的 SDK 并分别调试，这无疑会给开发者带来极大的额外工作量。值得庆幸的是，OpenXR 标准组织正力求把各个平台的 SDK 标准统一化，这样开发者只要开发一次应用，就能在不同平台上分布运行。这对虚拟现实软件行业而言将是一大利好。

4. 眩晕问题

对于虚拟现实产生的眩晕问题，很多人存在一定的误区，即认为眩晕与晕动症[一]相关。其实，晕动症只是虚拟现实眩晕中的诱因之一。目前市场上的大部分应用和游戏都已尽量避免非同步运动这一问题，即很多游戏内容从操作方式上都不会造成眩晕问题。

实际上，除了晕动症外，还会有很多其他问题造成用户眩晕，包括但不限于屏幕刷新率、光学畸变、显示延迟、定位准确度等。当前用户遇到的眩晕问题更多是由这类因素造成的。事实上，这些因素都是"可解"的。也就是说，只要虚拟现实眼镜厂商悉心调节，就可以将眩晕问题有效解决。

值得注意的是，晕动症并非人类固有的生理反应，即并非在虚拟运动与实际运动不符时就一定会产生晕眩感，而是与人类的意识认知紧密相关。当身处在虚拟环境中向前运动时，快速摆动胳膊会使晕眩感降低；而在转向时，若身体同时向一侧倾斜，也可以有效降低晕眩感。运动游戏 *Sprint Vector* 中有一个有趣的现象，玩家通过向后"拖拽"场景的方式向前移动，即便现实中原地不动而游戏内的场景高速向后移动，玩家也感受不到眩晕感。这一现象令人惊讶。

虽然拖拽的方式在游戏中的适应性并不广泛，但它为解决眩晕问题提供了一个新方向，即人类对虚拟世界运动的认知会极大影响晕眩感的强弱。展望未来，晕动症在脑科学和心理学的共同发展下有望被彻底消除，届时人类将能在虚拟世界中随心所欲地穿行。

[一] 晕动症：由摇摆、颠簸、旋转、加速运动等因素所致疾病的统称。其发生原因一般为大脑接收到来自感觉器官的抵触信息，即人眼无法判断同一对照物的运动和设备或装置运动在内耳形成的平衡机制之间的关系。中枢神经系统通过大脑中的恶心中枢活动对该压力做出应答。

未来几年，在硬件层面，将有数款优质虚拟现实硬件设备出现，它将在重量、清晰度、定位精确度等方面为用户提供更加出色的体验。而在内容层面，随着设备保有量的增长，更多开发者将投入到虚拟现实领域，进而将有更多百万销量的游戏被推出。

云游戏作为新兴趋势，热度正日益增长。从长远角度来看，这个方向前景广阔，但目前由于网络提速仍未完全落实，它仍处于试验阶段。此外，在虚拟现实游戏上使用云计算的前提是在数据量相对较小的普通3D游戏上实现。

在当前政策的推动下，5G正如火如荼地发展，而5G最直观的应用就是高清虚拟现实视频。但是由于当前视频的付费习惯，在线视频仍如平面视频平台一样面临着难以营收的问题。因此，虚拟现实视频的盈利点在未来仍主要集中在B端，如定制拍摄各种景区、展览视频等。另外，虚拟现实直播领域也将会异军突起。

教育培训领域也将因虚拟现实技术的普及而受益。6自由度（Degree of Freedom，DOF）一体机的日益成熟使得用户体验更加逼真，操作也更为简单。加之政策的推动，该领域的投入将会逐步加速。

在运营商市场方面，随着5G、云虚拟现实的进一步推进，虚拟现实设备将进入更多用户的家中。

总的来说，虚拟现实行业在未来将吸引人们更多的关注。随着体验的提升和内容生态的繁荣，全球虚拟现实产品销量有望突破千万大关。可以说，虚拟现实行业已迎来复苏的曙光。

1.2 虚拟现实的定义

关于虚拟现实技术的定义，目前尚无统一的标准，主要可分为狭义和广义两种定义方式。

所谓狭义的定义，即认为虚拟现实技术是一种先进的人机交互方式，虚拟现实技术可被称为"基于自然的人机接口"。在虚拟现实环境中，用户看到的是彩色、立体、随视点变化的景象，听到的是虚拟环境中的声响，感受到的是身体部位在虚拟环境中反馈的作用力，从而产生一种身临其境的感觉。换言之，虚拟现实技术使用户能够以与感受真实世界一样的方式来感受计算机生成的虚拟世界。

所谓广义的定义，即认为虚拟现实技术是对虚拟想象或真实的多感官三维世界的全面模拟。虚拟现实技术不只是一种人机交互接口，更是对虚拟世界内部的模拟。人机交互接口采用虚拟现实的方式，对某个特定环境真实再现后，用户通过自然的方式接受和响应模拟环境中的各种感官刺激，与虚拟世界中的人和物进行思想和行为等方面的互动，从而产生沉浸感。

虚拟现实系统创造的虚拟世界不同于一般的虚拟世界，前者可以被称为"三维的、由计算机生成的、存在于计算机内部的虚拟世界"，且这一虚拟世界或环境一定是人工构造的。

这种虚拟世界通常分为两类。一类是真实世界的再现，如文物古迹保护中对已建、待建或受损的真实建筑物的虚拟重建。另一类是完全虚拟的人造世界，例如，借助可视化技术构造的虚拟风洞世界或在三维动画设计中形成的人工虚拟世界。若涉及接口，则称之为"具备虚拟现实接口的由计算机生成的多维虚拟世界"。而一般虚拟世界的定义为"令人有参与感、可交互的非真实世界"，这种世界并非一定由计算机生成，如电影拍摄所搭建的场景，用户的参与感和沉浸性也并非像虚拟现实系统那样强烈。

1.2.1 虚拟现实的概念

虚拟现实技术是指采用以计算机技术为核心的现代高科技手段，生成逼真的视觉、听觉、嗅觉、味觉、触觉等一体化感官体验的虚拟环境，用户借助特殊的输入输出设备，采用自然的方式与虚拟世界中的物体进行交互，从而产生身临其境的感受和体验。其中，虚拟环境是指由计算机生成的色彩鲜明的立体图形，它既可以是现实世界的映射，也可以是纯粹的虚构世界；特殊的输入输出设备是指立体头盔显示器、数据手套、数据衣等穿戴于用户身上和设置于现实环境中的传感设备；自然的交互是指用户通过日常生活中对物体的操作而得到实时立体的反馈，如手部移动、头部转动、身体走动等。

1.2.2 虚拟现实的基本特征

从本质上来说，虚拟现实是一种先进的计算机用户接口，它通过给用户提供视听等直观自然的实时感知，最大限度地方便用户操作，从而减轻用户负担，提高系统的工作效率。虚拟现实技术具有多感知性、沉浸性、交互性与构想性四个主要特征。

1. 多感知性

多感知是指除了一般计算机技术所具有的视觉感知外，还包括听觉、嗅觉、味觉、触觉、力觉和运动感知等。理想的虚拟现实技术应具备一切人类的感知功能，但由于受限于相关技术，特别是传感技术，目前虚拟现实技术仅能完美实现视觉、听觉、触觉、力觉、运动等几种感知功能。

2. 沉浸性

沉浸性即临场感，指用户感受到作为主角在模拟环境中的真实程度。理想的模拟环境应使用户难以分辨真假，使其全身心地投入计算机创建的三维虚拟环境中。该环境中，一切看上去是真，听上去是真的，动起来是真的，甚至闻起来、尝起来都是真的，如同置身于现实世界中。

3. 交互性

交互性是指用户对模拟环境内物体的可操作程度和从环境得到反馈的自然程度。例如，用户可以直接用手去抓取模拟环境中的虚拟物体，此时手部有抓握感，并可以感受到物体的重量，同时在视野中可以观察到被抓取的物体也能随着手的移动而实时移动。

4. 构想性

虚拟现实技术具有广阔的可想象空间，能够拓宽人类的认知范围。它不仅可再现真实存在的环境，还可以随意构想那些客观不存在甚至是不可能发生的环境。

1.2.3 虚拟现实系统的基本构成

一个完整的虚拟现实系统由多个功能单元构成，包括虚拟环境、以高性能计算机为核心的虚拟环境处理器、以头盔显示器为核心的视觉系统、以语音识别/声音合成/声音定位为核心的听觉系统、以方位跟踪器/数据手套/数据衣为主体的身体方位姿态跟踪设备，以及嗅觉、味觉、触觉与力觉反馈系统等。

1.3 虚拟现实的分类

近年来，随着计算机技术、网络技术、人工智能技术的高速发展及应用，虚拟现实技术也发展迅速，并逐渐呈现多样化的趋势。同时，其内涵也已大范围扩展，不仅涵盖了采用高档可视化工作站、头盔显示器等一系列昂贵设备的技术，还包括了一切与之有关的具有自然交互、逼真体验的技术与方法。一般的虚拟现实系统主要由专业图形处理计算机、应用软件系统、输入设备和演示设备等组成。为了充分实现人机信息交换，我们必须设计特殊的输入工具和演示设备，以识别用户的各种输入命令，并提供相应的反馈信息，进而实现真正的仿真效果。

在实际应用中，根据沉浸程度和交互程度的差异，虚拟现实系统可被划分为四种类型：桌面式虚拟现实系统、沉浸式虚拟现实系统、增强式虚拟现实系统、分布式虚拟现实系统。

1.3.1 桌面式虚拟现实系统

桌面式虚拟现实系统（desktop virtual reality system）也被称为窗口虚拟现实系统。它利用个人计算机或初级图形工作站等设备，将计算机屏幕作为用户观察虚拟世界的窗口，通过采用立体图形、自然交互等技术手段，生成三维立体空间的交互场景。用户可以通过键盘、鼠标、力矩球等输入设备来操纵虚拟场景，从而实现与虚拟世界的交互。

桌面式虚拟现实系统一般要求用户使用空间跟踪定位器和其他输入设备，如数据手套和六个自由度的三维空间鼠标，通过计算机屏幕观察360°范围内的虚拟场景并操纵其中的物体。在虚拟现实工具的帮助下，用户可以在仿真过程中有效完成各种设计。同时，用户还可以使用立体眼镜观看计算机屏幕中虚拟三维场景的立体效果，这带来的立体视觉能使用户产生一定程度的沉浸感。有时为了增强桌面式虚拟现实系统的效果，系统中常加入专业的投影设备，以达到增大屏幕可视范围、便于多人观看的目的。

桌面式虚拟现实系统主要具有以下三个特点：
- 用户处于不完全沉浸的环境，即使戴上立体眼镜，仍然会受到周围现实世界的干扰，缺少完全沉浸、身临其境的感觉；
- 对硬件设备要求极低，部分简单型系统仅需搭载计算机或增加数据手套、空间跟踪定位器等即可运行；
- 实现成本相对较低，应用方便灵活，同时具备沉浸式虚拟现实系统的一些技术要求。

对于开发者和使用者而言，桌面式虚拟现实技术被视为虚拟现实研究的初始阶段。

由于桌面式虚拟现实系统具有全面、小型、经济、适用的特点，非常适合于虚拟现实行业工作者的教学、研发及实际应用。常见的桌面式虚拟现实系统工具包括基于静态图像的虚拟现实技术、虚拟现实建模语言（Virtual Reality Modeling Language，VRML）、Cult3D、Web3D、Java3D等网络三维交互技术，主要应用于计算机辅助设计（Computer Aided Design，CAD）、计算机辅助制造（Computer Aided Manufacturing，CAM）、建筑设计、桌面游戏等领域。

1.3.2 沉浸式虚拟现实系统

沉浸式虚拟现实系统（immersive virtual reality system）是一种高级且较为理想的虚拟现实系统，它可以为用户提供完全沉浸的体验，使其仿佛置身于真实世界中。它通常采用CAVE或HMD技术，把用户的视觉、听觉等感官封闭起来，并提供一个全新的虚拟感官空间。它利用空间跟踪定位器、数据手套、三维鼠标等输入设备与视觉、听觉设备相结合，使用户产生身临其境和完全投入的沉浸感。

沉浸式虚拟现实系统主要具有以下五个特点。

- 高度实时性能。在沉浸式虚拟现实系统中，若要得到与真实世界相同的感觉，必须具有高度实时性能。例如，当用户随着头部转动改变其观察点时，空间跟踪定位器必须及时检测到并由计算机进行运算，输出相应的场景变化，同时满足延迟足够低且变化连续平滑的要求。
- 高度沉浸感。沉浸式虚拟现实系统采用多种输入和输出设备来营造虚拟世界，创造一个"看起来、听起来、嗅起来、尝起来和摸起来都逼近真实"的多感官三维虚拟世界，使用户与真实世界完全隔离，从而产生高度沉浸感。
- 良好的系统集成度与整合性能。为了实现用户的全方位沉浸，必须使多种设备与相关软件相互作用，且互不影响，确保系统保持良好的整合性能。
- 良好的开放性。虚拟现实技术之所以发展迅速，是因为它建立在其他先进技术成果之上。沉浸式虚拟现实系统要尽可能充分利用最先进的硬件设备、软件与开发技术，并且可以便捷地对上述软硬件及技术进行改进。因此，必须使用比以往更灵活的方式构造系统的软硬件结构体系。
- 可同时支持多种输入输出设备并行工作。为了实现沉浸性，需要综合应用多个设备。例如，用手抓取一个物体需要搭载数据手套、空间跟踪定位器等设备同步工作。因此，同时支持多种输入与输出设备的并行处理，是实现虚拟现实系统的一项必备技术。

常见的沉浸式虚拟现实系统有三种：基于头盔显示器的虚拟现实系统、投影式虚拟现实系统、远程存在系统。

基于头盔显示器的虚拟现实系统采用头盔显示器来实现单用户的立体视觉输出及立体声音输入环境，使用户完全投入。该系统将用户与现实世界隔离，使用户从视觉和听觉上都能良好沉浸于虚拟环境中。

投影式虚拟现实系统采用一个或多个大屏幕投影来实现大画面的立体视觉效果和声音效果，使多个用户同时具有完全沉浸感。

远程存在系统是一种远程控制形式，也被称为遥控操作系统，常用于虚拟现实与机器人技术相结合的系统。当网络中的操作人员需要操作一个虚拟现实系统将结果映射在位置很远的地方时，这种系统就需要一个立体显示器和两台摄像机，以生成三维图像。操作人员可以佩戴一个与远程网络平台上的摄像机相连接的头盔显示器，其中输入设备中的空间跟踪定位器可以控制摄像机的方向及运动，甚至可以控制自动操纵臂或机械手。自动操纵臂可以将远程状态反馈给操作人员，使其可以精确定位和操作。机器人工作的真实环境常常远离用户，甚至人类可能无法触及，如核环境、深海工作环境等。通过虚拟现实系统，相关人员可以自然地置身其中，从而高效完成该环境下的工作。

沉浸式虚拟现实系统一般用于娱乐、验证假设、训练、模拟、预演、检验，以及体验等场景。

1.3.3 增强式虚拟现实系统

相较于强调用户沉浸感的沉浸式虚拟现实系统，增强式虚拟现实系统（augmented virtual reality system）不仅允许用户看到真实世界，也允许用户看到叠加在真实世界上的虚拟对象。该系统将真实环境和虚拟环境融合在一起，既可以减少构建复杂真实环境的成本，又可以实现对实际物体的操作，真正达到了"亦真亦幻"的境界。在增强式虚拟现实系统中，虚拟对象所提供的信息往往是用户难以仅凭自身感官感知的深层信息，这些信息加强了用户对现实世界的认知。

增强式虚拟现实系统不仅可以利用虚拟现实技术来模拟和仿真现实世界，而且基于虚拟现实技术来增强用户对真实环境的感受，尤其是那些在现实中无法或不便获得的感受。一个典型实例是战机飞行员的平视显示器（Head Up Display，HUD），它可以将仪表读数和武器瞄准数据投射到飞行员面前的穿透式屏幕上，使飞行员不必分心查看座舱内的仪表，将精力集中于敌机或导航偏差上。

增强式虚拟现实系统主要具有以下两个特点：
- 真实世界与虚拟世界融为一体且在三维空间中实现整合；
- 具有实时的人机交互功能。

常见的增强式虚拟现实系统包括基于台式图形显示器的系统、基于单眼显示器的系统、基于光学透视式头盔显示器的系统，以及基于视频透视式头盔显示器的系统。用户在使用基于单眼显示器的系统过程中，一只眼睛看到的是显示屏上的虚拟世界，另一只眼睛看到的则是真实世界。

目前，增强式虚拟现实系统广泛用于医学可视化、军用飞机导航、设备维护与修理、娱乐及文物古迹复原等领域。系统可以在真实的环境中叠加虚拟物体，如室内设计师可在门、窗上增加虚拟装饰材料或改变各种式样和颜色等来预览最终设计效果；医生在进行虚拟手术过程中，通过佩戴透视式头盔显示器，既可以看到手术现场的情况，又可以随时查看手术中所需的各种资料。

1.3.4 分布式虚拟现实系统

近年来，计算机与互联网的协同发展和相互促进已成为全世界信息技术产业飞速发展的主要特征。网络技术的迅速崛起，使信息应用系统在深度和广度上发生了质变。其中，分布式虚拟现实系统（distributed virtual reality system）是一个较为典型的实例。作为虚拟现实技术和网络技术融合的产物，分布式虚拟现实系统是旨在将网络中分布在不同地理位置的多个用户或多个虚拟环境通过网络连接达成信息共享的系统，使用户同时置身于富有真实感的三维立体图形及立体声的虚拟空间中。通过联网计算机与其他用户进行实时交互，并对虚拟世界进行观察和操作，用户能够共同体验虚拟世界，以达到协同工作的目的。该系统将虚拟现实提升到了一个更高的体验境界。

虚拟现实系统可以良好地在分布式系统的支持下运行的原因主要有两点：一是可以充分利用分布式计算机系统提供的强大计算能力；二是某些应用本身具有的分布特性，如多人在线游戏和虚拟战争模拟等。

分布式虚拟现实系统主要具有以下五个特点：
- 各个用户具有共享的虚拟工作空间；
- 伪实体的行为真实感；
- 支持实时交互和共享时钟；
- 多个用户可以通过不同的方式相互通信；
- 资源信息共享，同时允许用户自然操纵虚拟世界中的对象。

基于系统所运行的共享应用数量，可以将分布式虚拟现实系统划分为集中式结构和复制式结构两种。

集中式结构是指在中心服务器上运行一个共享应用系统，该系统既可以是会议代理，也可以是对话管理进程。中心服务器负责对多个用户的输入和输出操作进行管理，实现多个用户的信息共享。其优点在于结构简单，且同步操作只在中心服务器上完成，易于实现。然而，输入与输出都要对其他所有工作站广播，这对网络通信带宽有较高的要求，且所有活动都要通过中心服务器来协调，因此当参与用户较多时，中心服务器往往会成为整个系统的瓶颈。另外，由于整个系统对网络延迟十分敏感，且高度依赖于中心服务器，因此集中式结构的系统坚固性相较于复制式结构差。

复制式结构是指在每个用户所在的机器上复制中心服务器，即每个用户进程都拥有一个共享应用系统。服务器接收来自其他工作站的输入信息，并将其传送至运行于本地机器上的应用系统，再由应用系统完成所需计算并产生必要输出。该结构的优点在于所需网络带宽较小，且由于每个用户只与应用系统的局部备份进行交互，因此交互式响应效果较优。此外，通过在局部主机上生成输出，简化异种机环境下的操作。复制应用系统依旧为单线程，但在必要时可以把本地状态多点广播至其他用户。其缺点是相比于集中式结构的复杂性，在维护共享应用系统中的多个备份信息或状态一致性方面较为困难，需要搭载额外的控制机制来确保每个用户都能得到相同的输入事件序列，以实现共享应用系统的所有备份同步与用户所接收到输出的一致性。目前最典型的应用是SIMNET系统，即模拟网络。SIMNET由坦克仿真器通过网络连接形成，主要用于部队的联合训练。通过SIMNET，位于德国和位于美国的仿真器可以运行在同一虚拟环境中，共同参与作战演习。

分布式虚拟现实系统在远程教育与医疗、工程技术与建筑、交互式数字娱乐、大规模军事训练、电子商务等领域都展现出极其广泛的应用前景，主要应用领域包括城市规划、工业仿真、古建复原、虚拟旅游、全景看房、科博馆展示和教学实验室等。

1.4　虚拟现实的应用领域

在多年的发展过程中，虚拟现实技术凭借其高仿真性和观察角度的完全自主性，摆脱了时间与空间的限制，逐渐成为一种"所见即所得"的开发工具。"所见即所得"技术最早用于打印文档，后来则普及到网页制作方向。其核心思想在于，开发者可以直接对视图中的文本、图形等元素进行调节，而无须全部用代码去约束。凭借虚拟现实技术，开发者可以在虚拟环境中直接对三维模型和场景进行修改和编辑，即"在虚拟现实中创造虚拟内容"。虚拟现实技术现已广泛应用于教育/培训、医疗、传媒/社交/娱乐、工业、农业、旅游、城市规划/房产、电商、军事、航空航天等多个领域，充分发挥"所见即所得"的核心优势，为各行各业的发展提供有效支持。

1.4.1 教育/培训领域

教学方式的发展经历了从口授教学到文字、图片、视频等多媒体教学的转变，随之而来的虚拟现实技术正在席卷教育领域。虚拟现实教育已被列入我国《教育信息化"十三五"规划》，被视为未来教学领域的标配。与此同时，随着大数据时代的来临，引领学习者学习方式发生变革，基于大数据学习分析技术的个性化学习已成为教育学和认知科学的研究趋势。提供给学生有针对性的个性化教育不仅是教育的发展方向，也是技术回归教育本质的实践。利用大数据学习分析反思教育现状，对推动个性化教育的研究具有重要意义。图 1-14 为虚拟现实课堂，图 1-15 为虚拟现实教室。

图 1-14　虚拟现实课堂

从虚拟现实技术的特性来看，其独具的沉浸性、交互性与空间性特别适合用于教学领域，能够将传统教学中难以描述或难以身临其境的环境利用虚拟现实技术轻松展现出来，为学习者营造一个逼真、生动且富有现场感的学习环境，使知识点变得有趣且简单，从而使学习更加高效。从教育本身来看，其核心是让学习者能够轻松快乐地学习和掌握目标知识，而虚拟现实技术与可视化的结合能够轻松解决这一问题。从学前教育到高校教育或职业教育，乃至行业培训，都可以借助虚拟现实技术来更真实地呈现出知识内容。

图 1-15　虚拟现实教室

近年来，尽管在线教育的市场规模急速增长，但虚拟现实教育仍处于起步阶段。由于虚拟现实教室与实验室刚刚开始走进中小学与高校，普遍面临技术不过关和基础设施不完备等问题。如何实现虚拟现实技术与教育的完美结合并落地到现实应用中，将直接关系到国家教育水平的发展。

相比于传统教育，虚拟现实教育的优势十分显著，下面将分别从虚拟现实教育对于学校、教师及学生三个方面的优势进行分析。

1. 对于学校的优势

（1）形成学校的办学特色

当前学校都以"一校一特"或"一校多特"作为范本，即一所学校必有其办学特色。具备一定实力的学校可购置虚拟现实硬件设备和资源，在完成教育相关平台或课程的部署后，可率先进行虚拟现实教育教学创新的探究。

（2）推动学校的教育信息化建设

虚拟现实教育是教育信息化的重要组成部分。平台一旦落实，教师和学生不仅可以借助硬件设备观看教学视频、课件等资源，还可以自定义制作虚拟现实课件，实现资源共享。

（3）促进校际的交流与合作

成功引进虚拟现实教育课程的学校将吸引其他学校观摩教学情况，进而促进校际的交流与合作。不同学校的教学理念和教学模式各不相同，对虚拟现实教育持有的理念也有所不同，学校间的进一步沟通和交流可推动更好的合作与共赢模式的实现。

2. 对于教师的优势

（1）辅助课堂教学

虚拟现实教育资源最大的优势在于可以让学生沉浸于真实世界中无法体验的场景，如超宏观、超微观和无法亲身经历的教学场景。这相较于文字、图片、视频等资源而言具有得天独厚的优势。

（2）创新教学模式

虚拟现实硬件设备和资源进入课堂后，可能会产生一些棘手的问题，这对于教师来说是一个全新的挑战。所以教师要不断更新教学理念、创新教学模式，以摸索出有效和完善的虚拟现实教育模式。

（3）推动教育研究水平提升

随着虚拟现实教育这一新兴事物进入校园，教师可借此机会，一方面为虚拟现实教育实践先行探路，另一方面将实践心得整理成文，发表在教育刊物上，以推动教育研究的发展。

3. 对于学生的优势

（1）提高学习兴趣

虚拟现实教育的最终体验者是学生，让学生佩戴虚拟现实硬件设备完全沉浸于虚拟世界，暂时告别枯燥的课堂，无疑是调动学生学习兴趣的有效方式。

（2）增进对知识点的理解

在正常教学过程中，有些知识点中的场景教师难以用语言来描述。虚拟现实技术通过调动学生的视觉、听觉等多种感官，使学生理解这些知识点变得更容易，学习也随之变得更高效。

（3）增强学习主动性

更多优质的虚拟现实教育资源出现对于学生的预习起到一定的带动作用。学生在课堂上没听懂的一些问题，可以通过在课后继续观看或操作虚拟现实教学资源来解决，进而极大地增强学生学习的主动性。

对于企业而言，提升员工的技能和能力至关重要。在企业中，招聘、绩效、薪酬、员工关系等方面都离不开培训。培训可以提升员工技能、统一观念和认识，已经成为企业必不可少的一环。相比于传统培训，虚拟现实培训的优势十分明显，图1-16至图1-23为虚拟现实培训的实例。下面我们将分别从培训情景、培训手段、培训方式、培训内容及培训成本五个方面对虚拟现实培训的优势进行分析。

图1-16　虚拟现实载具维护培训

图1-17　虚拟现实防务培训

图1-18　虚拟现实生命科学培训

图1-19　虚拟现实医疗培训

图1-20　虚拟现实人体工程学评估培训

图1-21　虚拟现实服务培训

图1-22　虚拟现实飞行驾驶训练

图1-23　虚拟现实作战模拟训练

- 开创培训情景。虚拟现实技术可以应用于计算机、交互外设及软件来构建虚拟培训环境，使员工如同身临工作现场，与荧屏上出现的工作流程进行自由交流。基于

Web 的虚拟现实技术可以为学习者提供全新的学习场景，营造开放性的教学环境。
- 提供培训手段。虚拟现实技术可以对员工学习过程中所提出的各种假设模型进行实体化，同时创建虚拟课堂，开展启发式教学；通过员工自我组织学习，制订并执行学习计划，进行自我评价，开展适应式教学；还可通过团队形式，组织员工进行成果共享，开展协作式教学。
- 变革培训方式。虚拟现实技术突破传统培训室的限制，使每一位学习者都可以根据自身学习特点，按照适合于自己的方式和速度进行学习。这种探索性学习模拟训练有利于激发员工的创造性思维，增强学习者的动力。
- 丰富培训内容。虚拟现实技术可丰富教学内容，将实验、培训等技能训练搬入课堂，员工可反复练习直至掌握操作技能。同时，它还可以恰如其分地演示复杂、抽象、不宜直接观察的自然过程和现象，全方位、多角度地展示教学内容。
- 节约培训成本。虚拟现实技术在节约大量昂贵仪器设备费用的同时，可以有效降低实际教学成本和实际操作风险，避免实验培训设备损坏、训练材料消耗等问题，从而有效节约培训成本。

1.4.2 医疗领域

在医疗领域，虚拟现实技术主要用于疾病治疗，借助生物传感器来评估治疗的有效性，从而提高医疗效率。同时，与全息投影、人机接口、神经解码编码等技术相融合，为提出未来新医疗全套解决方案提供可能。虚拟现实医疗的具体应用包括疾病辅助治疗、数字化手术室、实时动态三维模拟、三维图像处理与分析、医学影像数据数字化等。图 1-24 为虚拟现实技术在手术中的应用场景。

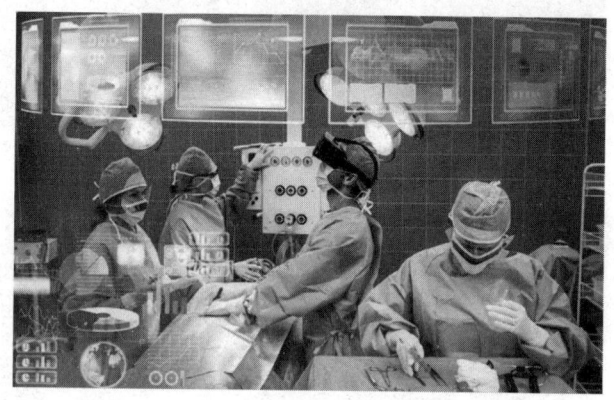

图 1-24　虚拟现实技术在手术中的应用场景

当前，将包括脑电波在内的虚拟现实技术运用到疾病治疗，可以突破传统疗法的局限。在传统疗法中，患者可能因为紧张、隐私等因素而隐藏或遗漏病情，这给治疗带来较大困难。将虚拟现实技术应用到医疗康复领域，借助虚拟现实设备逼真的现场感为患者带来沉浸感与趣味性，可以让患者暂时忘却治疗过程，从而提升专注度和配合度，使其处于自然放松的状态被评估。研究表明，由于二维和三维环境之间的认知刺激不同，三维模拟的脑力劳动负荷比二维更高，其心理工作量的变化也会比处于二维环境中的变化更大。这将有助于治疗师获取更有价值的数据，从而有效提高医疗效率与康复效果。

医疗资源过度集中导致偏远地区的人们往往无法享受到良好的医疗诊治，可能造成无法挽回的医疗悲剧。中医作为传统医学，急需加速其数字化进程，而虚拟现实技术的运用可以在很大程度上改变这种状况。凭借虚拟设备与网络通道，可以轻松便捷地实现中医实时数字化诊疗。在虚拟场景中，医生可以更形象和直观地了解患者症状，从而做出全面精准的判断。基于现有医疗资源，虚拟现实技术可以有效提高诊疗准确率，降低误诊概率，使偏远地区的人们能够享受到数字化医学所带来的福音。在不远的将来，随着计算机技术的飞速发展，虚拟现实技术将广泛应用于整个医疗领域中，为人类生活带来全新的面貌。图 1-25 至图 1-28 为虚拟现实医疗场景。

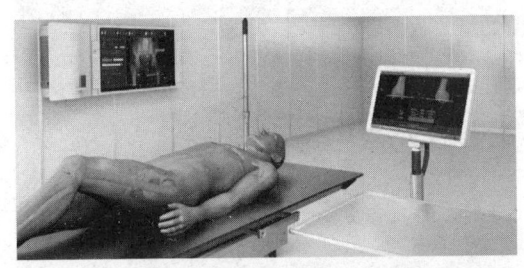

图 1-25 虚拟现实病患护理系统

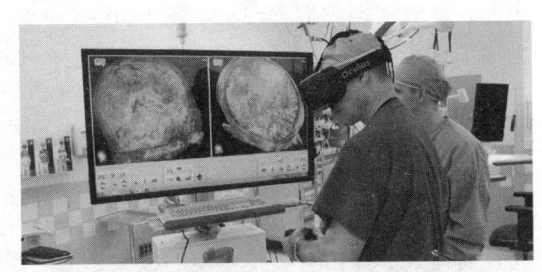

图 1-26 虚拟现实个性化定制治疗方案

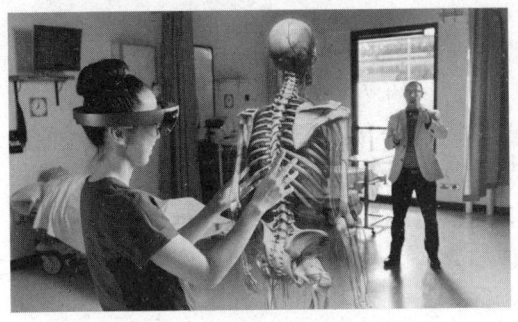

图 1-27 虚拟现实外科手术操作

图 1-28 虚拟现实运动员脑健康分析

1.4.3 传媒/社交/娱乐领域

虚拟现实技术在传媒领域的优势显著，具有现场感、客观性、自主性与交互性。在新闻报道中，它突破了时效性限制，开创了新闻叙事的新方式。未来的信息呈现不再局限于实体屏幕，而是向扩张化、虚拟化屏幕发展。在虚拟现实传媒中，用户从新闻等媒体的"观望者"转变为"现场目击者"，其自主权提升，与媒体间的交互性也显著增强。虚拟现实技术在文化、艺术、传媒领域的具体应用涵盖影视直播（如图 1-29 所示）、媒介融合、跨屏拓展、内容与创意制作、IP 运营、广告创收等多个方面。

此外，虚拟现实技术也可以与纸媒结合，通过建立虚拟现实内容制作发布平台、创新推广手段等方式把握技术机遇，提高媒体产品意识与服务能力，从而重塑媒体格局。随着虚拟现实与信息传播生态的重构，线性叙事将转变为全方位、多角度、立体化、跨时空叙事，高仿真将取代现实时空环境，信息将呈现大幅度的生态转变。

图 1-29 虚拟现实直播

虚拟现实社交被普遍视为虚拟现实技术最具价值的产品形态。从"交互"到"沉浸"，再到"社交"，虚拟现实社交将承载丰富的虚拟现实内容，作为新形态的媒介，紧密连接虚拟和现实。图 1-30 为虚拟现实协作。

虚拟现实社交的核心在于"共同体验"。虚拟现实技术与社交结合，虽然不可能完全代替真实交互，但它能给人带来真实世界中无法体验的全新社交模式。虚拟现实技术能够放大真实世界的关系，为用户提供个性化的社交活动空间，同时提供沉浸式、有趣且发人深省的冒险体验，让用户与家人、朋友以及世界的联系更加紧密。

图 1-30　虚拟现实协作

以对话为例，虚拟现实技术让对话不再局限于传统的文本交流，而是可以通过音响设备进行实时对话，甚至可以通过现场技术实现数字面部表情的实时回应。用户可在虚拟世界中与其他玩家相遇，并与个性化的 3D 虚拟形象进行面对面交流。图 1-31 及图 1-32 所示为虚拟现实社交应用实例。虚拟世界包括家人和朋友的私人聊天小屋，或可供数百人畅聊环境、新闻、健康、兴趣、生活方式等其感兴趣的共同话题的公共区域。虚拟现实社交的具体应用包括虚拟现实社交平台、聊天室、体验厅等。

图 1-31　虚拟现实社交应用 Facebook Horizon

图 1-32　虚拟现实社交应用 RecRoom

数字娱乐作为虚拟现实技术的重要应用方向之一，为虚拟现实技术的快速发展提供了巨大的需求动力。而游戏是数字娱乐的主体，虚拟现实游戏在游戏产业的占比正逐渐上升。无论虚拟现实技术会引发游戏行业怎样的变革，其本身的发展脚步都不可能停止。

多人游戏日益趋向于社交平台化。随着高速网络的普及，多人游戏已从分屏合作进化为全球真实玩家在线互动的方式。如今，虚拟现实技术的横空出世为多人交互开启了全新的篇章。用户生成内容平台正通过提供传统游戏无法支持的社交体验来塑造新型游戏模式。此外，虚拟现实技术也为其他数字娱乐行业指明了发展方向，通过将精心设计的剪辑场景与有趣的个性冒险叙事模式相结合，用户可以创造个性化的电影体验。虚拟现实技术同样可以满足不同用户的需求，它不仅能吸引传统游戏团体，还能吸引其他观众。后者对游戏战斗兴趣较低，更偏好体验以第一视角进行的故事叙述。图 1-33 至图 1-36 为虚拟现实游戏实例。

图 1-33　*Half-Life: Alyx*

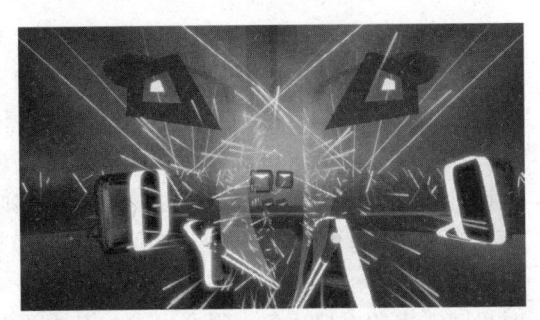

图 1-34　*Beat Saber*

图 1-35　*The Room VR: A Dark Matter*

图 1-36　*Summer Funland*

广义上，虚拟现实技术的应用始于游戏但又不局限于游戏，或许在不远的将来，用户身临其境地进入网络游戏的世界将成为可能。

此外，随着近年来以泛虚拟现实技术为主导的互联网新型科技的逐渐兴起与话剧市场的持续升温，传统演出方式与虚拟现实技术结合，正逐渐改变着观众的观剧方式（如图 1-37 所示）。虚拟现实技术独具的沉浸式体验，可以通过全景视角转换更好地渲染话剧氛围，将观众带入情节，尤其是悬疑惊悚内容与密闭空间题材的话剧，都非常适合通过虚拟现实技术来呈现。此外，话剧制作方也可以凭借虚拟现实技术进行舞台预演，完成舞台布置与排练工作，从而节省大量的人力、物力与时间。

图 1-37　虚拟现实话剧现场

将虚拟现实技术融入话剧中，结合舞台预演，可以打造新型全景式、交互式虚拟话剧。

全景式虚拟话剧基于全景摄像机进行拍摄与制作，既可以是预先录制好的话剧内容，也可以采用现场舞台表演的形式进行直播。它可搭载全景摄像技术、虚拟漫游技术、球立互转技术、图像拼接技术等关键技术进行实现。与传统舞台演出不同的是，虚拟演出内容模糊了演员与观众的身份设置，将舞台空间衍生至观众席，人们在观看演出内容时就像身处另外一个舞台时空一般，能四处观看甚至移动，极大提升了演出剧目的现场感与交互感。

拍摄所用全景摄像机的数量需要根据话剧的具体时长和剧情规模确定。对于时长较短、规模较小、转场较少的话剧，一台摄像机即可满足要求；而时长较长、规模较大、转场较多的话剧则需要多台摄像机从多角度、多方位共同拍摄，为观众随时切换观影角度提供便利，从而有效避免传统舞台演出中固定位置观影的局限性。此外，话剧制作人员可以通过后期处理效果提升舞台的表现力，传统舞台则无法做到这一点。

交互式虚拟话剧以互动为核心，采用虚拟人物构建话剧本体，可搭载人机交互技术、重塑体验技术、创造构想技术、动态反馈技术等关键技术进行实现。演员可以在话剧中实时扮演对应的虚拟角色，观众也参与其中扮演角色。虚拟现实硬件设备可以完成简单的交互，而对于实时显示人物动作与表情变化的复杂交互，则需要搭载体感设备完成。

当然，话剧也可以是纯虚拟的，并搭载多人系统，即演员不参与话剧演出，观众通过话剧进行一场类似于虚拟现实游戏的沉浸式交互体验。游戏剧情即话剧剧本，观众以话剧主人公或其他重要角色的形式体验话剧，同时与其他观众或虚拟人物合作，通过一系列线索达成话剧的目标。无论是一对一交互还是话剧舞台的群体性交互，这种体验在交互方面都提供了一种独特的全新方式，明显区别于其他传统的社交体验，为观众营造虚拟现实技术独具的沉浸式体验。

舞台预演作为最初舞台设计的概念推演，是话剧制作方对一台完整演出进行观察和后期调整的依据。为了使演出尽善尽美，话剧导演组在演出前需要进行非常细致的总体规划和预演。基于虚拟现实技术的舞台预演可以让导演组人员置身于虚拟舞台空间，通过虚拟场景模拟舞台的最终呈现效果，以此证明导演组对于舞台设计的设想及可行性，同时完成演员排练工作。虚拟舞台预演可搭载数字孪生技术、高度仿真技术、渲染优化技术等关键技术进行实现。

虚拟现实技术在舞台预演上的应用可以有效缩短舞台搭建周期，并对舞台演出效果进行合理评估，从而使舞台整体效果更接近预期要求（如图1-38所示）。在这种虚拟环境中，制作组还可以充分检验舞台效果设计方案、场景搭建及整个舞台系统的兼容程度，最大限度地还原真实舞台。通过虚拟舞台预演，导演组可以直观地模拟演出状态，包括舞台结构的展示和所有调度，提前发现并解决演出各环节磨合衔接的问题，从而有效避免了传统排练中"走一步看一步"的被动局面。毕竟，在舞台演出前期要面临如舞台、道具、演员、灯光、声响等多种问题，以往耗费在等待处理现场问题上的时间通过虚拟现实技术被大大缩减，从而提高了团队的创作效率。

图1-38　虚拟现实剧场

1.4.4 工业领域

虚拟现实技术是数字可视化的最新表现形式，借助虚拟现实特性将传统的数据信息以更形象的方式展现出来，为数据赋予生命，使用户能够身临其境地感受数据流程中的实际效果。这一技术在工业领域的精密设备技能培训、复杂工艺流程优化等方面展现出广阔的应用前景。

在以工业为首的高精尖产业领域，存在生产设备成本高昂、操作复杂等问题。操作人员在未经系统培训的情况下对设备进行操作，往往会造成设备损坏，从而产生巨额的维修成本。同时，工业领域的工艺生产流程往往十分复杂，随着科技与需求的不断发展，对现有工艺流程的改进和优化已逐渐常态化。然而，优化过程中的实验测试成本高昂，无法保证实验数量的充足性。虚拟现实技术不但可以通过结合3D建模技术对精密生产设备进行仿真，而且可以模拟各种参数下的生产效果并进行实验比对，有效减少了实验成本，进而保证工艺流程优化的高效性与可行性。

以工业领域中的钢铁冶金全流程为例，该流程涵盖烧结、炼铁、炼钢、连铸、轧钢等诸多环节。钢铁冶金的生产工艺复杂，且在生产冶炼过程中各个环节间需要进行大量的实时数据传输，复杂的冶炼参数会对钢铁冶炼质量产生直接影响。在实际过程中，不同的冶炼需求通过不断调整冶炼环节的各个参数来分析和对比所炼钢铁的质量，从而确定此次冶炼过程的参数标准。传统冶炼过程成本巨大、技术操作复杂且培训难度较高，借助虚拟现实技术可以有效解决这些难题。随着虚拟现实技术的成熟与不断发展，我们可以有效地将钢铁冶金全流程通过虚拟场景进行模拟。同时，根据钢铁冶炼原理，在系统中实时响应冶炼参数，通过高仿真效果将对应的钢铁冶炼效果表现出来，再现动态的系统工作原理、生产流程及冶炼效果。这一技术能够对不同的冶炼需求进行有针对性且详尽的工艺流程模拟，可对操作人员进行工艺流程、设备安装、系统性能等方面的培训，从而有效降低冶炼成本和实际操作风险。

此外，虚拟现实技术在新型钢铁产品研发、冶炼厂房设计和钢铁售后服务方面已成为一项关键技术。它不仅使工程师对复杂概念设计的理解更为透彻，还使人机交互变得更加高效，在无形中降低了生产成本，同时提高了产品质量。利用虚拟现实技术的特性，可以对钢铁冶炼废料处理及检测车间物流系统进行仿真，优化拖车配置方案和等待时间，并根据工厂实际情况调配拖车数量，随着拖车数量的增减及时调整废料等待时间，从而提高钢铁冶炼效率，对钢铁生产的调整和调度具有重要意义。

当前，国际制造业正加大信息化建设力度，而科学技术作为第一生产力，在推动各国制造业跻身于世界一流行列中发挥着决定性的作用。虚拟现实技术的巨大潜力日益突出，对制造业实现高度信息化的价值也逐渐显现出来。

虚拟现实技术与工业制造相结合构建的数字化工厂，能够将全生产流程进行仿真并存储在系统中，使工业设计的手段和思想发生质的飞跃（如图1-39所示）。数字化工厂系统实现了生产数据的可视化，让管理人员在一个系统中就能直观看到生产线中的所有实时数据，并对生产情况进行实时监控。另外，管理人员还可以在虚拟数字化工厂中对生产进行管理和规划，实现生产工序设计、生产线布局、工艺改造和流程模拟，科学合理地调动各种资源，使生产管理规划的实际应用更高效，对企业提高开发效率、加强数据采集、分析、处理能力，减少决策失误和降低风险起到了重要作用。同时，基于虚拟现实技术，传统的平面维修手册得以三维电子化与交互化，使企业在展销会上能够充分展现其制造实力和竞争力。在培训方面，内部员工和外部客户通过生动有趣的实物再现，可大幅度提高学习的积极性和主动性。这种理论和实际相结合的方式，使理论培训方面的周期大大缩短，效率也得到了极大提升。

图1-39 虚拟现实工业数据可视化

虚拟现实技术与工业制造业相结合，搭载物联网技术，通过智能传感器捕捉现实中设备的工作数据，再连接虚拟场景中的设备模型，从而将现实生产情况反映在虚拟工厂中。管理人员不仅可以监控每台设备，还可以通过人机交互技术实现对机械设备的实时控制，充分做到"直接与机器交流"。虚拟现实工业的具体应用包括数字化工厂开发、智能生产管理、流程模拟、资源调动等。

1.4.5 农业领域

农业作为国家国民经济的基础，其现代化程度是衡量国家现代化水平高低的重要标志之一。当前，信息农业已成为合理开发利用农业资源、提高农作物产量、降低成本、减少环境污染、提高农产品国际竞争力的前沿研究领域。在世界人口急剧增加、生态环境日益恶化、自然灾害日趋频繁、耕地面积严重减少的今天，如何满足人们的基本生存需求并推动农业现代化，已成为人们关注的焦点。农业现代化以信息科学技术的现代化为基础，凸显了虚拟现实技术在农业领域及实现农业现代化中的重要角色。图1-40为虚拟现实农场。

图1-40 虚拟现实农场

虚拟现实农业是运用虚拟现实技术、人机交互技术与可视化技术，在计算机和互联网的支持下，对农业生产、科研、教学、加工、销售等各个环节进行模拟和再现，以实现农业生产的高效益和可持续发展为目的的技术系统。虚拟现实技术在农业技术教育、培训、科研等方面的应用十分广泛，主要包括：用于农作物新品种培育的虚拟植物；用于畜牧产品和水产品新品种培育的虚拟动物；用于模拟大型生产设备的虚拟农业生产设备，以提高设备的利用效率；用于模拟市场运营及生产管理的虚拟农业市场。

1. 虚拟植物

（1）虚拟农场

在虚拟农场中，利用虚拟现实技术模拟农作物的生长过程。用户可以从任意角度观察农作物的发芽、分枝、展叶、开花、结实等整个生命活动过程，同时可以在虚拟农场中完成农作物的栽种、培育、收获等操作。用户可以在系统中自由调整栽培措施和生长环境来观察农作物的不同反应，从而更好地调控农作物的生长发育，为相关学科的教学节省时间和精力。

（2）虚拟温室

在虚拟温室中，虚拟现实技术结合环境学及物理学原理，研究温室对外界环境的反应，同时可以显示、观察、打印其结果。虚拟温室由真实温室模拟而来，相比于真实温室，其受外界因素影响较小，可以种植更多种类的农作物，所研究的内容也更为丰富。虚拟温室为用户提供了一个可重复操作和演示的平台，除观察外，用户还可以在虚拟温室中进行蔬菜和花卉的植物冠层与根系研究、温室内气候变化规律与特性研究等工作，具有较高的便捷性与可靠性。

（3）虚拟果区

果树种殖技术作为果区管理措施中的重要技术手段，因科技人员短缺、难度较大而一直制约着果树业的发展。利用虚拟现实技术推广和普及先进实用的果树种殖技术，是虚拟果区的主要建设目标。虚拟果区根据果树品种进行细化，用户可以对果树进行任意部位的修剪并进行除虫操作，缩短果树的生长周期，保证其良好发育。同时，管理人员可以针对果树的生长趋势采取相应措施，从而提高果树产量，增强可操作性。虚拟果区为用户掌握果树种殖技术开辟了新途径，缓解了技术人员短缺问题，为有效改善果树产量较低、品质较差的现状提供技术与人才支持。

2. 虚拟动物

（1）虚拟牧场

在虚拟牧场中，虚拟现实技术模拟牲畜的发育与饲养，同时执行牧场的管理工作。用户在观察牲畜整个生命活动过程的同时，掌握饲养流程，根据不同牧场的土壤、地形和降水调控牧场载畜率、牲畜分布、利用时间与放牧体系等，完成围栏设置、水源保护、有毒植物去除等操作，全面掌握牧场的相关工作，在提升教学效率的同时，为培育牧场管理人才提供支撑。

（2）虚拟草场

饲草场研究与管理的基本内容涵盖饲草作物培育及其适宜性、饲草场农艺、饲草场利用多个方面，其中还包括干草调制、青贮、放牧、饲养等分支。在虚拟草场中，用户利用虚拟现实技术完成饲草场建植、施肥、病虫害防治、草丛管理、更新等一系列流程，掌握饲草生产、质量调控、干草调制、青贮制作、放牧利用、收获饲养等相关工作，同时针对饲草培育及其适应性进行评价，完成种植经济效益的评估，帮助用户深化理解饲草场管理原理与技术。

（3）虚拟渔场

在虚拟渔场中，虚拟现实技术有助于渔场养殖相关工作的完成。用户在观察水生动物的整个生命活动的同时，可掌握饲料投放、水草清理、污染防治、渔情预测等相关技术，通过调节水生动物的生长环境控制渔场的稳定性，优化养殖结构。虚拟渔场使用户的渔场管理能力显著提升，为其渔业方向的学习与就业提供帮助。

3. 虚拟机械

鉴于当前农业机械需求潜力较大的特点，农业专业领域的用户必须具备良好的机械实操能力。虚拟现实技术可以有效解决实体农业机械操作难呈现、成本高、难重复、高危险等问题，用户可以通过搭载种植机械、加工机械、收获机械、耕作机械、牧业机械、排灌机械、建设机械、动力机械、保护机械等虚拟机械，来掌握机械原理和练习基本操作，从而提升实践能力。虚拟机械促进了传统农业向信息农业的转化，加速农业技术现代化进程。

1.4.6 旅游领域

随着虚拟现实技术的不断成熟与 HMD 分辨率的提高，传统旅游业正逐渐转型，数字旅游、智慧旅游等概念开始出现。

传统旅游业受地域、环境等因素的限制，导致在很大程度上存在信息"不透明"的问题。加之过度营销，游客在未亲临之前很难对旅游景点做出全面的了解和判断。虚拟现实技术与旅游业结合，可以实现旅游资源和时间对称，有效避免旅游业乱象。对于诸如博物馆、古建筑群等人文旅游资源，游客往往更在乎其中的历史和文化特色，以及建筑或工艺上的专业知识。相较于传统导游，虚拟现实场景中的虚拟导游能给游客提供更全面和精确的讲解，还可以根据个人需求提供个性化分析。此外，虚拟现实旅游还具有无须办理烦琐手续、无须排队和担心节假出行拥挤等优点，节约了游客时间。图 1-41 为虚拟现实旅游航空。

图 1-41 虚拟现实旅游航空

虚拟现实旅游，即以现实旅游景观为基础，通过模拟或超现实景，构建一个虚拟旅游环境。用户不仅可以在虚拟旅游景观中感受鸟语花香、欣赏风光美景，还能与环境进行交互、与其他游客进行交谈。虚拟现实旅游的具体应用包括虚拟旅游实训教学、景区可视化智能管理、移动终端数字导览、旅游规划方案展示、沉浸式旅游体验配套环境等，图 1-42 和图 1-43 为虚拟现实旅游场景。

图 1-42 利用虚拟现实技术游览美国国家公园洞穴

图 1-43 利用虚拟现实技术游览欧洲园艺工程

1.4.7 城市规划/房产领域

随着虚拟现实产业的高速发展，虚拟现实技术的应用范围也越来越广泛。随着移动互联网大潮的来临，虚拟现实技术与实体的结合将成为未来的重要发展方向。未来一段时间，随着国家智慧城市建设的推进，全新形式的城市规划正逐步走上日程，并将迎来建设浪潮。智慧城市即通过信息化工具及管理手段，使城市的资源管理和企业服务更加高效。虚拟现实技术作为 21 世纪计算机领域的重要分支，应用于城市技术、管理、服务规划，必将成为智慧城市建设的重要环节之一。图 1-44 为虚拟现实城市规划图。

图 1-44 虚拟现实城市规划

1. 城市技术规划

将虚拟现实技术与云计算、物联网、自动化控制、现代通信、音视频、软硬件集成等技术相结合，整合城市安防、消防、通信网络、一卡通、信息发布、管网设备能源监控、停车管理、办公自动化等系统至一个统一的平台，实现各系统的信息交互、信息共享、参数关联与联动互动。这既可以保证每个系统的独立运行，又确保了数据与信息的互联互通。同时，根据实施与运营的实际情况进行参数积累，从而达到平台技术的智慧化。

2. 城市管理规划

城市管理以云计算为基础，结合虚拟现实技术，对网络资源、存储资源、优先级、权限模块进行分析与分配，为城市各个系统分控中心、领导管理终端、工作人员业务终端、客户登录终端、显示终端、报警前端等提供可视化接口，并根据不同的权限分配不同的管理模块，最终汇总结果。同时，利用虚拟现实技术制作智能化分析报表和图表等，实现城市管理规划的可视化与智慧化。

3. 城市服务规划

对城市中的各个园区而言，其核心即为客户提供及时、多样、个性化的办公、租售、交费、投诉、维修、安保、消防、预订等服务，而利用虚拟现实技术可以达到这一效果。将虚拟现实技术应用于城市园区服务规划中，搭载引擎建立虚拟园区，客户可以通过虚拟园区方便地找到园区及周边的银行、医院、超市等服务地点与信息。同时，对客户服务流程进行记录，搭载人工智能算法分析框架，保证用户再次使用该服务时，能获得更个性化、便利化与智慧化的体验。

虚拟现实技术与城市相结合构成了一种新型产业集群效应，有利于虚拟现实行业的发展。同时，如果在虚拟现实行业的发展过程中遇到政策阻碍，那么虚拟现实城市可以更加快速地向政府反映，避免不必要的麻烦，从而能够及时得到回复和解决方案。这对于虚拟现实行业而言，可以节省大量宝贵时间。

绝大多数企业获取产业城市信息的主要渠道为互联网和移动新媒体，同时它们也在网络和社交媒体分享和了解活动。虚拟现实技术不仅可以提高企业参观率，还可以实现远程实景现场游览，使用户能更真实、全面地了解城市全貌，并能体验沉浸式的入驻感受，是提升品质体验的强大工具。虚拟现实与城市产业的结合正极大助力实体经济的迅猛发展。

虚拟现实技术与城市规划的结合，将为城市本体、企业、工作人员与园区客户带来显著的社会效益与经济效益。

在社会效益方面，虚拟现实技术应用于城市规划，可以提高城市的社会知名度，为打造国内一流高科技城市奠定坚实基础。虚拟现实技术能够全面提高城市信息化、智能化、集成化水平，将城市打造成为安全、高效、互动性强的高科技的一流示范城市，向社会更好地展示城市的高科技形象。同时，该技术可以为城市管理提供便捷，向城市企业提供一流的服务，使城市和社会的信息交流更加通畅。

在经济效益方面，虚拟现实技术独具沉浸感与互动性，可以为用户带来强烈、逼真的感官冲击，从而获得身临其境的体验。虚拟现实技术不仅可以提高城市水、电、气、设备、管网等能源的利用效率，降低能源消耗成本，还可以提高城市租赁区、酒店、娱乐场所、会议场所、展览展示场所、餐饮商业场所的利用率，从而减少城市配套资源的浪费。

此外，虚拟现实技术还有利于城市设计、规划与评估的优化。利用虚拟现实技术进行三维场景重现，可以有效减少由于规划错误或不周而造成的损失，从而大幅提高项目质量。同时，虚拟现实技术可以提高城市工作人员的工作效率，减少不必要的人力投入，使城市工作人员从路程往返、手工报表和大量查找分析中解放出来。此外，通过该技术优化岗位，让搭载虚拟现实技术的系统代替部分岗位，从而节约人力资源。

虚拟现实技术还可以为城市园区企业和物业提供更便捷的交流互动客服平台，该平台直观性强，能够更高效地为客户提供服务。虚拟现实技术还可以帮助园区各企业将项目制作成应用进行展示，便于客户理解，进一步提高项目的宣传效果。图1-45为用虚拟现实技术实现机场管理。

虚拟现实行业的发展需要大量资

图1-45 虚拟现实机场管理

金方面的支持和投入,以及市场的认同。将虚拟现实技术与城市结合,能够吸引更多人投身于虚拟现实产业,帮助以虚拟现实技术为核心的企业找到相关硬件厂商和融资,以此建立良好的产业链生态,推动虚拟现实城市的发展。同时,地方政府可以扶持一批重点企业和项目,并在全国范围内打造属于当地的虚拟现实产业名片。

在人们对房地产需求与日俱增的今天,房地产行业的竞争也趋向白热化。如何在众多项目中脱颖而出,让有购买欲望和支付能力的客户主动参与其中就成了房地产营销的关键。如果能将虚拟现实技术应用于房地产行业中的管理、招标、投资、施工等环节(如图1-46所示),将引起房地产行业的重大变革。

房地产项目宣传通常依赖于效果图、动画、沙盘等,无法使客户切身感受到景观,久而久之,消费者易产生视觉疲劳,失去新鲜感。传统平面产品和楼盘宣传是一种单薄的被动灌输性宣传方式,传播力和感染力非常有限,显然已经不再是最精准的营销语言。将虚拟现实技术与房产领域结合,可以将销售周期大幅缩短。通过虚拟看房,营销人员可以提前锁定客户和提前销售,赢得时间红利。同

图1-46 虚拟现实房地产交易

时,虚拟现实技术在多户型的补充展示上可以为商家节省成本,空间重构更是为商家节省了空间成本。虚拟现实技术为房地产市场注入了新鲜的科技元素,不仅提升了营销亮点,而且开拓了营销空间。

虚拟现实房地产主要面向有购房需求的用户人群。用户不仅可以全方位地体验整个小区的环境与设施,还能体验未来规划的绿化带、喷泉、休息区、运动场等。此外,用户还可以进入房间来体验虚拟户型,3D环境、声音、气味等感官模拟能带给用户身临其境之感。虚拟现实房地产的具体应用包括住宅区实景漫游、虚拟户型体验、买卖双方在线交流、自定义设施等。

1.4.8 电商领域

对电商而言,虚拟现实技术创造了革命性的体验方式,颠覆了传统电商的展示模式,为用户带来全新的交互购物体验,从而有效提升用户的消费欲望。

在电商行业,深挖单个用户价值,提升单价或用户的消费频次将会成为其另一个增长点,这一动力主要来源于体验式消费。所谓体验,即注重消费者的参与感,将休闲娱乐融入消费内容之中,通过营造良好的购物环境来提升消费品质。

如果仅从普通用户的角度出发，线下商业和电商之间的差异往往集中在体验这一环节。电商渠道的优势主要体现在其实用性，低廉的价格、丰富的商品种类，以及轻松快捷的购物体验。而线下渠道则在体验式消费上占据优势，用户不仅可以观看，还可以试穿、试吃、试玩等，将体验作为消费核心，而并非价格，这正是消费升级的最佳体现。

体验式消费在电商端的解决方案之一便是融入虚拟现实技术。通过虚拟现实重构传统电商的消费观念，逐步迎合正在崛起的中产经济，纵向深挖用户价值。然而，基于虚拟现实的体验式消费仍存在固有的局限性和技术难点，即虚拟现实感官体验端的局限性与内容生产端的杂乱无序等。

毫无疑问，体验式消费能够有效提升消费者的购买意愿，对于正在探索全新消费模式的传统电商行业来说，虚拟现实电商是一个极具吸引力的发展方向。但我们也需要意识到，虚拟现实电商只能有限模拟体验式消费场景，面对传统电商行业的颓势，虚拟现实电商并非万能解药。

尽管如此，虚拟现实电商和当下热门的"互联网+"概念具有极佳的互补性。虚拟现实电商专注于解决标准产品服务的体验问题，而"互联网+"作为互联网反哺实体经济的典范，更侧重于餐饮、娱乐、生活服务等无法完全电商化的非标服务行业。这些非标服务因为需要亲身体验而无法摆脱线下实体商业。虚拟现实电商则是基于纯互联网电商的延伸，是传统电商模式的延续，旨在提升标准商品的服务价值。图1-47为虚拟现实购物场景。

电商行业体验式消费模式的升级路线图已逐渐清晰，以虚拟现实电商

图1-47　虚拟现实购物

为主导的线上体验式消费与以"互联网+"为引领的线上及线下体验式消费相结合，将成为电商取代传统实体商业的完全体解决方案，也是电商行业向体验式消费的完全体进化的必然趋势。

1.4.9　军事领域

在信息网络时代，战争过程日益科学化，军队作战行动更加注重标准化、规范化与精细化。一体化联合作战作为现代战争的基本作战形式，其战场空间全域多维，作战要素高度联动，作战节奏空前加快，作战管理也更加精细。随着智慧军事的加速推进，只有加强信息化条件下的作战训练，才能在未来的信息化战争中立于不败之地。图1-48和图1-49为虚拟现实在军事领域中的应用实例。

军事信息化，即在国家最高军事

图1-48　虚拟现实作战模拟

领导机构的统一规划和组织下,在军队建设的各个方面应用现代信息技术,深入开发并广泛利用信息资源,以加速实现军队现代化,其根本目的在于提高军队的核心战斗力。将虚拟现实、人工智能、大数据分析等信息技术应用于军事训练中,不但可以有效降低训练成本,还可以充分利用和发挥当前虚拟现实等信息技术领域的积淀,解决军事训练系统开发过程中的核心技术问题。

图 1-49 虚拟现实军事模拟

基于虚拟现实技术的独特优势,我们可以高效完成智慧军事模拟训练,这也是全面贯彻落实军事信息化的重要创新举措,对促进军队由机械化条件向信息化条件下的军事训练转型,降低训练成本以及提高训练质量具有重要的现实意义。

1.4.10 航空航天领域

航空航天产业作为当下最尖端、最复杂的领域之一,集成了所有现代技术产业之精华,对安全性、可靠性、维护性的要求极为严苛。虚拟现实技术与航空航天产业的结合(如图 1-50 和图 1-51 所示),使得飞行器无论在设计、生产、制造、训练、维护还是营运方面均能通过仿真模拟的方式大幅提升效率、缩短周期,使系统在生产前便能经过完整的流程分析,从而将风险降至最低,并且最大化投资效率。

图 1-50 虚拟现实空间站   图 1-51 虚拟现实空间站模拟

虚拟现实技术对航空航天产业的发展具有重要意义,主要体现在三维立体感、高度灵活性、突破环境限制、节约研究经费等方面。

1. 三维立体感

人机界面具有三维立体感,使人机浑然一体。以座舱仪表布局为例,将最重要和经常查看的仪表置于仪表板中心区域,将次要的仪表置于中心区域以外,这样有助于航天员将注意力集中在重要仪表上,从而有效减少眼动次数,降低工作负荷。

2. 高度灵活性

虚拟现实技术继承了现有计算机仿真技术的优点,展现出高度灵活性。仅需通过修改软件中视景图像相关参数的设置,即可模拟现实世界中物理参数的改变。

3. 突破环境限制

现有的航天仿真计算机系统难以有效展现空间失重环境，而虚拟现实系统可以借助虚拟景象和音效使受试者身处于太空飞行中的实际载人航天器座舱中，由此展开的试验研究将具有重要实际意义。

4. 节约研究经费

采用真实的航天器进行相应的试验研究，耗资巨大，往往不可能实现。而采用虚拟现实技术，因其研发周期较短，设计与改型仅须通过软件修改即可实现，同时具备重复使用的独特优势，成为更经济和高效的选择。

1.5 本章小结

虚拟现实技术是一系列高新技术的汇集，其中包括计算机图形学、多媒体技术、人工智能、人机接口技术、传感器技术及高度并行的实时计算技术，同时也涉及人的行为学研究等多项关键技术。虚拟现实技术是上述技术更高层次的集成和渗透，能为用户带来高度逼真、身临其境的体验，为人们探索宏观世界、微观世界，以及由于种种原因难以直接观察的事物运动变化规律提供了极大的便利。总而言之，虚拟现实产业的发展前景极为广阔且不可估量。虚拟现实技术在未来必将更为广泛地应用于各个领域之中，随着各行业的不断发展，虚拟现实产业也将受到积极影响，最终达到多方共赢的局面。

当前，我国正处于深入实施《中国制造2025》的关键阶段，以虚拟现实技术为代表的高新技术产品和服务既是战略发展的重要方向，也是支撑创新转型、产业升级的有效手段。面对虚拟现实领域的飞速发展，我国应更加重视其对各相关产业的重要促进作用，加大政策支持力度，加速突破核心技术，力争在虚拟现实与各产业的融合发展中形成高度竞争力，从而在全球市场中取得战略主动地位。

参考文献

[1] WEINBAUM S G. Pygmalion's Spectacles [EB/OL]. (2007-10-05)[2024-09-02]. https://www.gutenberg.org/ebooks/22893.

[2] BARLOW J P. Being in nothingness: virtual reality and the pioneers of cyberspace [J]. Mondo 2000, 1990, (2): 41.

[3] GONZALES D, CRISWELL D, HEER E. Automation and robotics for the space exploration initiative: results from project outreach [J]. NASA STI/Recon Technical Report N, 1991, 92: 25258.

[4] HELSEL S. Virtual reality and education [J]. Educational Technology, 1992, 32(5): 38-42.

[5] ELLIS S R. What are virtual environments? [J]. IEEE Computer Graphics and Applications, 1994, 14(1): 17-22.

[6] DAVIS E. TechGnosis: myth, magic, and mysticism in the age of information [M]. San Francisco: Harmony Books, 1998.

[7] STOKER C R, BLACKMON T, HAGEN J, et al. MARSMAP: An interactive virtual reality model of the pathfinder landing site [C]//Lunar and Planetary Science Conference. 1998(1018): 1018.

[8] KATO H, BILLINGHURST M, POUPYREV I, et al. Virtual object manipulation on a table-top AR environment [C]//Proceedings IEEE and ACM International Symposium on Augmented Reality (ISAR 2000). IEEE, 2000: 111-119.

[9] SCHUEMIE M J, VAN DER STRAATEN P, KRIJN M, et al. Research on presence in virtual reality: A survey [J]. Cyberpsychology, Behavior and Social Networking, 2001, 4(2): 183-201.

[10] SHERMAN W R, CRAIG A B. Understanding virtual reality [J]. Morgan Kauffman, 2003.

[11] BURDEA G C, COIFFET P. Virtual reality technology [M]. John Wiley & Sons, 2003.

[12] HOROWITZ K. Sega VR: Great idea or wishful thinking [C]//Sega-16 Forum. 2004.

[13] VINCE J. Introduction to virtual reality [M]. Berlin: Springer Science & Business Media, 2004.

[14] 刘蜜, 孟东秋. 浅析虚拟现实（VR）技术及其在房地产开发中的应用 [J]. 建筑. 2009(7): 48-50.

[15] 胡立教, 陈军, 朱忠祥等. 虚拟现实系统中农业装备模型转换方法 [J]. 农业机械学报. 2010, 41(4): 90-94.

[16] WANG S, MAO Z, ZENG C, et al. A new method of virtual reality based on Unity3D [C]//2010 18th International Conference on Geoinformatics. IEEE, 2010: 1-5.

[17] LARDINOIS F. Google street view in 3D: more than just an April fool's joke [J]. ReadWrite, 2010.

[18] 芦娟. 虚拟现实系统的分类 [J]. 企业导报. 2011(4): 277.

[19] 沈业成. 虚拟现实技术在军事博物馆的应用 [C]//2011年北京数字博物馆研讨会论文集. 2011: 231-235.

[20] SMITH D. Engineer envisions sci-fi as reality [J]. Arkansas Online, 2014, 5: 413-418.

[21] WOOD A. Sony Announces "project morpheus" virtual reality headset for PS4 [EB/OL]. (2014-03-19)[2023-12-13]. https://newatlas.com/sony-virtual-reality-headset-project-

morpheus/31285/?itm_source=newatlas&itm_medium=article-body.

[22] 黄进，韩冬奇，陈毅能，等．混合现实中的人机交互综述［J］．计算机辅助设计与图形学学报．2016，28（6）：869-880．

[23] 张雪鉴，黄先开，刘宏哲．增强现实技术综述［C］．//中国计算机用户协会网络应用分会2016年第二十届网络新技术与应用年会论文集．2016：174-176，193．

[24] 北京小鸟看看科技有限公司．一种虚拟现实旅游系统：CN201521007980.4［P］．2016．

[25] EVANS G, MILLER J, PENA M I, et al. Evaluating the Microsoft HoloLens through an augmented reality assembly application［C］//Degraded environments: sensing, processing, and display 2017. International Society for Optics and Photonics, 2017, 10197: 101970V.

[26] DELANEY B. Virtual reality 1.0–the 90's: the birth of VR in the pages of cyberEdge journal［M］. Maryland: CyberEdge Information Services, 2016.

[27] HERRON J. Augmented reality in medical education and training［J］. Journal of Electronic Resources in Medical Libraries, 2016, 13（2）: 51-55.

[28] 黄心渊，陈柏君．基于沉浸式传播的虚拟现实艺术设计策略［J］．现代传播，2017，39（1）：85-89．

[29] 李志峰．虚拟现实技术实时辅助城市规划设计初探［J］．科学与财富，2017（13）：263．

[30] 马冰倩．虚拟现实娱乐应用综述［J］．中国战略新兴产业，2017（44）．

[31] 夏伟，汤鸿．虚拟现实技术在通用航空飞行模拟器中的应用［J］．直升机技术，2017（1）：70-72．

[32] LANIER J. Dawn of the new everything: encounters with reality and virtual reality［M］. New York: Henry Holt and Company, 2017.

[33] NĚMEC M, FASUGA R, TRUBAČ J, et al. Using virtual reality in education［C］//2017 15th International Conference on Emerging eLearning Technologies and Applications. IEEE, 2017: 1-6.

[34] 王洪艳，宋佳音．虚拟现实技术在社交网络中的应用初探［J］．电脑知识与技术，2018，14（6）：33-35．

[35] 李巍．虚拟现实技术的分类及应用［J］．无线互联科技．2018，15（8）：138-139．

[36] MENIN A, TORCHELSEN R, NEDEL L. An analysis of VR technology used in immersive simulations with a serious game perspective［J］. IEEE computer graphics and applications, 2018, 38（2）: 57-73.

[37] 娄岩，医学虚拟现实与增强现实［M］．武汉：湖北科学技术出版社，2019．

[38] 刘革平，王星．虚拟现实重塑在线教育：学习资源、教学组织与系统平台［J］．中国电化教育，2020（11）：87-96．

[39] 赵燕，李旭东．2021年虚拟现实产业将进入稳步发展期［J］．中国战略新兴产业，2020（24）：62-66．

[40] WOHLGENANNT I, SIMONS A, STIEGLITZ S. Virtual reality［J］. Business & Information Systems Engineering, 2020, 62（5）: 455-461.

[41] SIERRA A F, BRANCO R, LEE B. Security issues and challenges for virtualization technologies［J］. ACM Computing Surveys（CSUR），2020，53（2）：1-37．

[42] 卓海森．虚拟现实技术在油气管道应急救援培训中的应用［J］．能源与环境．2021（3）：111-112．

[43] 潘铀良. 虚拟现实技术在工业设计中的应用策略[J]. 时代汽车. 2021（7）：14-15.

[44] 闫振斌. 电商环境下视觉元素对销售的影响研究：以图片和虚拟现实为例[D]. 安徽：中国科学技术大学，2021.

[45] XIONG J, HSIANG E L, HE Z, et al. Augmented reality and virtual reality displays: emerging technologies and future perspectives[J]. Light: Science & Applications, 2021, 10（1）：1-30.

[46] BEC A, MOYLE B, SCHAFFER V, et al. Virtual reality and mixed reality for second chance Tourism[J]. Tourism Management, 2021, 83：104256.

[47] XIE B, LIU H, ALGHOFAILI R, et al. A review on virtual reality skill training applications[J]. Frontiers in Virtual Reality, 2021, 2：645153.

[48] 卢芊. 全息投影技术在信息呈现的应用研究[J]. 电视技术, 2022, 46（3）：134-136.

[49] 王睿, 姜进章. 论虚拟现实中电影与游戏的边界[J]. 中州学刊, 2022（2）：143-150.

[50] 卞智淮, 陈新元, 倪国新, 等. 沉浸式虚拟现实技术在康复治疗中的应用进展[J]. 中华物理医学与康复杂志, 2022, 44（3）：273-277.

[51] KWEGYIR A E. Effects of an engaging maintenance task on fire evacuation delays and presence in virtual reality[J]. International Journal of Disaster Risk Reduction, 2022, 67：102681.

[52] SHARMA S, TULI N, MANTRI A. Role of virtual reality in medical field[C]//AIP Conference Proceedings. AIP Publishing LLC, 2022, 2357（1）：040018.

思考题

1. 在虚拟现实技术的众多应用领域中,教育无疑是与我们息息相关且最为重要的领域。针对不同年龄段的用户群体,谈一谈虚拟现实技术在教育领域的应用前景和主要优缺点。
2. 除教育、医疗、传媒、工业等领域外,虚拟现实技术还有哪些重要的实际应用领域?简要阐述该领域当前的研究进展。
3. 书中指出,虚拟现实若要步入行业成熟阶段,需要在清晰度、计算性能、软件内容、眩晕问题等方面取得突破。根据你所掌握的知识和设备使用的体验,聊一聊目前国内在虚拟现实技术领域发展的主要瓶颈。
4. 根据第三方调研机构预测,虚拟现实设备的销量会以约 50% 的速率逐年增长,而国内市场会占据全球市场的四分之一至三分之一。基于本章内容和相关资料,试分析虚拟现实游戏体验馆的前景。
5. 当前各种虚拟现实硬件设备层出不穷,各公司之间仍未形成统一标准,这导致虚拟现实行业的开发者必须在应用开发过程中或打包完成后进行移植,以完成不同设备的兼容性。假如你是虚拟现实产业的硬件研发带头人,试想如何才能实现业界开发标准的统一。
6. 电影《头号玩家》(Ready Player One)彻底引爆了元宇宙(metaverse)这一概念,其中的虚拟现实游戏世界——绿洲(oasis)被普遍认为是元宇宙的最终形态代表。在学习完本章课程后,结合相关资料,阐述虚拟现实技术与元宇宙的关联和差异。

第 2 章 虚拟现实系统构成

虚拟现实系统是利用多种软硬件设备，将多源信息高度融合进而模拟三维动态画面与交互行为的仿真系统。典型的虚拟现实系统主要由计算机、虚拟现实交互设备、虚拟环境和应用软件等部分组成。

在虚拟现实系统中，计算机作为虚拟环境的核心处理器起着至关重要的作用，它可以被称为虚拟现实世界的心脏。它负责整个虚拟世界的实时渲染计算、用户和虚拟世界的实时交互计算等功能。由于计算机生成的虚拟世界具有高度复杂性，尤其在大规模复杂场景中，渲染虚拟世界所需的计算机量级非常大，因此虚拟现实系统对计算机配置的要求非常高。虚拟现实系统要求用户采用自然的方式与虚拟世界进行交互，传统的鼠标和键盘无法实现这一目标，这就需要采用特殊的虚拟现实交互设备，以识别用户各种形式的输入，并实时生成相应的反馈信息。这些设备具体可细分为以头盔显示器为核心的视觉系统，以语音识别、声音合成与声音定位为核心的听觉系统，以方位跟踪器、数据手套和数据衣为主体的身体方位姿态跟踪设备，以及味觉、嗅觉、触觉与力觉反馈系统等功能单元。本章将对系统各部分的构成分别进行介绍。

2.1 虚拟环境

虚拟环境是虚拟现实系统运行的基础。构建虚拟现实系统需要很多辅助软件及硬件驱动的支持，它们组织在一起构成支撑虚拟现实设备与应用运行的系统。这一系统被称为虚拟环境。

2.1.1 虚拟环境搭建软件

根据用户使用的 VR 设备不同，需要使用不同的软件进行虚拟现实环境搭建。主流软件包括 SteamVR、VIVEPORT、Oculus Home、Pico Store 等（如图 2-1 所示）。这些主流软件在提供虚拟现实应用运行环境的同时兼具应用商店与社区平台的功能。

SteamVR 兼容多种 PC 端虚拟现实设备，包括 Valve Index、HTC Vive、Oculus Rift 等。同时，SteamVR 可

图 2-1 几种虚拟环境搭建软件

以随时查看 VR 设备的显示状态，通过它可以自定义 VR 设备的视觉、音效和输入设置。

SteamVR 内置的 Chaperone 导护系统可以设置并查看房间中可用空间的边界，使用户在沉浸于 VR 世界的同时仍能对真实空间有所感知，为用户提供安全防护。SteamVR 还构筑了一个 VR 体验互动平台，被称为 SteamVR 家。用户可以利用社区创作的新环境和道具自定义 SteamVR 家，并使用其内置社交功能与好友以及其他玩家互动。在虚拟环境中，用户一键即可随时访问 SteamVR 主面板，迅速切换游戏、浏览 Steam 商店，以及与 PC 桌面交互。SteamVR 还是目前最大的 VR 应用商店，用户可以在商店中进行应用的上传、下载、交流等操作。此外，SteamVR 还为开发者提供了丰富的插件及支持多种图形引擎的 SDK，符合 OpenXR 标准，在开发过程中可以对不同平台进行交互适配。

VIVEPORT 是 HTC Vive 官方提供的虚拟环境搭建软件，仅支持 HTC Vive 旗下的硬件设备，提供了详尽的安装与设置指南，并且其应用商店也包含诸多优秀应用可供下载。

Oculus Home 是 Oculus 官方提供的虚拟环境搭建软件，支持 Oculus 旗下的硬件设备及 SAMSUNG Gear VR，为用户预置了 VR 社交、VR 影院等诸多功能，并且在应用商店中也包含诸多应用及独占内容。Oculus Home 也为用户的入门安装与设置提供了引导。

Pico Store 是北京小鸟看看科技有限公司旗下针对 VR 一体机的虚拟环境搭建软件与应用商店，支持 Pico 旗下的全部 VR 一体机设备。该软件使用的 Pico UI 是基于 Android 定制开发，专为 VR 一体机所设计的操作界面系统。Pico 为用户提供了游戏串流助手服务，在一体机上实现串流 PC 应用。Pico 还内置 VR 助手、飞屏助手等多种辅助软件，帮助用户获得更优秀的 VR 体验。Pico 还为开发者提供了移动 VR 软件开发工具包，并提供 SDK 技术平台、数据统计、技术支持等多种服务。

2.1.2 虚拟环境处理硬件

虚拟环境处理的硬件平台主要是计算机或智能手机与 VR 一体机。由于虚拟现实应用需要渲染一个三维的虚拟现实环境，并且根据用户头部的运动需要对渲染出的三维图像进行实时更新，通常虚拟环境的处理硬件都需要较高的性能。以虚拟环境处理的计算机平台为例，处理器的性能需要满足 Intel Core i5-4590/AMD FX 8350 及以上，内存需要满足 4GB RAM 及以上，显卡需要满足 Nvidia GeForce GTX 1060/AMD Radeon RX 480 及以上。以虚拟环境处理的智能手机与 VR 一体机平台为例，处理器的性能需要满足高通骁龙 835 及以上，内存需要满足 4GB RAM 及以上。

2.2 视觉系统

要进入虚拟现实世界，用户必须使用完全遮挡现实世界视场的屏幕，使眼睛沉浸在虚拟世界之中。虚拟现实视觉系统通过模拟双眼视差来区分物体的远近，并获得深度的立体感。主流的虚拟现实视觉系统分别为固定式 VR 显示器、CAVE 立体显示装置、头戴式 VR 显示器、手持式 VR 显示器、视网膜投影设备。

2.2.1 固定式 VR 显示器

固定式 VR 显示器（如图 2-2 所示）源于 20 世纪 70 年代出现的球幕电影。球幕电影即圆顶状半球形银幕，影片通过超广角镜头进行放映，使观众置身逼真的画面。主流的固定式显示器除球幕屏外，还包括曲面屏、平面屏等形式，但沉浸感与球幕屏相比较弱。

固定式 VR 显示器通过巨型屏幕环绕观众的视野，达到使观众沉浸在虚拟世界的效果。观众无须佩戴任何外部设备即可体验身临其境的虚拟现实世界。然而，该种显示器造价偏高，且受屏幕尺寸限制，对场地面积要求很大。此外，由于显示视角仅为单块屏幕，无法模拟双眼视差，导致没有景深感，观众本质上仍在观看平面的图像，立体感较差。近年来，随着 3D 放映技术的成熟，虽然可以通过该技术将固定式 VR 显示器升级为 3D 观感，但整体的 3D 效果仍不够令人满意。

图 2-2　固定式 VR 显示器

2.2.2　CAVE 立体显示装置

CAVE 是一种大型的 VR 系统，具有高度的沉浸感和良好的交互手段，可以融合视觉、触觉、声音等多种器官体验，并跟踪头部的六自由度的运动。CAVE 沉浸式虚拟现实显示系统的原理比较复杂，它以计算机图形学为基础，将高分辨率立体投影显示技术、多通道视景同步技术、三维计算机图形技术、音响技术、传感器技术等完美地融合在一起，从而生成被三维立体投影画面包围的可供多人使用的完全沉浸式虚拟环境。CAVE 立体显示装置如图 2-3 所示。

CAVE 作为大型的 VR 系统，其造价昂贵，从数十万美元到数百万美元不等，主机使用 SGI 的高档工作站和多通道图形系统，导致一般用户

图 2-3　CAVE 立体显示装置

无法承受，难以广泛地推广。近几年来，随着微机性能和图形加速卡的图形渲染能力不断提高，尤其是 AGP 总线突破了 PCI 总线 33MHz 的限制，微机图形加速卡的性能得到了显著提升，使得用分布微机系统替代昂贵的 SGI 工作站成为可能。

CAVE 系统是一种基于多通道视景同步技术和立体显示技术的房间式投影可视协同环境，提供一个房间大小的四面（或六面）立方体投影显示空间，可供多人参与。参与者均完全沉浸在一个被立体投影画面包围的高级虚拟仿真环境中，借助相应的虚拟现实交互设备（如数据手套、力反馈装置、位置跟踪器等），获得身临其境的高分辨率三维立体视听影像和六自由度交互感受。由于投影面能够覆盖用户的所有视野，因此 CAVE 系统能提供给使用者一种前所未有的震撼的沉浸感受。

CAVE 投影系统是由三个面以上（含三个面）硬质背投影墙组成的高度沉浸的虚拟演示环境，配合三维跟踪器，允许用户在被投影墙包围的系统中近距离接触虚拟三维物体，或者随意漫游虚拟环境。CAVE 系统广泛应用于高标准的虚拟现实系统。自纽约大学于 1994 年建立第一套 CAVE 系统以来，CAVE 已经在全球超过 600 所高校、国家科技中心和各研究机构中得到了广泛的应用。

2.2.3 头戴式 VR 显示器

头戴式 VR 显示器，又被称为虚拟现实头盔，主要由透镜与双目小型显示器组成，一般通过绑带或头盔将显示器固定于头部，随头部同步运动（如图 2-4 所示）。该设备将小型显示器所产生的影像通过透镜放大，折射的小型显示器光线使人眼感觉图像处于无限远的距离外，并获得双目景深感。换句话说，影像透过棱镜折射之后，进入人的双眼并在视网膜中成像，营造出在超短距离内看超大屏幕的效果，且具备足够高的解析度。这

图 2-4 头戴式 VR 显示器

是因为头戴式 VR 显示器通常拥有两个显示器，分别由计算机驱动向两只眼睛提供不同的图像，从而形成双眼视差，再通过人的大脑将两个图像融合，以获得深度感知，最终得到立体的图像。头戴式 VR 显示器自 20 世纪八九十年代就已初具雏形，但受技术限制，设备非常沉重，且分辨率极低，无法满足用户的基本需求。随着显示技术的飞速发展，头戴式 VR 显示器逐渐地真正步入实用阶段。

透镜是头戴式 VR 显示器最重要的部分之一。很多头戴式 VR 显示器都采用了特殊的菲涅耳透镜，它们通过使用薄的、圆形棱镜阵列，来实现与大块曲面透镜相同的效果。这些透镜还被用于放大头盔的内置显示屏，让图像占据用户的整个视野，从而避免用户感受到屏幕的边缘。

高性能的小型显示器也是组成虚拟现实头盔的另一个重要部分。由于小型显示器需要经过透镜的折射放大，这会导致放大后显示器屏幕的像素密度降低，因此它们必须具有足够的像素密度来显示清晰的图像，并且刷新率要足够高，以保证 VR 中的运动画面流畅平滑。主流的头戴式 VR 显示器都采用了 1080p 以上分辨率的双目显示器，即每只眼睛对应一块显示器，且刷新率在 90Hz 以上，可视角度在 110° 以上，以覆盖用户的视野范围。

另一类移动端 VR 设备，为了保持成本低廉和"无线"效果，使用智能手机作为显示器。然而，这种设备需要适配多种不同型号的手机，导致手机显示屏幕与透镜的配合度不高，普遍牺牲了视野范围和图形保真度。

2.2.4 手持式 VR 显示器

手持式 VR 显示器（如图 2-5 所示）与头戴式 VR 显示器的成像原理相同，区别仅为

头戴式 VR 显示器一般通过绑带或头盔将显示器固定于头部，随头部同步运动；而手持式 VR 显示器则是通过双手握持显示器，将显示器贴近头部，以实现随头部同步运动。这种显示器的优势在于通过双手握持减轻了头颈的负担，但同时丧失了双手的交互功能。在虚拟现实技术发展的初期，由于虚拟现实设备普遍体积和重量较大，因此有显示器采用了此种设计。如今，由于虚拟现实设备已经实现轻量化，且追求交互性，此种设计已不常见。

图 2-5　手持式 VR 显示器

2.2.5　视网膜投影设备

视网膜投影技术自 20 世纪 80 年代开始就已经有人研究，并且已有原型机问世（如图 2-6 所示）。视网膜投影技术的基本原理是通过高速扫描装置控制光源产生的光线，使得光束按照图像信息，按一定路径时序地进行调制，光学投影系统将扫描装置的出射光投影至人眼，从而在人眼的视网膜上直接投射影像。由于该显示技术不需要实体显示面，且只产生和调制所需的像素点，因此非常适合虚拟现实等近眼显示场景。

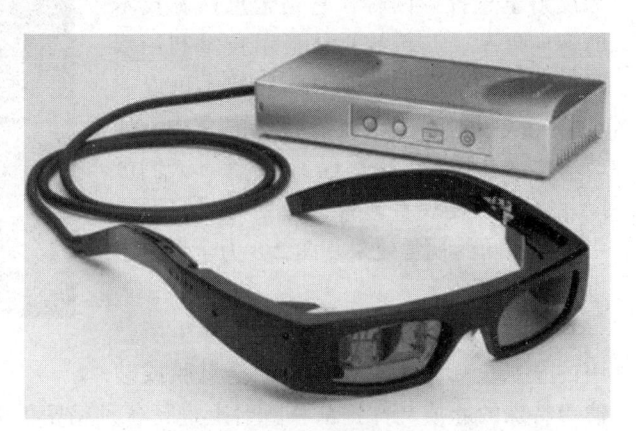

图 2-6　视网膜投影设备

基于视网膜投射技术的基本原理，该设备无须视力矫正就能为任何视力不佳的玩家提供清晰的影像。此外，虚拟影像还可以直接叠加在现实场景中，且两者不会产生焦距偏离，从而在使用时不会影响用户正常观看现实世界。该设备存在诸多优点，但也存在缺陷。例如，由于是自动对焦，投影需要保持在瞳孔的中心，如果眼球偏离中心点，则无法看到投影效果。目前人眼在转动时可以看见成像的视场角约为 30°。虽然目前还存在缺陷，但是也不排除未来使用眼球追踪技术使投影始终保持在眼球中心的可能性。

2.2.6　分时显示设备

分时显示技术是一种用于显示 3D 影像的方法。顾名思义，该方法就是让两套影像在不同的时间播放。具体来说，在播放左眼观看的图像时遮挡右眼视野；反过来，在播放右眼观看的图像时遮挡左眼视野。通过高速切换这两套影像的播放，会在人眼视觉暂留特性的作用下形成连续的画面。因为这种技术类似于相机的快门技术，所以习惯上又被称为主动式快门 3D 显示技术。

目前的主动快门 3D 系统通常使用液晶快门眼镜（如图 2-7 所示），这些眼镜可以兼容

CRT 显示器、等离子显示器、LCD、投影仪和其他类型的影像播放设备。同步信号则分为有线信号、红外信号和无线电信号（如蓝牙、DLP 等）。

然而，主动式快门 3D 眼镜的缺点也很明显。以 CRT 为例，眼镜和显示器的时钟同步需要非常精确，否则易产生视觉混乱；而主流的 LCD 和 OLED 则要求显示器的刷新率至少达到 100Hz，甚至 120Hz。因此，在很长一段时间里，由于显示面板刷新率难以突破 100Hz，分时显示技术的发展一度停滞。但随着近年来显示面板技术的飞速发展，分时显示技术又重新焕发了活力。

图 2-7 液晶快门眼镜

2.2.7 全息投影设备

全息投影技术可以分为投射全息投影和反射全息投影两种，它是全息摄影技术的逆向展示。与传统立体显示技术利用双眼视差的原理不同，全息投影技术可以通过将光线投射在空气或者特殊的介质（如玻璃、全息膜）上来呈现 3D 影像。人们可以从任何角度观看影像，得到与现实世界中完全相同的视觉效果。图 2-8 为全息投影设备示例图。

目前，我们看到的在各类表演中所使用的全息投影技术都需要借助全息膜或玻璃等特殊的介质，并提前在舞台上进行各种精密的光学布置。这类表演的效果绚丽无比，但成本高昂、操作复杂，需要对操作人员进行专业训练。

图 2-8 全息投影设备

2.3 听觉系统

在虚拟现实系统中，声音起着极为重要的作用，而 VR 声音系统追求的目标就是尽可能地模仿人们现实生活中的声音效果。VR 声音是空间音效和沉浸式音效，与早期的多媒体音效技术不同，多媒体音效主要追求声音质量完美。在计算机多媒体技术的发展过程中，声音播放系统从单声道发展到高保真、环绕立体声系统，接着从 5.1 通道环绕立体声发展到 7.1 通道环绕立体声。随着环绕立体声技术的进步，声音质量得到了稳步提高。然而 VR 声音强调的则是 3D 效果。如果在一个具体空间环境里，音箱播放系统呈"一"字形排列，即使播放的音质再好，也不能算作 VR 声音系统。正确的 VR 声音系统应该摆放在空间的四周，前、后、左、右均衡摆放，甚至包括上、下。虚拟现实系统为用户提供全沉浸式的虚拟体验，所以听觉系统也是组成虚拟现实系统必不可少的一部分。

2.3.1 固定式音频设备

固定式音频设备（如图 2-9 所示）与立体声影院的硬件配置基本相同，它们采用多声道立体声音响来营造出身临其境的听觉效果。此种音频设备价格较高,并且需要较大的使用场地,一般与上面提到的固定式VR显示设备配合使用。固定式音频设备允许多个用户同时听到声音,一般在投影式VR系统中使用。扬声器固定不变的特性使其易于产生世界参照系音场,在虚拟世界中保持稳定,且使用起来活动性大。

固定式音频设备的扬声器与投影屏结合使用时会互相影响。如果扬声器在屏幕后,声音可能会被阻碍;如果扬声器在屏幕前,则可能会阻挡视

图 2-9 固定式音频设备

觉显示。此外,扬声器还可以与基于头部的立体显示设备相结合使用。在此种情况下,若视觉观察范围不足 100%,可以考虑将扬声器放在显示区域外,但这可能会对空间化 3D 声场的实现造成一定的困难。同时,固定式音频设备只能假设听众固定不动,尤其是没有头部跟踪技术,其在有混响和反射的空间中会产生回声,并且较差的隔离效果意味着外界的声音会干扰 VR 体验。

2.3.2 耳机式音频设备

对于当前的 VR 设备,特别是需要追踪头部和用户运动的设备,扬声器阵列已不再是进化的终点。头戴式耳机将是 VR 的标配,因为它提供了更好的独立性、隐私性、便携性和空间性。

在 VR 领域,耳机式音频设备(如图 2-10 所示)可以使听觉与听者所在环境的增强现实和沉浸式体验相独立,并且使头部追踪变得简单,同时不会受到回声的干扰。

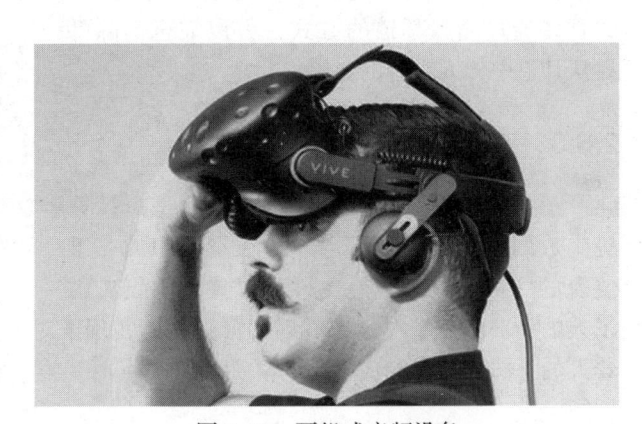

图 2-10 耳机式音频设备

耳机式音频设备分为耳塞式和头戴式两种,前者又细分为平头式耳塞与入耳式耳塞,后者又细分为封闭式头戴耳机与开放式头戴耳机。这些设备通过双耳左右声道的精准配合营造出立体声场,一般与头戴式显示器、视网膜投影设备等虚拟现实设备配合使用。耳机式音频设备的频响很宽,同时还具备低失真、省电、音频分辨力强、环绕立体声解析佳、音乐节奏感强等特点,所以在各类小型头戴式设备中得到了广泛应用。

封闭式头戴耳机(如图 2-11 所示)可以提供良好的隔离及音响效果。然而,其封闭式结构可能会由于热量和重量给用户带来不适感,且由于内共振现象,可能会牺牲音频再现能力。此外,如果设备强加或高于耳朵时,会压迫耳郭导致音频再现轻微。尽管如此,该设备听觉的隔离可以提升沉浸感,让听者与外界环境隔绝。

开放式头戴耳机（如图 2-12 所示）通常比封闭式头戴耳机更加精准和舒适，它们并不使听者完全隔绝于外部环境，而是将声音融入周围环境中。该设备可以通过使用低音音响进行配合，很适合作为 VR 中安静区域的体验。

平头式耳塞（如图 2-13 所示）价格便宜、重量轻且非常轻便，但通常低音表现欠缺，且大多数隔音效果欠佳。

图 2-11　封闭式头戴耳机　　图 2-12　开放式头戴耳机　　图 2-13　平头式耳塞

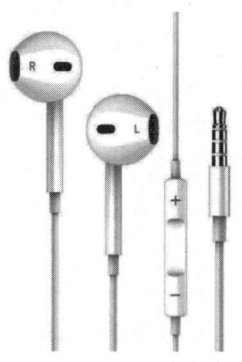

入耳式耳塞（如图 2-14 所示）不仅提供了优质的隔音效果，而且非常轻便，同时在整个音频范围内都具有出色的频路响应表现。入耳式耳塞通过插入耳道的方式，可以完全消除外界从耳道中传入声音的影响。

2.3.3　三维立体声设备

三维声音不是立体声的概念，而是由计算机生成的、能由人工设定声源在空间中的三维位置的一种合成声音。这种声音技术不仅考虑

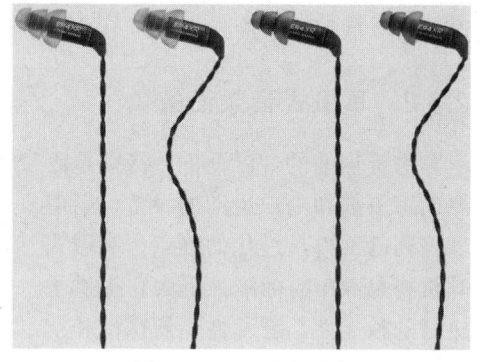

图 2-14　入耳式耳塞

了人的头部、躯干对声音反射的影响，还实现了对人头部的实时跟踪，使得虚拟声音能随着人的头部运动而相应变化，从而得到逼真的三维听觉效果。图 2-15 为三维立体声设备示例图。

图 2-15　三维立体声设备

从单声道、立体声、环绕声发展到三维声，技术的演进使声音的制作手段随之不断进步。从环绕声时代开始，得益于多声道良好的分离度、数字系统宽阔的动态范围以及独立出来的低频效果声道，观众的观影体验逐渐被改变，从作为局外人简单地看和听，转变为沉浸在叙事世界中。三维声技术的出现，让声音在原有的平面声场的基础上增加了高度感，使每个声音精准定位，将声场还原为三维空间，从而更接近真实世界，强化了沉浸式体验。

2.4 反馈系统

虚拟现实技术作为一项能够"欺骗"大脑的终极技术，除了视觉与听觉的直观反馈外，对其他感觉的模拟也是其重点研究内容。虚拟现实系统的高度沉浸感采用多种输入/输出设备从视觉、听觉、触觉、嗅觉等各方面来模拟，营造一个虚拟世界，并使用户与真实世界隔离，沉浸于虚拟世界之中。

目前，虚拟现实系统的高度沉浸感主要通过设备上的各种传感器产生，如触觉传感器、嗅觉传感器、味觉传感器、力觉传感器等，它们把虚拟世界中的触觉、嗅觉等各种感知传送到大脑。

2.4.1 触觉传感器

触觉反馈主要模拟用户的抓取、碰撞、受击等动作产生的力反馈感，一般通过虚拟现实手柄或数据手套、数据衣实现，通过不同强度与频率的振动来模拟各种类型的触觉。这样高度泛化与简化的交互设备的优势是能够匹配大部分应用，但缺点是无法对触觉进行真实的模拟反馈。

振动反馈是使用声音线圈作为振动换能装置以产生振动的方法。简单的换能装置就如同一个未安装喇叭的声音线圈，复杂的换能装置则利用状态记忆合金支撑。当电流通过这些换能装置时，它们会发生形变和弯曲。我们可能根据需要把换能装置做成各种形状，并把它们安装在皮肤表面的不同位置。这样就能产生对虚拟物体的光滑度、粗糙度的感知。图 2-16 为振动触觉传感手套示例。

图 2-16 振动触觉传感手套

由于使用振动进行触觉模拟的反馈效果单一，利用肌肉电刺激来模拟真实感觉的方式可能是未来的重点研究方向之一。图 2-17 为肌肉电刺激设备示例。当前，利用肌肉电刺激来模拟真实感觉需要克服的问题很多，因为神经通道是一个精巧而复杂的结构，从外部皮肤刺激是不太可能的。目前的生物技术水平还无法利用肌肉电刺激来高度模拟实际感觉。即使采用这种方式，实现的也只是比较粗糙的感觉，还无法满足追求沉浸感的 VR 的需求。

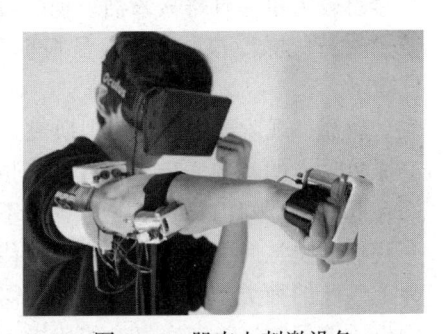

图 2-17 肌肉电刺激设备

VR 拳击设备 Impacto 将振动与肌电模拟结合实现交互。具体来说，Impacto 设备一部分是振动马达，通过游戏手柄产生的振动对玩家进行刺激；另一部分是肌肉电刺激系统，通过电流刺激肌肉收缩运动。两者的结合会让人误以为自己击中了游戏中的对手，因为设备会在恰当的时候生成类似真正的拳击所产生的"冲击感"。

向皮肤反馈可变点脉冲的电子触觉反馈和直接刺激皮层的神经肌肉模拟反馈都不太安全，相对而言，气压式是较为安全的触觉反馈方法。气压式触觉反馈采用一种小空气袋作为传感装置。气动触觉传感手套（如图 2-18 所示）由双层手套组成，其中一个输入手套来测量力，有 20~30 个力敏元件分布在手套的不同位置。当使用者在 VR 系统中产生虚拟接触时，气压触觉传感手套检测出手的各个部位的受力情况。另一个输出手套再现所检测的压力，手套上也装有 20~30 个空气袋并被放在对应的位置，这些小空气袋由空气压缩泵控制其气压，并由计算机对气压值进行调整，从而实现虚拟手物碰触时的触觉感受和受力情况。该方法实现的触觉虽然并不是非常逼真，但是已有显著的结果。

图 2-18　气动触觉传感手套

目前成熟的触觉传感器仍然通过振动反馈来模拟触觉，肌电刺激等模式的设备还需要通过进一步的研究来完善体验。

2.4.2　嗅觉传感器

随着 VR 的普及和发展，越来越多的人为了追求更好的体验，开始将注意力从视觉和听觉扩散到触觉，再进一步扩散到嗅觉。然而，气味模拟技术目前还处于发展初期阶段。据调查，最早的气味模拟项目可追溯到 2006 年，当时美国一所创新技术研究所成功研制出了一种可模拟战争"气味环境"的 DarkCon 模拟器。该模拟器可以在训练场地中模拟出爆炸的炸弹、燃烧的卡车、腐烂的尸体和街道上的污水等物质散发出的气味，使士兵能够提前接触这些难闻的气味，经过这种模拟器训练的新兵能更快地适应实战环境。早期的气味模拟器在使用方式上主要通过在场地中安装气味释放器来进行气味传播，但这在效果上显得较为单一且略显笨拙。现阶段的嗅觉传感器体积已大大减小，可以与 VR 头盔配合使用进行气味模拟。开发人员根据需求，通过编程控制嗅觉传感器的开关释放出不同的气味。

然而，现阶段的嗅觉模拟研究还存在很多问题。首先，气味并不像颜色那样存在类似三原色这样的基础气味，也不像音频那样在范围、强度上都十分容易控制。此外，如果我们在同一个空间内长时间混合各种不同的气味，最终会混合出十分难闻的味道。这不仅会令我们的嗅觉产生混乱，气味到处传播还可能影响到同一空间内的其他人。同时，由于世界上气味的种类千差万别，我们还需要针对特定的体验来专门合成相应的气味。此外，我们也不能控制气味在空气中的传播，当气味从盒子里传到我们周围时，或许我们已经离开这个虚拟场景进入下一个场景了。

为了解决这些问题,有公司首先开发了头戴式 VR 嗅觉装置,其中放置了十几种针对不同场景的气味香水。虽然这种做法仍无法解决因气味种类繁多而造成的问题,但它至少可以在一定程度上解决气味串扰以及气味传播延迟问题。

FeelReal 是全球首款结合嗅觉与触觉功能的 VR 面罩(如图 2-19 所示),只要连接上蓝牙或 Wi-Fi,就可以配合 VR 头显设备使用。它的内部组件包括用于产生水雾的超声波电离系统、用于产生热感的微型加热器、用于产生风感的微型冷却器,以及用于产生振动的触觉马达等。它内置有 9 个独立的香薰胶囊,如图 2-20 所示。这些香薰胶囊可以模拟 255 种不同的气味,如咖啡味、薰衣草味、火药味,甚至烧焦的橡胶味等。

图 2-19　FeelReal 嗅觉面罩

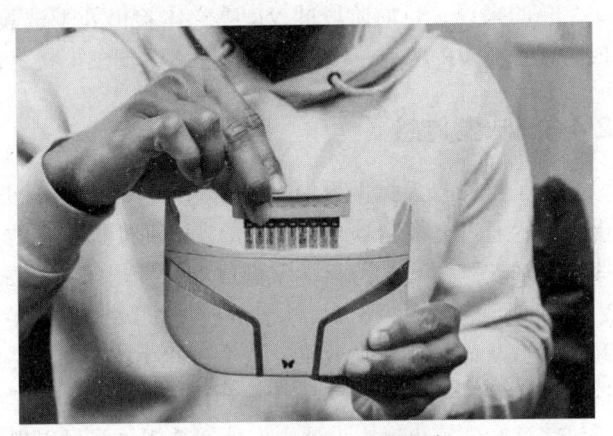

图 2-20　FeelReal 香薰胶囊

FeelReal 可以根据不同的 VR 场景,按指令从香薰发生器中释放气味并传播至用户面部。除了气味,FeelReal VR 面具还能将温暖或者凉爽的空气推送到用户面前,模拟雨水、炎热或微风等环境。这款面罩非常便于拆卸,且气味更换也十分便捷,它能兼容大部分 VR 头显设备,包括 Oculus Rift/Go、三星 Gear VR、HTC Vive、PlayStation VR 等。

日本实验室 VAQSO 进一步缩小了这种设计,它的产品(如图 2-21 所示)可以挂载到 Rift 等头显上,只覆盖鼻子附近很小的区域。它利用超声快速将香水分散到空气中,这种设备尽量不影响到其他方面的体验,并可以更精确地控制气味的留存时间。

针对气味种类众多且难以精确模拟的问题,某些新设备的确可以同时以不同浓度发散不同的气味,然后利用这些基本气味混合产生其他气味类型。事实上,真正意义上的基本气味并不存在,但气味的确可以相互混合产生新的味道。另外,不同浓度的气味分子给人的感受不同,如高浓度吲哚产生粪臭味,中等浓度则产生脚臭味,较低浓度则产生孜然味,而极低浓度却产生茉莉花香味。这意味着发散

图 2-21　VAQSO VR 气味系统

不同浓度的单一物质，我们就能得到多种气味。通过大量的实验数据收集，的确可以建立气味与分子的对应关系，但要完全实现这一点并不容易。

尽管 100% 还原所有气味几乎是不可能的，不过当前的研究有望建立一种折中的方法，因为人的主观意识会影响气味感知。人们对特定物质的反应其实跟情景、个人感受有关。例如，当我们闻到令人不快的气味时，尽管它可能与真正的气味并不完全相同，但同样可以增强我们在恐怖体验中的沉浸感。人们并不能准确识别气味的种类，例如，根据情境不同，用户可能将尿味误认为其他味道，如鱼腥味、垃圾堆味、凶手或者受害者尸体的味道。如果调整其浓度并加入温馨的场景，或许还有人将其当作入眠前的愉悦气味。因此，视觉方面的暗示也会对嗅觉体验产生影响。

总的来说，目前阶段的 VR 嗅觉体验仍处于试验阶段，不能满足实际应用需求，无法成为跟主流 VR 产品一样的标准配件。嗅觉模拟技术仍需进一步研究来逐渐走向成熟。

2.4.3 味觉传感器

为了可以在虚拟世界中品尝到味道，科学家们正在不断进行研究。目前，主流的味觉模拟技术通过电极刺激人类的味蕾来达到模拟味觉的目的。

新加坡国立大学的科学家们成功开发出了一款味觉模拟电极，当用户把这种电极放在舌头上时，它能模拟出甜、咸、苦、酸四种味觉。它在接触舌尖后，会通过信号改变温度和电流，从而形成味觉效果。这个过程由半导体控制，可以让电极快速升温或变冷。考虑这种味道并不是味蕾实感，香味和口感也是我们品尝美食时的重要感受，该研究团队正在尝试将这些感官也融入设计中，他们希望最终可以提供全真的虚拟美食品尝盛宴。

在 2020 年的交互设计会议 CHI 上，来自明治大学的教授宫下芳明带来了一项外形类似棒棒糖的发明——Norimaki Synthesizer（如图 2-22 所示）。该种设备的顶部分布着 5 个触点，触点上分别是 5 种不同的电解质凝胶，对应不同的味道：红色的是甘氨酸，能制造甜味；黄色的是柠檬酸，能制造酸味；黑色的是氯化钠，能制造咸味；棕色的是氯化镁，能制造苦味；紫色的是谷氨酸钠，能制造鲜味。不仅如此，这些凝胶还各自连接了一个电阻，通过它们就可以调节电流来控制释放味道的浓度，使其中一些味道变浓，另一些味道变淡，从而组合出更丰富的口味。

图 2-22 Norimaki Synthesizer 味觉传感器

然而，目前的味觉模拟体验仍比较粗糙，并且存在许多问题。首先，外置设备会给用户带来不适感，很难想象有人会喜欢在舌头上覆盖一个装置的感觉。而内置设备只能通过神经电信号来模拟味觉，但目前人类的科技水平还难以实现。其次，我们对各种味觉神经电信号的原理的理解仅停留在表面，很多具体物质及其离子对应相关受体的机制还未明确，味觉神经的相互作用及大脑处理相关信号的机制也还处于模糊不清的状态。最后，味觉并不是单纯的味觉，人类对于味道的赏析除酸甜苦咸外，还涉及麻辣、香气等口感，这才构成了通常意义上的完整味觉体验，缺少完整味觉体验的模拟味觉并不会给人带来美好的感受。遗憾的是，目前嗅觉模拟的机制的研究尚不成熟。

综上所述，虽然味觉模拟的研究已经初见成效，但要将其应用在 VR 中并完善虚拟现实体验还需要进行更深入的研究。

2.4.4 力觉传感器

力觉传感器是能够将力觉反馈给用户的感知反馈硬件。在虚拟现实应用中，使用力觉传感器可以对抓取及碰撞等动作进行更真实的反馈。需要注意的是，力觉和触觉实际上是两种不同的感知。触觉包含的感知内容更加丰富，如接触感、质感、纹理感以及温度感等；而力觉感知设备则要求能够反馈力的大小和方向。与触觉反馈装置相比，力反馈装置相对成熟一些。目前已经有一些力反馈装置被开发出并投入应用，如力量反馈臂、力量反馈操纵杆、笔式六自由度游戏棒等。其主要原理是计算机通过力反馈系统对用户的手、腕、臂等运动产生阻力从而使用户能够感受到作用力的方向和大小。从目前已研制的众多设备的可携带性来看，可以将其分为两类：桌面式力反馈设备和可穿戴式力反馈设备。

桌面式力反馈设备（如图 2-23 所示）通常固定在桌面上或地面使用，外形类似一个小型机器人。操作者通过控制其末端进行操作。力反馈设备通过检测末端点的位置来计算应出力的大小，并通过驱动装置为操作者提供力的感觉。由美国 SensAble 公司生产的 PHANTOM 设备的主要部件是一个末端带有铁笔的力反馈臂，该设备可以实现六自由度运动，其中三自由度是活跃的，能够提供平移力反馈。PHAMTON 设备还实现了三轴准运动解耦和重力自平衡等特性，使得系统具有较好的静态特性和较强的动态响应能力。虽然这种桌面型设备只能产生较小的反馈力，但是整个系统仍然能够产生比较真实的力感觉体验。日本冈山大学的则次俊朗教授对气动并联机构实现力觉再现进行了研究。并联结构具有承载能力大、位置精度高、动力学特性好、反解容易等优点。它的缺点是工作空间小，正解困难，有奇异位形。Iwata Lab 研制了六自由度 Iwata Hap tic Master，它通过一组平行多边形机构将反作用力反馈到用户手上。

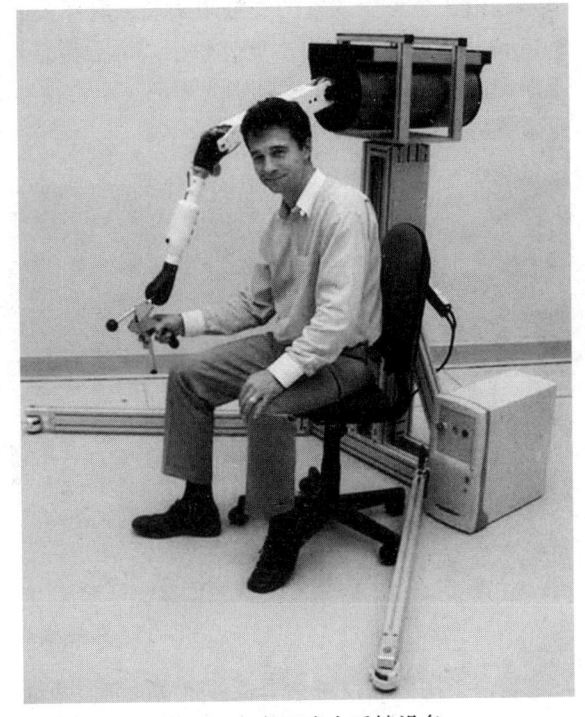

图 2-23 桌面式力反馈设备

可穿戴式力反馈设备主要是指那些需要佩戴在手部或手臂上的反馈设备，这些设备的驱动形式包括电机、液压、气压、磁力和电流变体等。Cybergrasp 是 Virtual Technologies 公司在 CyberGlove 基础上开发的一款商用力反馈数据手套（如图 2-24 所示）。Cybergrasp 是由伺服电机驱动，并由钢丝绳传递力量的外骨架机构，能在手指上提供最大 16N 的阻尼力。它的缺点是重量较大，长时间佩戴会使用户感到疲劳。

与之相类似的外骨架式数据手套还有 Hashimoto 设计的力反馈数据手套和 Bouzit 设计的力矩电机驱动 LRP 数据手套。此外，捷克的 Lukas Kopecny 利用气动肌肉技术实现了力觉再现。该技术通过将气动肌肉的一端固定在支架上，另一端固定在戴在手指上的套管上来控制压力，从而产生横向力。Rutger Master Glove 是美国罗格斯大学 Burdea 团队研发的一种内置式多指力反馈设备。该手套能够在每个手指上连续产生 16N 的阻尼力，虽然摩擦小，但手指的运动空间受到了一

图 2-24　力反馈数据手套

定限制。类似的驱动器内置式的反馈数据手套还有日本法政大学田中实验室研制的流体动力手套。此外，还有许多在手臂上实现力反馈的研究。例如，美国南曼瑟迪斯特大学机械工程系研发的 PHI 系统。它类似于遥操作中的主手，可以跟踪肩与肘的运动，肩部的球关节运动由 3 个正交放置的气缸来实现，肘部关节运动则由一个气缸来实现。此外，由英国 Salford 大学设计的七自由度外骨架式力觉传感器可以准确地复现接触力。该结构由气动人工肌肉驱动，七个自由度分别为肩部三个自由度、肘部和腕部各两个自由度。图 2-25 为可穿戴式力反馈设备示例。

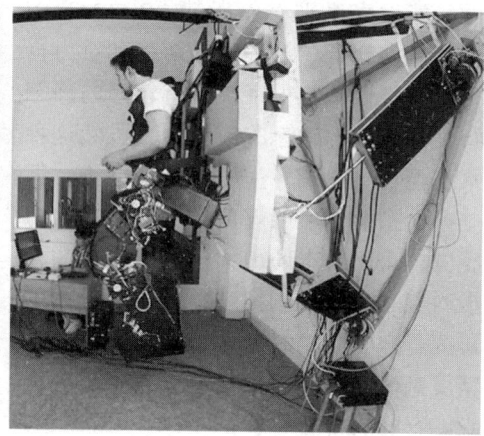

图 2-25　可穿戴式力反馈设备

目前，国内高校对于力觉传感器的研究也陆续展开。中科院在 GAS2Glove 的基础上研制了点式力觉反馈系统。该系统采用比例电磁铁驱动外骨架式力反馈装置。它在给用户指端施加阻尼力的同时，还能够对手指局部关节的运动产生一定的约束，从而有效地防止了虚拟手在不必要的情况下嵌入虚拟物体中。东南大学则对力反馈数据手套进行了深入的研究。哈尔滨工业大学 SMC 气动技术中心也在进行基于气动人工肌肉的力反馈数据手套的研究。

2.5 跟踪系统

跟踪系统的主要功能是确定用户在虚拟现实世界中的位置，而位置追踪是虚拟现实中实现沉浸感与临场感的重要手段之一。目前主流的跟踪系统方案包括机械跟踪器、惯性跟踪器、光学跟踪器、电磁跟踪器和超声波跟踪器。

2.5.1 机械跟踪器

机械跟踪器又被称为机电跟踪器，这是一种绝对位置传感器。它通常由体积较小的机械臂构成，一端固定在一个参考机座上，另一端固定在待测对象上，如图 2-26 所示。采用电位计或光学编码器作为关节传感器测量关节处的旋转角，再根据所测得的相对旋转角以及连接两个传感器之间的臂长进行动力学计算，即可获得六自由度方位输出。典型的系统由多个关节和刚性连杆组成，在可转动的关节中装有角度传感器，从而可以测得关节转动角度的变化情况。装置运动时，根据角度传感器所

图 2-26 机械跟踪器

测得的角度变化和连杆的长度，可以得出杆件末端点在空间中的位置和运动轨迹。实际上，可以求出装置上任何一点的轨迹，刚性连杆也可以换成长度可变的伸缩杆。

这种跟踪器性能较可靠、潜在干扰源较少、延迟时间短、成本低、精度高，允许实时测量，还允许多个用户同时使用。其缺点包括跟踪器测量精度受环境温度变化影响、关节传感器的分辨率低、跟踪器的工作范围受限。在一些特定的应用场合（如外科手术训练），当用户的活动范围不是重要指标时，这种跟踪器才具有优势。

2.5.2 惯性跟踪器

惯性跟踪器一般集磁力计、加速度计和陀螺仪惯性跟踪器为一体，利用陀螺仪的方向跟踪能力测量三个转动自由度的角度变化，利用加速度计测量三个平动自由度的位移，利用磁力计辅助判断方向。图 2-27 为惯性跟踪器的示例图。

以前，这种方位跟踪方法常被用于飞机和导弹等飞行器的导航设备中，但略显笨重。随着陀螺和加速度计的微型化，该跟踪方法在民用市场也越来越受到青睐。不需要发射源是惯性跟踪器最大的优点，

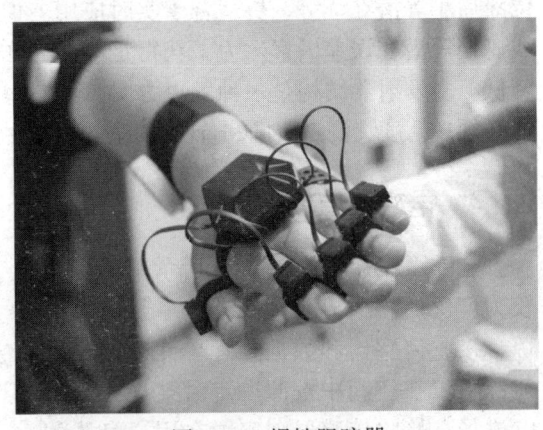

图 2-27 惯性跟踪器

然而传统的陀螺技术难以满足测量精度的要求，测量误差易随时间产生角漂移，且受温度影响的漂移也比较明显，需要有温度补偿措施。而新型压电式固态陀螺在上述性能方面有了大幅度改善。

2.5.3 光学跟踪器

光学跟踪器是利用环境光或者控制光源发出的光，在图像投影平面上的不同时刻或者不同位置的投影，来计算被跟踪对象的方位（如图 2-28 所示）。在有控制光源的情况下，通常使用红外光作为光源，以避免跟踪器对用户的干扰。光学跟踪器通过对目标上特定光点的监视和跟踪，来完成运动捕捉的任务。

常见的光学跟踪器大多数基于计算机视觉原理，从理论上说，对于空间中的一个点，只要它能同时被两个

图 2-28　光学跟踪器

相机所拍摄到，则根据同一时刻两个相机所拍摄的图像和相机参数，就可以确定这一时刻该点在空间中的位置。当相机以足够高的速率连续拍摄时，从图像序列中就可以得到该点的运动轨迹。光学跟踪的优势在于其使用门槛低，场景布置灵活。这种方法的缺点是价格较为昂贵，虽然它可以实时捕捉运动，但后期处理的工作量非常大。同时，它对于表演场地的光照、反射情况也有一定的要求，装置定标也比较烦琐。

从结构方式的角度来看，光学跟踪器分为"外-内"和"内-外"两种结构方式。对于"外-内"方式而言，传感器是固定的，发射器安装在被跟踪对象上，这意味着传感器"向内注视"远处运动的目标。这种系统通常需要极其昂贵的高分辨率传感器。而对于"内-外"方式而言，发射器是固定的，传感器安装在运动对象上，这意味着传感器从运动目标"向外注视"。在工作范围内使用多个发射器可以提高精度，并扩展工作范围。

"内-外"式光学跟踪器的时间响应特性良好，具有数据刷新频率高、适用范围广、相位滞后小等潜在优势，更适合于实时应用。但光学系统也存在虚假光线、表面模糊或者光线遮挡等潜在误差因素。为了获得足够的工作范围而使用短焦镜头时，系统的测量精度会降低。多发射器结构是一种解决方案，但它也会以复杂性和成本为代价。因此，光学跟踪器必须在精度、测量范围和价格等因素之间做出折中选择，而且必须保证光路不被遮挡。

2.5.4 电磁跟踪器

电磁跟踪器（如图 2-29 所示）是应用较为广泛的一类方位跟踪器，一般由发射源、接收传感器和数据处理单元组成。发射源负责在空间中按照一定时空规律分布电磁场。接收传感器则安置在用户身体的

图 2-29　电磁跟踪器

相关位置，随着用户在电磁场中运动，它会通过电缆或者无线方式与数据处理单元相连。它利用一个三轴线圈发射低频磁场，同时用固定在被测对象上的三轴磁接收器作为传感器感应磁场的变化信息，利用发射磁场和感应信号之间的稠合关系来确定被跟踪物体的空间方位。根据三轴励磁源的形式不同，电磁跟踪器可以分为交流电磁跟踪器和直流电磁跟踪器。电磁跟踪器对环境的要求比较严格，在使用场地附近不能有金属物品，否则会干扰电磁场，影响电磁跟踪器的精度。此外，其系统的允许范围比光学跟踪器要小，特别是电缆对使用者的活动限制比较大，对于比较剧烈的运动则不适用。

交流电磁跟踪器的励磁源由三个磁场方向相互垂直的交流电流产生的双极磁源构成，而磁接收器由三套分别测试三个励磁源的线圈构成。磁接收器会感应励磁源的磁场信息，并根据从励磁源到磁接收器的电磁能量传递关系来计算磁接收器相对于励磁源的空间方位。受计算性能、反应时间和噪声等因素的影响，励磁源的工作频率通常为30~120Hz。为了保证不同环境条件下的信噪比，通常使用7~14kHz的载波对激励波进行调制。直流电磁跟踪器的发射器由绕立方体芯子正交缠绕的三组线圈组成，通过依次向发射器线圈输入直流电流，使每一组发射器线圈分别产生一个脉冲调制的直流电磁场。接收器同样由绕立方体芯子正交缠绕的三组独立线圈构成，直流磁场方向的周期性变化会在三向接收器线圈中产生交变电流，电流强度与本地直流磁场的可分辨分量成正比。通过在每个测量周期获得九个数据（表示三组接收器线圈所感应发射磁场的大小），并由电子单元执行一定的算法即可确定接收器相对于发射器的位置和方向。

交流电磁跟踪器通常体积较小，适合安装在头盔显示器上，但这种跟踪器最致命的缺点是易受环境电磁干扰。发射器产生的交流磁场对附近的电子导体特别是铁磁性物质非常敏感，会在其中产生涡流，从而产生二级交流磁场，使得由交流励磁源产生的磁场模式发生畸变，而这种畸变会引起严重的测量误差。

直流电磁跟踪器最大的优点是它只在测量周期开始时产生涡流，一旦磁场达到稳定状态，就不再产生涡流。因此，只要在测量前等待涡流衰减就可以避免涡流效应，从而可以减小畸变涡流场产生的测量误差。

2.5.5 超声波跟踪器

超声波跟踪器（如图2-30所示）利用不同声源的声音到达某一特定地点的时间差、相位差或者声压差来进行定位与跟踪。常用的超声波跟踪器由发送器、接收器和处理单元组成。发送器是一个固定的超声波发送器，而接收器一般由呈三角形排列的三个超声波探头组成。通过测量声波从发送器到接收器的时间或者相位差，系统可以确定接收器的位置和方向。

图2-30 超声波跟踪器

这类装置的成本较低，但对运动的捕捉存在较大的延迟和滞后，实时性较差，且精度一般不是很高。此外，声源和接收器之间不能有大的遮挡物，易受噪声影响和多次反射等干扰。由于空气中声波的速度与大气压、湿度、温度有关，所以必须在算法中做出相应的补偿。超声波跟踪器一般有脉冲波飞行时间（Time of Flight，TOF）测量法和连续波相位相干测量法两种方式。

TOF 测量法是一种在特定的温度条件下，通过测量声波从发射器到接收器之间的传播时间来确定传播距离的方法。大多数超声波跟踪器都采用这种测量方法，此方法的数据刷新率受到几个因素的限制。声波的传输速度约为 340m/s，只有当发射波的波阵面到达传感器时，才可以得到有效的测量数据。此外，必须允许发射器在产生脉动后发出几毫秒的声脉冲，并且在新的测量开始前等待发射脉冲消失。因为每个发射器－传感器组都需要单独的脉冲飞行序列，测量所需要的时间等于单组飞行时间乘以组合数目。这种飞行时间测量系统的精度取决于检测发射声波到达接收器准确时刻的能力。环境中诸如钥匙叮当声等声音都会影响测量精度，空气流动和传感器闭锁也会导致测量误差的产生。

连续波相位相干测量法通过比较参考信号和接收到的发射信号之间的相位来确定发射源和接收器之间的距离。此方法测量精度较高，数据刷新频率也高，可通过多次滤波克服环境干扰的影响，而不影响系统的精度、时间响应特性等。

与电磁跟踪器相比，超声波跟踪器的最大优点是不会受到外部磁场和铁磁性物质的影响，测量范围较大。基于声波飞行时间法的跟踪器易受伪声音脉冲的干扰，在小工作范围内具有较好的精度和时间响应特性。但是随着作用距离的增大，这类跟踪器的数据刷新频率和精度会降低。而基于连续波相干测量法的跟踪器具有较高的数据刷新频率，因而有利于改善系统的精度、响应性、测量范围和鲁棒性，且不易受伪脉冲的干扰。不过，上述两种跟踪器都会因为空气流动或者传感器闭锁产生误差。但如果采用适当的调制措施，就可以改善连续波相位测量法的环境特性，有望实现高精度、高数据刷新率和低延迟的声学跟踪器。

2.6 交互系统

当用户沉浸在虚拟现实世界中时，往往不只希望局限于在虚拟世界中走走看看，而是可以与虚拟世界进行自由的交互体验。虚拟现实的交互系统就是通过多种交互设备帮助人们与多维的 VR 信息环境进行自然地交互。

2.6.1 语言交互设备

随着自然语言处理技术的逐步成熟，语言交互设备解放了用户的双手，VR 中的大部分操作都可以通过语言交互进行控制。语言交互的使用也极大地提高了 VR 的沉浸感。VR 用户在体验时主要通过环顾四周来不断发现和探索。图形指示可能会对沉浸感产生影响，这时如果用户和 VR 世界进行语音交互，会更加自然，而且它是无处不在、无时不有的。用户不需要移动头部和寻找它们，在任何方位、任何角落都能和它们交流。

科大讯飞的 InterReco 语音识别产品整合了科大讯飞研究院、中国科技大学讯飞语音实验室以及清华大学讯飞语音实验室在语音识别上多年的技术成果，并针对中文语音识别应用做了多层面的优化，核心技术达到了国际领先水平。针对语音识别应用中面临的方言口音、背景噪声等问题，InterReco 基于实际业务系统中所收集的涵盖不同方言和不同类型背景噪声的海量语音数据，通过先进的区分性训练方法进行语音建模，使语音识别器在复杂应用环境下均有良好的表现效果。InterReco 语音识别系统采用分布式架构，继承了科大讯飞久经考验的电信级语音平台高稳定的特点，可以满足电信级应用的高可靠性、高可用性要求。针对传统语音识别产品集成开发困难、业务设计烦琐的问题，InterReco产品大大简化了集成开发和业务开发的复杂度，为系统集成人员和业务开发人员提供了便捷、高效的开发环境。

云知声的语音云平台在语音识别、语义理解以及语音合成三个方面具备自身的技术优势。语音交互是VR领域的一个交互入口，云知声更是强调适应各种不同日常场景的交互技术。目前，云知声主要针对语音云平台、智能车载、智能家居、教育四个垂直领域的语音识别技术提供解决方案。云知声研发的最新语音技术——"基于双麦克风阵列的远场语音识别方案"，采用了世界领先的SSP技术，可以有效抑制用户语音之外的噪声和混响效应，可以做到在95%以上的场景中有效地进行远场拾音，配合云知声的远场语音识别引擎，保证了5米距离内达到精准的识别效果。同时，由于该方案只需要两只麦克风，安装位置灵活，也无须考虑设备朝向。

2.6.2　动作交互设备

动作交互设备主要通过捕捉用户的手势或肢体动作来进行交互命令的发布，主流的动作交互设备分为光学跟踪设备与可穿戴跟踪设备两种。

光学跟踪设备（如图2-31所示）主要由主摄像机、红外摄像机、深度摄像机等多个光学镜头组成。在光学设备捕捉到动作信息后，计算机对动作进行分析得出用户发出的指令，并可以根据捕捉到的动作信息在虚拟空间中同步用户的动作。代表性的设备有Kinect和Leap Motion等。以手势识别的虚拟现实应用场景为例，光学跟踪的优势在于使用门槛低，场景灵活，用户不需要在手上穿脱设备。光学跟踪设备可以集成在一体化VR头显上，将手部跟踪用作移动场景的交互方式。但是其缺点在于手势位置受限，用户只能在设备的扫描范围内进行手势操作。

图2-31　光学跟踪设备

主流的可穿戴跟踪设备有数据手套、数据衣等（见图2-32），它们主要通过机电传感器和惯性传感器等多种传感器捕捉用户的动作信息，实现动作捕捉。以虚拟现实中最常用到的数据手套为例，数据手套设有弯曲传感器，弯曲传感器由柔性电路板、力敏元件、弹性封装材料组成，并通过导线连接至信号处理电路。在柔性电路板上设有至少两根导线，以力敏材料包覆于柔性电路板大部，再在力敏材料上包覆一层弹性封装材料。

图2-32　可穿戴跟踪设备

柔性电路板留一端在外,以导线与外电路连接。数据手套能够将人手的姿态准确实时地传递给虚拟环境,且能够将与虚拟物体的接触信息反馈给操作者。这使操作者能够以更加直接、自然、有效的方式与虚拟世界进行交互,从而大大增强了互动性和沉浸感。此外,数据手套还为操作者提供了一种通用、直接的人机交互方式,特别适用于需要多自由度手模型对虚拟物体进行复杂操作的虚拟现实系统。然而,数据手套本身并不提供与空间位置相关的信息,必须与位置跟踪设备连用。

2.6.3 肌肉及神经交互设备

肌肉及神经交互设备听起来似乎是来自未来的交互科技,但实际上在研究领域,科学家们已经对此进行了一定的研究(见图2-33)。肌肉及神经交互设备主要依靠读取人体的肌电信号来获取信息。表面肌电信号是人体产生的一种生物电信号,它蕴含信息丰富且与肌肉活动和运动状态之间存在很大的关联,可以用来识别运动意图和利用肌电反馈评估肌肉功能状态。随着虚拟现实技术的发展,研究人员也逐渐将肌电信号的应用与虚拟现实相结合,通过肌电-计算机接口便可以实现肌电信号的读取。加拿大科技公司Thalmic Labs推出了MYO手势控制臂环,其内置电极和感应器能够读取手臂肌群的电信号,获取手势动作指令,并无线传输至受控设备来浏览网页、改变无人机飞行状态等。

图2-33 肌肉及神经交互设备

目前的肌肉及神经交互设备还处于起步阶段,存在许多问题。首先是肌电-计算机接口的算法上还有待改进,例如,在长时间运动过程中,肌肉疲劳会影响肌电信号的幅值、频率等,导致动作识别失败。因此,需要设计相应的自适应策略,以克服非稳态信号造成的影响。基于虚拟现实的肌电-计算机接口的研究目前也只是刚刚起步,控制效率和用户体验需要不断提升。

2.6.4 意念控制设备

意念控制设备主要通过在人的头部铺设传感器来收集大脑皮层所释放的微弱电流,利用多重数学分析及算法解码脑波信号,在脑电波中定量提取大脑的脑耗能等各种大脑状态,通过提取脑电波中的特征量,进而发布控制信号(见图2-34)。

在2017年的SIGGRAPH大会上,神经科技初创企业Neurable展示了专门为HTC Vive打造的脑机接口开发套件,让体验者用"意念"控制VR体验。目前,公司已经开发

图2-34 意念控制设备

出两种模式:一种是脑电图模式,体验者可以用意念直接移动物体;另外一种是混合脑机接口模式,体验者可以将自己的眼睛用作"鼠标",移动到想选择的物体上,然后用意念"单击"物体。

虽然脑电波虚拟现实的概念非常吸引人,但是目前的硬件设备及脑电波解码算法还存在着许多技术难题,只能实现移动、单击等简单操作,需要研究人员进行进一步研究。

2.7 本章小结

虚拟现实系统的目标是由计算机生成虚拟世界,用户可以与之进行视觉、听觉、触觉、嗅觉、味觉等全方位的交互,并在虚拟现实系统中实现实时响应。随着高性能计算机的不断发展与图形学技术的推陈出新,虚拟现实系统将在画面显示与人机交互上产生质的飞跃。与此同时,虚拟现实系统对交互设备与感知设备提出了新的要求。当前相对成熟的感知模拟设备仅涵盖视觉、听觉和触觉,未来对于全方位体验的模拟将成为虚拟现实系统的研发重点。

参考文献

[1] LOGAN K. The state of virtual reality hardware [J]. Communications of the ACM, 2021, 64（2）: 15-16.

[2] BECERRA V, PERALES F J, ROCA M, et al. A wireless hand grip device for motion and force analysis [J]. Applied Sciences, 2021, 11（13）: 6036.

[3] HERGERT S, BUES M, RIEDEL O. 50-2: LED-based next generation immersive virtual reality [J]. SID Symposium Digest of Technical Papers, 2021.DOI: 10.1002/sdtp.14776.

[4] GONCALVES A, BORREGO A, LATORRE J, et al. Evaluation of a low-cost virtual reality surround-screen projection system [J]. IEEE Transactions on Visualization and Computer Graphics, 2021, 99: 1-1.DOI: 10.1109/TVCG.2021.3091485.

[5] JIN W, HE R. An exploratory study of fit assessment of the virtual reality glasses [J]. Journal of Ambient Intelligence and Humanized Computing, 2021（1）. DOI: 10.1007/s12652-021-03335-1.

[6] LUU W, ZANGERL B, KALLONIATIS M, et al. Effects of stereopsis on vection, presence and cybersickness in head-mounted display（HMD）virtual reality [J]. Scientific Reports, 2024. DOI: 10.1038/s41598-021-89751-x.

[7] 张凤军, 戴国忠, 彭晓兰. 虚拟现实的人机交互综述 [J]. 中国科学: 信息科学, 2016, 46（12）: 1711-1736.

[8] 周忠, 周颐, 肖江剑. 虚拟现实增强技术综述 [J]. 中国科学: 信息科学, 2015, 45（2）: 157-180.

[9] JABEEN F, 田琳琳. 任怡, 等. 针对可穿戴设备的虚拟鼠标 [J]. 智能系统学报. 2017, 12（2）: 7.

[10] MANIS K T, et al. The virtual reality hardware acceptance model (VR-HAM): Extending and individuating the technology acceptance model (TAM) for virtual reality hardware - ScienceDirect [J]. Journal of Business Research, 2019, 100: 503-513.

[11] SALAGEAN A, HADNETT H J, FINNEGAN D J, et al. A virtual reality application of the rubber hand illusion induced by ultrasonic mid-air haptic stimulation [J]. ACM Transactions on Applied Perception, 2022.

[12] SIMONETTO M, ARENA S, PERON M. A methodological framework to integrate motion capture system and virtual reality for assembly system 4.0 workplace design [J]. Safety Science, 2022, 146: 105561.

[13] JIN Y, CHEN M, GOODALL T, et al. Subjective and objective quality assessment of 2D and 3D foveated video compression in virtual reality [J]. IEEE Transactions on Image Processing, 2021, 30: 5905-5919.

[14] TASTAN H, TONG T, TUKER C. Using handheld user interface and direct manipulation for architectural modeling in immersive virtual reality: an exploratory study [J]. Computer Applications in Engineering Education, 2022, 30（2）: 415-434.

[15] CHEN S C. Multimedia in virtual reality and augmented reality [J]. IEEE Multimedia, 2021, 28（2）: 5-7.

[16] BOHNE T, HEINE I, GURERK O, et al. Perception engineering learning with virtual reality [J]. IEEE Transactions on Learning Technologies, 2021, PP (99): 1.

[17] RKA B, CMH B. Measuring circular vection speed in a virtual reality headset [J]. Displays, 2021. DOI: 10.1016/j.displa.2021.102049.

[18] 王党校, 焦健, 张玉茹, 等. 计算机触觉: 虚拟现实环境的力触觉建模和生成 [J]. 计算机辅助设计与图形学学报. 2016, 28 (6): 15.

[19] 马登武, 叶文, 吕晓峰, 等. 虚拟现实系统中人的头部运动与跟踪研究 [J]. 电光与控制. 2007, 14 (1): 6.

[20] 张宇翔, 任爽. 定位技术在虚拟现实中的应用综述 [J]. 计算机科学. 2021. DOI: 10.11896/jsjkx.200800010.

思考题

1. 文中展示了组成虚拟现实系统的众多硬件设备,如果由你来设计一款虚拟现实系统,你会如何选择呢?根据你对虚拟现实设备的想象,设计一款属于自己的虚拟现实系统。
2. 在学习完本章后,请简述自己对虚拟现实系统构成的了解。
3. 文中展示了目前虚拟现实设备中的主流交互设备,在学习完本章后,简述还有哪些交互体验没有被实现。
4. 在学习完本章后,请查阅相关资料并结合自己的理解,梳理虚拟现实交互体验的发展历程,并对下一代虚拟现实交互方式进行猜想。
5. 你在生活中曾经体验或见过那些虚拟现实系统?请记录它们的种类并与教材中提到的虚拟现实系统进行比对。

第 3 章 虚拟现实硬件设备

虚拟现实技术的发展日新月异,虚拟现实硬件设备如雨后春笋般层出不穷,基于多种不同平台的硬件设备给了用户众多选择。早年的 VR/AR 终端不仅价格昂贵,而且佩戴不舒适,分辨率、视场角等技术参数与人眼感知差距较大,导致画面质量受限,可能出现纱窗效应等问题,影响沉浸体验。在历经几年的技术迭代之后,当前市面上主流的 VR 头显已基本满足消除晕眩感的三大指标,即延迟低于 20ms、刷新率高于 75Hz、单眼分辨率达到 2K。

技术的更新推动了消费级 VR 产品的快速放量。目前,硬件技术是驱动产业发展的第一动力。众多 VR 设备厂商从沉浸式体验端开始,撕开破局之路,VR 从一个科技概念进入了实际应用场景,其应用范围大大拓展:VR/AR+ 游戏、VR/AR+ 教育、VR/AR+ 影视 / 直播、VR/AR+ 社交、VR/AR+ 工业等逐渐迈入黄金发展期,元宇宙的兴起更是引爆了虚拟现实的市场广度和深度,影响力远超想象。本章将对市场中的各类主流 VR 硬件设备进行介绍。

3.1 PC 连接类设备

PC 连接类设备使用 VR 头盔作为视觉显示终端,使用 PC 作为处理器,并辅以多种传感器与交互设备,提供沉浸式的交互体验。PC 连接类设备得益于PC 的强大处理能力,使得画面的清晰度与帧率都可以保持在很高的水平。

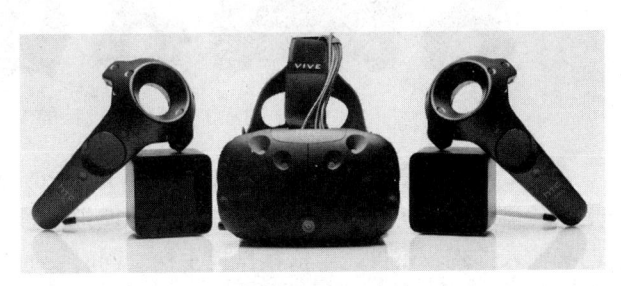

3.1.1 HTC Vive

HTC Vive(如图 3-1 所示)是由 HTC 与 Valve 联合开发的一款头戴式 VR 显示器产品,于 2015 年 3 月在 MWC 2015 上发布。它采用了一块 OLED 屏幕,屏幕分辨率为 2K,屏幕刷新率为 90Hz,搭配了两个无线控制器,并具备手势追踪功能。控制器的定位系统 Lighthouse 采用的是 Valve 的专利,它不需要借助摄像头,而是靠激光和光敏传感器来确定运动物体的位置。由于有 Valve 的 SteamVR 提供技术支持,因此在 Steam 平台上已经可以体验利用 Vive 功能的虚拟现实游戏。

图 3-1 HTC Vive

目前,第一代的 Vive 已基本停产,取而代之的是 Vive Pro 及 Vive Cosmos 头显。新款的 Vive Pro 头显使用高分辨率 AMOLED 屏幕,拥有 5K 的分辨率、120° 视场角和更平滑的 120Hz 刷新率，同时追踪器也进行了改进与升级。图 3-2 为 HTC Vive Pro 示例图。

Vive Cosmos 拥有模块化的设计，兼容定位器追踪以及 inside-out 追踪模式。inside-out 追踪模式使用六个摄像头传感器来监测用户的使用范围，无须设置定位器便可以定位头显位置。它的分辨率为 2880×1700，使用 RGB 液晶显示器，清晰度相较 Vive 提高了 40%，它的视场角为 110°，刷新率为 90Hz。

图 3-2　HTC Vive Pro

Vive Cosmos 的手柄采用视觉识别定位技术，结合 AI 算法，通过摄像头追踪手柄上的特殊纹理，从而计算出手柄的角度和位置（见图 3-3）。得益于追踪范围的扩大，手柄的可活动范围也相应更大。视觉识别定位的优势在于成本低，不需要增加其他的定位配件，并且容易实现。但要做好这项技术难度也非常高，需要用大量的数据不断进行训练，以提高手柄精度。当计算量过大时，它会对设备造成一定负担，因此大多会与陀螺仪、惯性传感器等传感器结合进行辅助计算。这种定位方式的缺点在于，当现场光线太强或者光线复杂时，将影响定位效果；同时手柄不能被遮挡，必须在摄像头的可追踪范围内。此外，当手的移动速度超过相机的刷新率时，定位的稳定性也将受到影响。

图 3-3　模块化设计的 Vive Cosmos

HTC 公司还推出了支持眼动追踪的 Vive Pro EYE 产品，通过对眼球运动、注意力及聚焦的追踪和分析，创建更加身临其境的虚拟场景。通过眼动注视可以实现简洁的页面指向和输入方式，不再完全依赖操控手柄。同时，通过注视点渲染技术可以优化用户视线中的图形保真度，减少 GPU 上的渲染工作负荷，从而提高可视化质量和性能。通过眼动追踪可以让虚拟形象实现眼睛运动和眨眼动作，在虚拟会议、聊天和远程协作中呈现更富有表现力的非语言的交互。

HTC Vive 使用激光定位技术进行动作捕捉，基本原理是在空间内安装数个可发射激光的装置（即"灯塔"），这些装置对空间发射横竖两个方向扫射的激光。被定位的物体上放置了多个光敏传感器，通过计算两束光线到达定位物体的角度差，来得到物体的三维坐标。物体在移动时，它的三维坐标也会跟着变化，从而得到动作信息，完成动作的捕捉。HTC

Vive 的 Lighthouse 定位技术就是依靠激光和光敏传感器来确定运动物体的位置，通过在空间对角线上安装两个高约 2m 的灯塔，每个灯塔每秒能发出 6 次激光束，内有两个扫描模块，分别在水平和垂直方向轮流对空间发射激光来扫描定位空间。HTC Vive 的头显和两个手柄上安装有多达 70 个的光敏传感器，它们通过计算接收激光的时间来得到传感器位置相对于激光发射器的准确位置。利用头显和手柄上不同位置的多个光敏传感器，就可以得出头显或手柄的位置及方向。

激光定位技术的优势在于它相对其他定位技术来说成本较低且定位精度高，不会因为遮挡而无法定位，宽容度较高。同时，它也避免了复杂的程序运算，所以反应速度极快，几乎无延迟。此外，它还可支持多个目标定位，可移动范围广。然而，不足之处是它利用机械方式来控制激光扫描，因此稳定性和耐用性较差。比如，在使用 HTC Vive 时，如果灯塔抖动严重，就可能会导致无法定位。此外，随着使用时间的加长，机械结构的磨损也会导致定位失灵等故障的发生。

3.1.2　Oculus Rift

Oculus Rift DK1（见图 3-4）是 Oculus 公司开发的第一代头戴式显示器，它属于开发者版本，目前已经停产。Oculus Rift DK1 具有两个目镜，每个目镜的分辨率为 640×800，当双眼的视觉合并之后将拥有 1280×800 的分辨率。此外，具有陀螺仪控制的视角是这款产品的一大特色。

Oculus Rift DK2（见图 3-5）的显示面板从 DK1 的 1280×800 的 LCD 屏幕升级为 1920×1080 的 OLED 屏幕，屏幕刷新率也从 60 Hz 提升为最高 75 Hz。凭借 OLED 的低延迟特性，它能在高动态场景下提供清晰无残影的画面。它的内部还搭载了延迟测试电路，能以毫秒为单位监测输入与显示的延迟，从而让开发者得以最优化自己的内容呈现。同时，DK2 省略了 DK1 的视讯连接盒，可以直接通过连接线与 PC 连接。除了 DK1 既有的加速度感测器、陀螺仪感测器与地磁感测器定位之外，DK2 还增加了红外线光学定位追踪功能，通过独立的近红外线 CMOS 感测器摄影机与显示器内嵌的隐藏光学标记，DK2 不仅能追踪使用者头部的方向，还能精确追踪使用者头部的位置，提供更逼真的虚拟实境回馈。

图 3-4　Oculus Rift DK1　　　　图 3-5　Oculus Rift DK2

Oculus 的正式产品从 2016 年发布的 Oculus Rift CV1（见图 3-6）开始，这是 Oculus 的首款消费者版本的虚拟现实头显。Oculus Rift CV1 采用了全新双 AMOLED 显示屏设计，每个屏幕的分辨率为 1200×1080 像素，整体分辨率为 2160×1200 像素，刷新率为 90Hz，且内置陀螺仪、加速度计和磁力计，并搭配附送的红外摄像头，可实现 360° 的头部追踪，头显的水平视角大于 100°。

最初的 Oculus Rift 使用 Xbox 手柄作为输入设备，而在 Oculus Rift CV1 中则使用 6DoF 的双手手柄 Oculus Touch，给 VR 带来了前所未有的体验。Oculus Touch 采用了类似手环的设计，允许摄像机对用户的手部进行追踪，并且传感器也可以追踪手指运动，同时还为用户提供了便利的抓取方式。如果用户需要展开手掌，借助手环的支撑，手柄仍然可以保持原位。这意味着用户无须像使用 PlayStation Move 体感控制器或其他虚拟现实手柄一样始终保持抓握。虽然 Oculus Touch 对于手腕的追踪非常精确，但手掌只有"张开"和"握紧"两种状态，且除了拇指和食指外，设备对其余手指的追踪效果并不尽如人意。

Oculus Rift 的下一代产品 Oculus Rift S（见图 3-7）对 Oculus Rift 进行了全面的升级，但目前该产品也已停售。Oculus Rift S 采用了 LCD 屏幕，单眼分辨率为 1280×1440 像素，刷新率为 80Hz，使用了基于 5 个内置摄像头的 inside-out 追踪模式。Rift S 的定位是一款使用 inside-out 定位且更舒适的 Rift。目前，Oculus 公司将其研发重点放在了下面将介绍的一体式 VR 设备 Oculus Quest 上。

图 3-6　Oculus Rift CV1

图 3-7　Oculus Rift S

Oculus Rift 采用主动式红外光学定位技术，在头显和手柄上放置了可以发出红外光的"红外灯"。然后利用两台加装了红外光滤波片的摄像机进行拍摄，以捕捉头显或手柄上发出的红外光，随后，再利用程序计算得到头显或手柄的空间坐标。相较于红外光学定位技术利用摄像头发出红外光再经由被追踪物体的反射来获取红外光，Oculus Rift 的主动式红外光学定位技术则直接在被追踪物体上安装红外发射器，它发出的红外光被摄像头获取。另外，Oculus Rift 还内置了九轴传感器，其作用是当红外光学定位被遮挡或者定位模糊时，可以计算设备的空间位置信息，从而获得更高精度的定位。

Oculus Rift 的主动式红外光学定位技术与九轴定位系统的结合，大大降低了红外光学定位技术的复杂程度，它不用在摄像头上安装红外发射器，也不用散布太多的摄像头（只需要两个），使用起来很方便，同时相较于 HTC Vive 的灯塔也有更长的使用寿命。然而，由于摄像头的视角有限，Oculus Rift 不能在太大的活动范围内使用，可交互的面积约为 1.5m×1.5m，此外也不支持对太多物体进行定位。

3.1.3　Valve Index

Valve Index 是 Valve 公司研发的虚拟现实头显设备（见图 3-8），它采用了双 1440×1600 分辨率的 LCD 屏幕，工作帧率达到 120Hz，并且针对用户视场进行了特殊的优化，通过将光学元件尽可能地靠近眼睛来获得尽可能大的视场。针对音频系统，Valve Index 使用了超近场平板扬声器，实现了创新的耳外音频解决方案。由于扬声器不接触人耳，而是距离人耳一小段距离，因此它在保证长期使用的舒适感的同时也起到了外化音源的作用，增强了用户的沉浸感。头盔也采用了模块化设计,用户可以根据不同脸型更换头盔部件,以获得最佳体验。

Valve Index 的可交互手柄采用了手指跟踪技术,每个手柄内置了 87 个传感器来跟踪手的位置、运动和压力,以识别用户的意图。由于每只手的大小和皮肤都不同,手柄会不断进行自我校准,以匹配手的大小和不断变化的皮肤电容。Valve Index 的定位系统进一步完善了 SteamVR 的跟踪技术,固定激光每秒可扫描 100 次以跟踪传感器,确保了亚毫米级的动作捕捉精度。

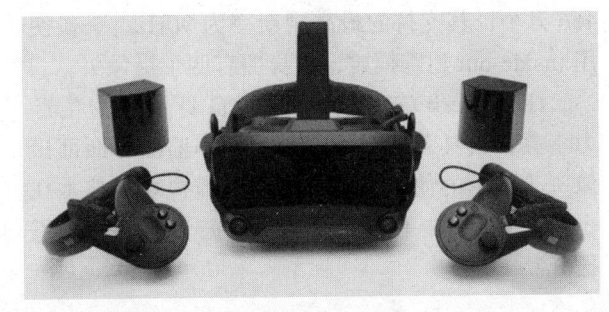

图 3-8 Valve Index

3.1.4 Pimax

Pimax(小派)有着业内独树一帜的超高分辨率头显(见图 3-9),其最新产品 Vision 8K X 采用了定制的 CLPL 面板,具有双原生 4K 显示屏、200° 的视场角和 75Hz 的刷新率。其设备支持安装眼球追踪模组、手势识别及可替换音频模块。其定位器与交互手柄均兼容 SteamVR 旗下产品。

图 3-9 Pimax

3.1.5 HUAWEI VR 眼镜

HUAWEI VR 眼镜(见图 3-10)需要连接手机或计算机作为处理器,手机需要升级到 EMUI10 或 Magic UI 3.0 及以上版本。其显示系统是两块独立的 5.3cmFast LCD 显示屏,拥有 3K 分辨率及 90° 视场角,并通过超短焦光学模组实现了仅约 26.6mm 厚度的机身。其机身设计轻量化,含线控约重 166g。其超短焦光学模组支持 700° 以内的单眼近视独立调节,瞳距自适应范围高达 55~71mm。在音频方面,它采用半开放式的双扬声器设计,内置 Smart PA 智能功放芯片,可以提供更加沉浸的立体音效。HUAWEI VR 眼镜自身不具备定位功能,需要通过外接 6DoF 配件来实现定位追踪功能。

图 3-10 HUAWEI VR 眼镜

3.1.6 HP Reverb G2 Omnicept

HP Reverb G2 Omnicept 是惠普推出的商用 VR 头显(见图 3-11),其特点是通过软硬件两个层面提供基于眼动、面部、心率等生物传感信息，以此提高用户的"VR 生产力"。该头显的单眼分辨率为 2160×2160，像素数超过 466 万个，其支持的最高刷新率为 90Hz。头显使用 inside-out 追踪模式，机身拥有四个摄像头。

HP Reverb G2 Omnicept 将自身定义为生产力工具，其具备的眼球追踪、心率监测、面部摄像头等技术的使用推动了端到端虚拟现实技术在企业中的应用，使企业效率和客户体验均得到了提升。

图 3-11　HP Reverb G2 Omnicept

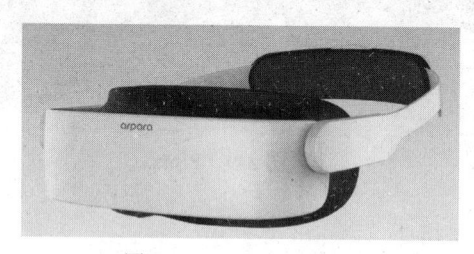

3.1.7　arpara 5K VR

arpara 5K VR 头显（见图 3-12）采用双 OLED 屏幕，5K 画面下像素密度达到 3514PPI，并且拥有 sRGB 270% 的色域和高达 1 000 000∶1 的对比度。单独头显刷新率可达 120Hz，游戏套装也可达到 90Hz，并且可调节屈光度。轻便舒适是使用户长时间沉浸于 VR 游戏的基础，arpara 5K VR 头显重量仅 200g，佩戴定位器后总重量也不超过 350g，是市面上普通头显重量的一半。更大、更清晰、更小、更舒适成为 arpara 5K VR 头显最显著的标签。

专门为 arpara 5K VR 头显定制的定位器（见图 3-13）表面设有 28 个 Triad 光学传感器，确保全方位稳定接收 SteamVR 基站的定位信息。它从外观上延续了 arpara 小巧的设计风格，并与 arpara 头显紧密贴合。

图 3-12　arpara 5K VR　　　　图 3-13　arpara 5K VR 头显的定位器

3.1.8　PlayStation VR

PlayStation VR（PSVR）是索尼计算机娱乐公司（SCE）推出的 VR 头显（虚拟现实头戴式显示器，见图 3-14），它是基于 PlayStation 游戏机的虚拟现实装置。PSVR 一代产品使用 PlayStation 4 游戏机作为载体和 5.7 寸的 OLED 屏幕进行显示，单眼分辨率为 980×1080，画面刷新率为 120Hz，延迟低于 18ms，画面视场角为 100°，通过 9 个 LED 位置追踪实现 360°头部动作跟踪。PSVR 二代产品使用 PlayStation 5 游戏机作为载体，支持 4K 分辨率，单眼分辨率为 2000×2040，并支持视线跟踪凹点渲染及 inside-out 追踪模式，同时自带振动马达，用于提供 VR 头盔本身的触觉反馈。

图 3-14　PlayStation VR

PlayStation VR 使用可见光定位技术实现动作捕捉，其原理和红外光学定位技术相似，同样通过摄像头捕捉被追踪物体的位置信息。不过，它不再利用红外光，而是直接利用可见光，在不同的被追踪物体上安装能发出不同颜色的发光灯。摄像头捕捉到这些颜色光点，从而区分不同的被追踪物体以及位置信息。很多人以为 PS VR 头显上发出的蓝光只是装饰作用，实际上它用于被摄像头获取，从而计算位置信息。两个体感手柄则分别带有可发出天蓝色和粉红色光的灯，利用双目摄像头获取这些灯光信息后，便能计算出光球的空间坐标。

相比激光与红外定位，可见光定位技术的造价成本最低，而且不需要后续复杂的算法，技术实现难度小且灵敏度高，同时稳定性和耐用性强，是最易于普及的一种方案。然而，这种技术定位精度相对较差、抗遮挡性差，如果灯光被遮挡，则位置信息将无法确认。此外，它对环境也有一定的使用限制。假如周围光线太强，则灯光将被削弱，可能导致无法定位；如果在使用时空气中有相同色光，则可能导致定位错乱；同时由于摄像头视角原因，导致可移动范围小，且灯光数量有限，导致可追踪目标不多。

3.2 头戴式一体机

随着移动处理器性能的逐步提升，VR 一体机产品层出不穷。由于一体机设备轻巧便携、使用方便，越来越多的 VR 公司将研发重点放在了一体机设备上。

3.2.1 Oculus Quest

Oculus 的最新产品 Oculus Quest 2（见图 3-15）搭载高通骁龙 XR2 处理器和 6GB 运行内存，最大支持 256GB 的存储空间。其屏幕单眼显示屏分辨率为 1832×1920，默认刷新率为 72Hz，最高支持 90Hz。它采用 inside-out 追踪模式，不需要外部传感器即可在约 3.93m^2 的房间面积内跟踪设备的运动。此外，Oculus Quest 2 也支持手部追踪，用户不需要控制器也可以进行应用交互。Oculus Quest 2 的两个扬声器内置在头盔的两侧，并支持使用有线耳机。Oculus Quest 2 的 Touch 控制器根据人体工程学设计进行了改进，新款拇指托可在需要时提高稳定性，触觉反馈也被重新定位，提升了沉浸感。Quest 2 还可以通过 Oculus Link 电缆连接到 PC，作为 PC 端虚拟现实头盔使用。

图 3-15 Oculus Quest 2

3.2.2 Vive Focus

HTC 旗下的 Vive Focus 已经开发到第三代产品（见图 3-16），它采用高通骁龙 XR2 处理器和 LCD 屏幕，拥有 5K 分辨率、

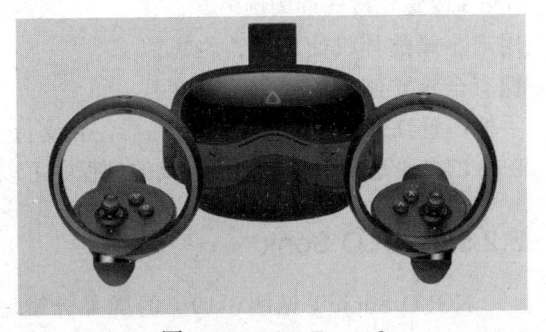

图 3-16 Vive Focus 3

120°视场角和90Hz刷新率,且通过创新的配重设计实现前后平衡,提供更符合人体工程学的舒适性。它配备26.6Wh的可拆卸和更换电池,锂聚合物凝胶化学成分使其更加轻巧并支持快速充电。在音频方面采用具有回声消除功能的双麦克风和两个具有专利的双驱动定向双扬声器设计。通过四个追踪摄像头及G-sensor校正、陀螺仪与距离传感器实现inside-out追踪,最大支持10m×10m的空间定位。操控手柄扳机和抓取键上配有霍尔传感器,扳机、摇杆和拇指托区域带有电容式传感器,且均具备G-sensor校正和陀螺仪。

3.2.3 HTC Vive Flow

HTC Vive Flow(见图3-17)是一款轻巧型沉浸式VR眼镜,它通过蓝牙与手机配对,使用手机作为VR操控手柄,能将手机应用串流至VR并支持6DoF定位。HTC Vive Flow为无线操作,它载有独立的计算单元,因此手机不是必选项,可借助充电宝供电,通过蓝牙与手机相连,由手机充当手柄。该眼镜采用独特的双铰链结构,可轻松折叠,随身携带。主体眼镜重量仅为189g。

图3-17 HTC Vive Flow

镜片采用两块LCD镜片,分辨率为单眼1600×1600,视场角最高为100°,刷新率为75Hz,屈光度可调节,范围为0~600度。

3.2.4 Pico

Pico的最新产品Pico Neo 3(见图3-18)使用高通骁龙XR2处理器,拥有4K分辨率的屏幕和98°视场角,其配备的5300mAh电池可以连续使用2.5~3h。Neo 3采用自研的inside-out光学追踪模式,使用4个摄像头进行定位与追踪,支持10m×10m的识别范围和多空间记忆。Pico同时支持SteamVR串流功能。在音频方面,Neo 3内置隐藏式近场扬声器,在用户不佩戴耳机使用时,也可以拥有全景立体声的效果。其交互

图3-18 Pico Neo 3

手柄内置红外传感器、六轴传感器,并支持1G振动量的线性振动马达,续航约为100h。Pico的自研运动中心在用户游戏的过程中可以实时监测体能消耗,并进行运动记录。

3.2.5 NOLO Sonic

NOLO Sonic(见图3-19)的屏幕分辨率是3840×2160,PPI为807,刷新率默认为72Hz。NOLO Sonic VR一体机搭载的是高通骁龙845芯片,运行内存是6GB,机身存储

是 64GB，另外，NOLO Sonic 自带 4500mAh 电池，可支持 2.5h 游玩。如果通过官方推出的畅玩头戴，续航可扩展至 9000mAh，使用时间也增加到 5h。NOLO Sonic 支持即时心率检测，可以全程记录用户的运动信息。通过 See Through 功能，在用户游戏过程中超出活动区域时，系统会自动显示外部景象。使用手指关节连续敲击头盔侧面两次，则可以主动显示或关闭外部景象，实现无须摘下 VR 即可观察外部景象的便捷体验。该设备采用的 inside-out 追踪模式支持 10m×10m 的识别范围。NOLO Sonic 搭载次世代 VR 交互手柄 M1，它能模仿多种振动体验，拥有 0~1000Hz 的频点响应，且响应延迟低于 10ms 的宽频线性振动马达。

3.2.6 DP VR

大朋（DP VR，见图 3-20）的最新产品 P1 Pro 4K 使用高通骁龙 XR1 作为处理器和 LCD 屏幕，分辨率为 3840×2160，视场角为 96°。运行内存为 3GB，机身存储为 32GB，支持外置储存卡、NAS 功能和 Wi-Fi 硬盘，可以通过直接连接无线路由器来读取路由器外接硬盘，以实现远程读取共享内容。其电池容量为 4000mAh，可支持 3.5h 的使用时长。

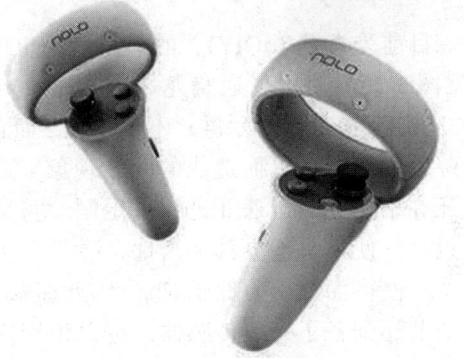

图 3-19　NOLO Sonic

3.2.7 MI VR

小米（MI）VR 一体机（见图 3-21）是小米与 Oculus 共同打造的 VR 设备。它采用高通骁龙 821 处理器，并使用定制的 VR 专用 fast-switch 超清屏，分辨率为 2560×1440，最高支持 72Hz 刷新率。同时，它的显示透镜使用 Oculus 特殊调制的衍射光学系统和定制的异型菲涅尔镜片，通过两个偏椭圆弧度镜片，有效降低了镜片厚度，扩大了清晰聚焦范围，同时提升了视场角。其音频系统内置全景声近场耳机，实现 360° 追踪式立体音效。其交互手柄支持 3DoF 交互。小米 VR 一体机还支持 DLNA 与 Samba 协议，可以读取来自小米路由器或 NAS 中的视频片源。

图 3-20　DP VR

图 3-21　MI VR

3.2.8 Skyworth VR

创维（Skyworth）S8000 VR 一体机（见图 3-22）采用三星 8895 处理器，拥有 3K 屏幕分辨率与 110°的视场角，内置双近场扬声器，支持全景声。其交互手柄支持 3DoF 交互。其机身通过后置电池的设计实现平衡配重，内置 1KHz 高精度六轴传感器与距离传感器，运行内存为 4GB，存储空间为 65GB，并支持最大 256GB 的储存卡扩容。

图 3-22　Skyworth S8000 VR

3.2.9 iQUT

目前爱奇艺（iQIYI）的最新产品 iQUT 奇遇 Ⅱ（见图 3-23）使用高通骁龙 835 芯片，定制了双目 4K 高刷新率 LCD 显示屏，不仅高清，而且可以极大地降低因显示延迟而造成的眩晕现象。此外，爱奇艺还在结构上对奇遇 Ⅱ 进行了定制，它采用电池后置设计，使得头盔更具平衡性，降低了头盔前部的重量，使得面部受力低于 5%，因此佩戴更加舒适。奇遇 Ⅱ 还配备了光线传感器，可以识别用户是否佩戴头盔。在音频方面，奇遇 Ⅱ 支持 3D 杜比全景声，集成了入耳式耳机，并配备了手柄。

图 3-23　iQUT 奇遇 Ⅱ

3.2.10 arpara AIO VR

arpara AIO VR 一体机（见图 3-24）使用骁龙 XR2 作为处理器，并且采用基于图像识别的 inside-out 定位系统实现 6DoF 定位，配合手柄可以捕捉使用者头部与手部的动作，以实现各类 VR 游戏。arpara AIO VR 采用了 2.62cm 的 OLED 屏幕，分辨率为 5120×2560，像素密度达到 3514PPI。arpara AIO 5K VR 一体机还支持 Wi-Fi 6 标准，理论带宽高达 1201Mbps（约为 1.2Gbps），速度更快，且支持 NU-MIMO，对于带宽分配的算法更为合理，不会出现带宽被无故占用的问题，让网络带宽利用率达到最大。另外，考虑 SteamVR 无线串流对于延迟的高要求，arpara AIO VR 一体机还采用了 OFDMA 技术，此项技术优化了设备对于信道的利用率，其响应时间更短，延迟更低，将串流 SteamVR 时的延迟控制在了一个可接受的范围内。

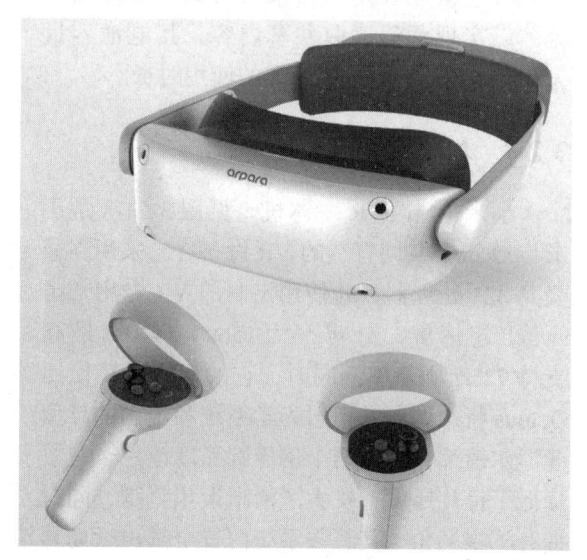

图 3-24　arpara AIO VR

3.3 移动端眼镜

移动端眼镜通常由透镜及固定手机的盒子组成，它使用智能手机作为 VR 眼镜的核心，同时兼任处理器、显示设备、音频设备及交互设备。移动端眼镜成本低廉且方便易用，但是这种设备需要适配多种不同型号的手机，导致手机显示屏幕与透镜的配合度不高，普遍牺牲了视野范围和图形保真度。

3.3.1 千幻魔镜

千幻魔镜最新的第 9 代产品（见图 3-25）可以适配大部分 11.9~17.8cm 的 Android 和 iOS 手机，水平视场角达到了 100°，通过透镜组合支持 600° 以内的近视调节，自带头戴式立体声耳机，同时可以一键接听手机来电。

3.3.2 爱奇艺 VR 小阅悦

小阅悦是爱奇艺推出的移动端眼镜（见图 3-26），可以适配大部分智能手机，其视场角达到 96°，同时采用了高品质光学级 PMMA 双非球面镜片，可以有效抑制不规则色散和畸变。它自带触控按键，可在 VR 界面中实现一键操控。

图 3-25　千幻魔镜

3.3.3 Google Cardboard

Cardboard 最初是谷歌（Google）法国巴黎部门的两位工程师大卫·科兹和达米安·亨利的创意（见图 3-27）。他们利用谷歌"20% 时间"的规定，花了 6 个月的时间打造出这个实验项目，旨在将智能手机变成一个虚拟现实的原型设备。Cardboard 纸盒内包括纸板、双凸透镜、磁石、魔力贴、橡皮筋以及 NFC 贴等部件。按照纸盒上面的说明，用户可以在几分钟内就组装出一个看起来非常简陋的玩具眼镜。凸透镜的前部保留了一个放手机的空间，而半圆形的凹槽正好可以把脸和鼻子埋进去。它是一台简易的虚拟现实眼镜，能让用户通过手机感受到虚拟现实的魅力。

图 3-26　爱奇艺小阅悦

图 3-27　Google Cardboard

3.3.4 三星 Gear VR

三星 Gear VR 是一个移动的虚拟现实设备（见图 3-28），由三星电子与 Oculus VR 公司合作开发。作为头戴式设备的显示器与处理器，兼容的 Samsung Galaxy 设备（如 Galaxy Note 5 或 Galaxy S6/S6 Edge）单独销售，而 Gear VR 单元本身包含高视野的透镜和定制的惯性测量单元（IMU），以 micro-USB 链接智能手机进行旋转跟踪。相比用于 Google Cardboard 智能手机内部的惯性测量单元，这种 IMU 更为准确，并拥有更好的校准延迟。三星 Gear VR 头戴式设备还包括在一侧的触摸板和回退按钮，以及一个接近传感器，用于探测何时带上头戴式设备。触摸板和按钮允许用户与虚拟环境交互，具有最低的标准输入能力，而 Google Cardboard 设备仅仅配备了一个按钮。

图 3-28　三星 Gear VR

三星 Gear VR 最早在 2014 年 9 月发布。为了允许开发人员创建 Gear VR 的内容，并允许 VR 技术爱好者尽早接触到该技术，三星在发布消费者版本之前已经发布了 Gear VR 的两个创新者版本。

3.3.5 UGP VR

UGP VR 采用"双距调节"设置和分控式瞳距调节（见图 3-29），以适应不同用户体验清晰画面的需求。物距调节兼容 0~800 度近视，可减轻眼镜的负担。该设备的视场角为 120°，通常在戴上 VR 眼镜后，摘脱过程会大大影响用户体验。UGP VR 适配定制版无线手柄，允许单手掌握，通过摇杆与按键可以完美满足各种调试需求。

3.3.6 小宅 VR

小宅 Z4 是小宅 VR 于 2016 年 3 月推出的第四款移动端 VR 设备（见图 3-30），是首款集视觉和听觉于一体的沉浸式手机 VR 头盔设备。小宅 Z4 率先采用一体式专利设计，配合重低音环绕隔音耳机，并且具备耳机调控功能。小宅 Z4 的 35mm 超短焦距设计所带来的 120° 超广视场角更加接近人眼真实视角，让体验沉浸感达到一个新的高度。

图 3-29　UGP VR

小宅 Z4 手机 VR 头盔不仅停留在视觉上的提升，还包括了 360° 立体环绕声学，并且在细节上也做了很多优化，可以直接利用自带的拾音器和立体声耳机一键接电话，挂机后也可以自动回到游戏场景中，继续射击游戏等交互动作。

图 3-30　小宅 Z4

这种视觉和听觉系统一体化的设计，使得在观看 VR 视频的过程中可以最大限度地享受 VR 视频所带来的震撼。在机身上方有一个瞳距调节器，可在 56~68mm 的范围内进行调节，由于人的个体生理差异，瞳距可能会有所差别，因此需要根据自己的瞳距来调整到一个合适的位置，从而获得最佳的观看体验。而在瞳距调节器下方，就是手机放置仓，只需要轻轻按压按钮，就可以打开前盖。

3.3.7 索尼 Xperia View

Xperia View 是索尼发布的一款支持 Xperia 1 Ⅲ / 1 Ⅱ 的移动端虚拟现实设备（见图 3-31），主要应用于影视娱乐。这款设备的视场角为 120°，配合 Xperia 1 Ⅲ /1 Ⅱ 智能手机，以利用后者的 21∶9 4K 屏幕作为显示终端。Xperia View 仅提供三自由度追踪，能够解码 8K 360° 的视频。

同时，Xperia 1 Ⅲ /1 Ⅱ 将提供一个专门应用来显示 Xperia View 兼容的内容，以及播放本地文件夹中的文件。在输入方面，用户可以通过 Xperia 侧面的音量和相机键进行控制，或接入 DualShock 手柄。

图 3-31　索尼 Xperia View

3.4　体感设备

为了追求虚拟现实的沉浸体验，各种体感设备已经逐渐成为 VR 不可或缺的一部分，下面介绍目前的各种主流体感设备。

3.4.1 体感器

体感器是一种 VR 外部硬件设备，用户通过穿戴定位设备，利用追踪定位技术可以实现对虚拟世界的体感操控，从而增加 VR 体验的沉浸感。

体感器的代表是 NOLO 旗下的 VR 体感套件，NOLO CV1 可以适配大部分主流 VR 一体机、移动端眼镜和 PC 头显，可以让普通的 3DoF VR 设备升级为 6DoF VR 设备（见图 3-32）。NOLO CV1 使用的是基于超声波、激光和无线电技术，以及自主研发的混合定位技术 PolarTrap，它可以实现头、手双 6DoF 自由交互，其定位延迟小于 20ms，定位精度在 1.5mm 以内，定位刷新率为 120Hz，支持 5m 以内的定位距离。

图 3-32　NOLO CV1 体感套件

3.4.2 三维鼠标

三维鼠标是用于操作三维目标的输入设备（见图 3-33）。该设备大部分在普通鼠标的基础上融合交互球或交互旋钮，以提供更多的交互维度。三维鼠标一般用于六自由度 VR 场景的模拟交互，可从不同的角度和方位对三维物体观察、浏览和操纵，并可与数据手套结合使用，作为跟踪定位器。

3.4.3 数据手套

数据手套是一种多模式的虚拟现实硬件（见图 3-34），可进行虚拟场景中物体的抓取、移动、旋转等动作，也可以利用它的多模式性，作为一种控制场景漫游的工具。数据手套的出现，为虚拟现实系统提供了一种全新的交互手段。目前，市面上主流的数据手套从传感器技术角度主要分为光学、光纤以及惯性数据手套三大类。

图 3-33 三维鼠标

光学数据手套一般在手套关节上布置红外反光小球，通过外置的多个红外摄像头的拍摄和捕捉进行定位。该类数据手套常与光学全身动捕系统配套使用，但是由于手部动作容易被遮挡且手指上红外定位点过小导致易于丢失，因此对相机的分辨率和帧率要求较高，成本也同样较高。

图 3-34 数据手套

光纤数据手套采用光纤传感器，它的精度较高，稳定性和数据可重复性也较强，但是它的售价高昂，一般用于科研用途且采购量少，如头部品牌 CyberGlove、5DT 等，常出现于各类科研论文中。另外，光纤传感器在手指上的布置更为复杂，每只手需要 18 甚至 22 个光纤传感器横向或纵向交叉分布，这也增加了其进行校准的难度。由于用户的手形存在差异，如果不进行严格的校准，则表现出来的效果和理想效果之间会有很大差距。

惯性数据手套的优点是成本低，没有遮挡问题，使用前不需要搭建室内定位场地，基本可以做到开箱即用。采用这种技术，被追踪目标需要在重要节点上佩戴集成加速度计、陀螺仪和磁力计等惯性传感器设备。这是一整套动作捕捉系统，需要多个元器件协同工作。它由惯性器件和数据处理单元组成。数据处理单元利用惯性器件采集到的运动学信息，当目标在运动时，这些元器件的位置信息将被改变，从而得到目标运动的轨迹，之后通过惯性导航原理便可完成运动目标的动作捕捉。

3.4.4 数据衣

在虚拟现实系统中，比较常用的运动捕捉设备之一是数据衣（见图 3-35）。数据衣是为了让虚拟现实系统识别全身运动而设计的输入装置。它根据数据手套的原理研制，这种衣服配备了许多触觉传感器，穿在身上时，衣服里面的传感器能够根据身体的动作探测和跟踪人体的所有动作。数据衣可对人体约 50 个不同的关节进行测量，包括膝盖、手臂、躯干和脚。通过光电转换，身体的运动信息可被计算机识别，反过来，衣服也会通过产生压力和摩擦力反作用于身体，使人的感觉更加逼真。

数据衣有延迟大、分辨率低、作用范围小、使用不便等缺点。另外，数据衣还存在着一个潜在的问题，即人的体型差异较大。为了检测全身，数据衣不但要检测肢体的伸张状况，还要检测肢体的空间位置和方向，这需要许多空间跟踪器。

数据衣与前面介绍的数据手套的原理基本一致，也分为惯性数据衣、光纤数据衣以及光学数据衣三大类，具体原理不再赘述。数据衣往往还会设置额外的传感器来检测人体的呼吸、心跳等数据，以对用户的运动状态进行记录。

图 3-35　数据衣

3.4.5　VR 跑步机

VR 跑步机的专业名称是万向行动平台（Omni-Directional Treadmill，ODT），即可以做出 360° 转向、行走、跑跳等各种动作，它与 VR 头部显示器搭配，大幅度改善并增强了虚拟现实在实际使用中的体验。图 3-36 为 VR 跑步机。

VR 跑步机是一种沉浸式人体行走输入设备，主要用于解决虚拟空间与真实空间不对等的问题。它打破了物理空间的局限性，利用现实中的一平方米空间即可实现在虚拟世界中无限空间的行走，不受场地大小或内容的限制，是一种低成本、高频效的行走解决方案。同时，它遵循自然肢体交互原则，可以大幅度降低晕动症状，在增强沉浸感的同时给予安全保护。

图 3-36　VR 跑步机

3.4.6　VR 手势识别设备

VR 手势识别设备能够让用户的双手在虚拟世界中更真实地与目标进行互动（见图 3-37），实现包括抓取、推动以及各种细微的手上动作，并且通过对一系列的物理规律进行模拟，可以在目标和用户双手进行互动时，更符合现实生活中的规律。

VR 手势识别设备采用了计算机视觉动作捕捉技术。这项技术基于计算机视觉原理，由多个高速相机从不同的角度对运动目标进行拍摄。在目标的运动轨迹被多台摄像机获取后，通过后续程序的运算便能在计算机中得到目标的轨迹信息，从而完成动作的捕捉。Leap Motion 在 VR 应用中的手势识别技术便利用了上述技术原理，它在 VR 头显前部装有两个摄像头，利用双目立体视觉成像原理，通过两个摄像机来提取包括三维位置在内的信息进行手势的动作捕捉和识别，建立手部立体模型和运动轨迹，从而实现手部的体感交互。

采用这种技术的优点是，它可以利用少量的摄像机对监测区域的多目标进行动作捕捉，大物体定位精度

图 3-37　VR 手势识别设备

高，同时被监测对象不需要穿戴和拿取任何定位设备，约束性小，更接近真实的体感交互体验。采用这种技术的不足是，这种技术需要庞大的程序计算量，对硬件设备有一定的配置要求，同时受外界环境影响较大，比如在环境光线昏暗、背景杂乱、有遮挡物等情况下都无法很好地完成动作捕捉。此外，捕捉的动作如果不在合理的摄像机视角范围内或受程序处理影响，可能无法准确捕捉比较精细的动作。

3.4.7　眼部追踪设备

眼部追踪，又称为注视点追踪，是一种利用传感器捕获和提取眼球特征信息、测量眼睛的运动情况，并估计视线方向或眼睛注视点位置的技术（见图 3-38）。在现实生活中，通常人们优先以眼球转动来锁定注视目标。而在目前的 VR 中，由于眼球追踪技术的缺失，通常采用基于陀螺仪的头动感知方式来锁定目标。转动头部才能进行操作的方式容易增加用户不自然的头部动作，并且使目标锁定的过程变长，既不自然又低效。相比之下，头动仅控制视野、眼动锁定目标，才是 VR 用户界面交互中的最佳选择。这既符合人机交互的规律，

图 3-38　VR 眼部追踪设备

也比传统操作方式的效率更高。比如，当用户对某个应用或物体进行凝视时，界面便开始变化，应用图标的二级界面即会自动打开、界面自动下滑等。

眼部追踪的主要设备包括红外设备和图像采集设备。在精度方面，红外线投射方式具有较大优势，能在 76.2cm 的屏幕上精确到约 1cm 以内。辅以眨眼识别、注视识别等技术，该设备已经可以在一定程度上替代鼠标和触摸板，进行一些有限的操作。此外，其他图像采集设备，如计算机或手机上的摄像头，在软件的支持下也可以实现眼球跟踪，但是在准确性、速度和稳定性上各有差异。

目前的 VR 设备在硬件方面对畸变和色散的修正并不完善，大部分是基于图形算法层面进行补偿，这只是在一定程度上减少了畸变和色差。由于人的瞳距、佩戴方式、注视点都不同，可能会导致瞳孔偏离出瞳位置，造成在实时观看中的形状畸变，影响用户体验。

通过眼球追踪技术获得人眼的注视点，以及人眼和镜片的相对位置，能够对这些差异进行实时矫正。

目前的渲染方式对硬件要求高，且功耗大。通过眼球追踪技术判断人眼注视点，就可以在画面渲染过程中仅全幅渲染注视点位置区域（局部渲染），这样既保证了看到的画面足够清晰，又大幅度降低了渲染过程中 GPU 的负荷，从而降低 VR 设备对硬件的要求。同时，注视点渲染也符合人眼的对焦特性（焦点位置清晰、周边虚化），避免了眼睛为适应画面而产生疲劳感的情况发生。

眼部追踪设备的发展还存在不少困难。例如，让机器对人类眼睛动作的真实意图进行有效识别，以判断它是无意识运动还是有意识变化，这并非易事。因此，这项技术在短期内难以成为人类和机器互动的主要方式。但是它对于鼠标、键盘以及触摸等比较成熟的人机交互是一个很好的补充，而且在医疗健康、在线教育、心理研究乃至刑事侦查等领域都有着广泛的应用前景。图 3-39 为 AR 眼部追踪设备的实例。

图 3-39　AR 眼部追踪设备

3.5　本章小结

随着虚拟现实技术的发展，各种虚拟现实硬件设备逐步向无线化、小型化、集成化的方向发展。同时虚拟现实技术对硬件设备的应用分类也越来越具体，越来越广泛，越来越多的硬件设备被应用到虚拟现实系统的构成上。虚拟现实技术是面向未来的重要技术之一，它在硬件的研究方面依赖于多种技术的融合，其中有很多技术有待完善。可以预见，随着技术的发展，虚拟现实技术及其应用会越来越广泛。

参考文献

[1] CLINE C C, COOGAN C, HE B, et al. EEG electrode digitization with commercial virtual reality hardware [J]. PLoS ONE, 2018, 13 (11).

[2] SEERS T D, SHEHARYAR A, TAVANI S, et al. Virtual outcrop geology comes of age: the application of consumer-grade virtual reality hardware and software to digital outcrop data analysis [J]. Computers & Geosciences, 2022, 159: 105272.

[3] RAJEEV T, NEELAM D, MAMTA M, et al. Multimedia computing systems and virtual reality [M]. Boca Raton: CRC Press, 2021.

[4] 高源, 刘越, 程德文, 等. 头盔显示器发展综述 [J]. 计算机辅助设计与图形学学报. 2016, 28 (06): 896-904.

[5] BOZKIR E. Towards everyday virtual reality through eye tracking [J]. arXiv preprint arXiv: 2203.15703, 2022.

[6] ASADZADEH A, SAMAD S T, REZAEI H P, et al. Low-cost interactive device for virtual reality [C]// 2020 6th International Conference on Web Research. Lyon, France, 2020. DOI: 10.1109/ICWR49608.2020.9122307.

[7] YANG L I, HUANG J, TIAN F, et al. Gesture interaction in virtual reality [J]. Virtual Reality & Intelligent Hardware, 2019, 1 (1): 29.

[8] FENG T. Human-computer interactions for virtual reality [J]. Virtual Reality & Intelligent Hardware, 2019, 1 (3): 2.

[9] JIA M L, XIA X, CLEMEN O W, et al. VEGO: a novel design towards customizable and adjustable head-mounted display for VR [J]. Virtual Reality & Intelligent Hardware, 2020, 2 (5): 443-453.

[10] WANG L, CHEN X, DONG T, et al. Virtual climbing: an immersive upslope walking system using passive haptics [J]. Virtual Reality & Intelligent Hardware, 2021, 3 (6): 435-450.

[11] KIM D, PARK S, LEE K. Active jumping motion platform hardware in immersive virtual reality environment [J/OL]. arXiv preprint. arXiv: 2203.15703v1, 2022.

[12] NEKRASOVA I Y, VORONTSOVA V S, KANARSKII M M, et al. Hardware and software complex for restoring motor functions based on virtual reality and brain-computer interface [J]. Physical and Rehabilitation Medicine Medical Rehabilitation, 2021, 3 (2): 231-242.

[13] THIER D. Sony announces' project morpheus: virtual reality headset for PS4 [J]. arXiv preprint arXiv: 1507.05990, 2014.

[14] HOLDACK E, LURIE K. Adding a kick to virtual reality: Extending the acceptance model for VR hardware towards VR experiences [C]// EMAC 2020 Annual Conference. GitHub INC., 2020.

[15] 张鋆豪, 何百岳, 杨旭升, 等. 基于可穿戴式惯性传感器的人体运动跟踪方法综述 [J]. 自动化学报. 2019, 45 (8): 16.

[16] 吴一川, 孟欢欢, 黄启洋, 等. 面向触觉力反馈的可穿戴柔性执行器研究现状 [J]. 仪器仪表学报. 2021, 42 (9): 9.

[17] 王海宁, 池卓哲, 何人可. 基于主成分分栏法的VR眼镜面贴适合性改进 [J]. 机械设计. 2020 (5): 8.

思考题

1. 文中展示了多种虚拟现实硬件设备,请根据你对它们的了解,阐述它们各自的优点与存在的问题,并思考为什么会存在该种问题。
2. 在学习完本章后,请你发挥自己的想象力,思考下一代虚拟现实设备将会采用何种外形和使用何种技术。
3. 文中介绍了众多虚拟现实头显设备,请你根据自己的理解并查阅相关资料,思考虚拟现实头显的核心硬件参数有哪几项,并思考它们会对用户体验带来何种影响。
4. 目前 VR 一体机设备正逐步占领 PC 连接类设备的市场份额,请你思考未来的虚拟现实设备会朝着哪个方向发展。
5. 请思考,假如有一款虚拟现实硬件设备请你进行评测,你会通过哪些标准对其进行评测?

第 4 章　虚拟现实关键技术

　　虚拟现实技术是一门跨学科的综合性技术，它的发展受到计算机、人机交互、网络和通信、虚拟仿真、立体显示等多种技术发展的影响。这些技术的发展与突破为操作者创造了虚拟环境，基于视觉、听觉和触觉等一系列感知，用户可以与虚拟世界中的对象进行交互，犹如身临其境。其中，虚拟环境建模技术、三维图形生成与显示技术、体感交互与虚拟现实开发引擎是虚拟现实技术的关键环节，这些技术的发展主导着虚拟现实领域的发展方向。本章将对这些技术的应用、发展历史和最新研究动态进行探讨。

4.1　虚拟环境建模技术

　　虚拟现实的应用需要建立在虚拟环境之上，这个虚拟环境要能表示真实世界或者主观想象的世界，操作者基于这个虚拟环境模仿真实环境中对象的行为并开展应用。虚拟环境建模的目的就是要获取三维数据，建立虚拟环境的三维模型，采用实时绘制和立体展示，为操作用户形成一个虚拟的世界。虚拟环境建模的真实性、画面呈现效率、准确性以及操作方式决定了虚拟现实系统的整体质量和可用性。

　　环境建模技术（Environmental Modeling Technology，EMT）涉及以下主要工作。
- 模拟真实世界环境。对用户看得到的真实世界进行三维建模，如建筑物、宇宙环境、战场环境、工作环境等。这类环境可能是现实中已经存在的，也可能是未来将要建造的环境。这类环境模拟的标准就是要准确和真实，模型需要能真实地反映实际空间的几何构造、物理属性和物理规律，这种建模工作又称为系统仿真。
- 模拟人类主观想象的环境。这类环境可能在真实的世界中不存在，常用于广告、电影和游戏的虚拟三维场景、角色和动画，环境和角色对象都是虚拟的。这类建模工作的目标是在影视、游戏中呈现很强的艺术视觉效果，通常需要一定的渲染技术才能实现。
- 模拟真实世界中人类不可见的环境。这类环境在人类世界中真实存在，但可能是人的视觉、听觉系统所无法感受到的，或者是比较危险、人力所不及的环境。例如，分子内部的结构，台风的风速、温度和压力的变化，火山爆发的场景，等等。对于微观世界中的环境，该技术应按照科学研究的结论进行放大展示。例如，对于台风风速、温度和压力的变化，可以采用粒子密度、流线、动画来表示，这类工作的特点是进行科学计算结果的可视化。图4-1展示的是国家气象信息中心基于大气实况的分析数据，使用实况三维可视化工具包绘制的2021年第6号台风"烟花"的风场演变，以台风的体绘制方式和等值面绘制方式呈现了台风活动区域气流的宏观特征。

　　环境建模技术所涉及的内容非常广泛，涵盖自然科学、数学、建筑学、工业设计、生物学、医学等多个学科中较为成熟的技术和理论。与其他图形建模的技术相比，虚拟现实环境建模技术具有以下的特点。

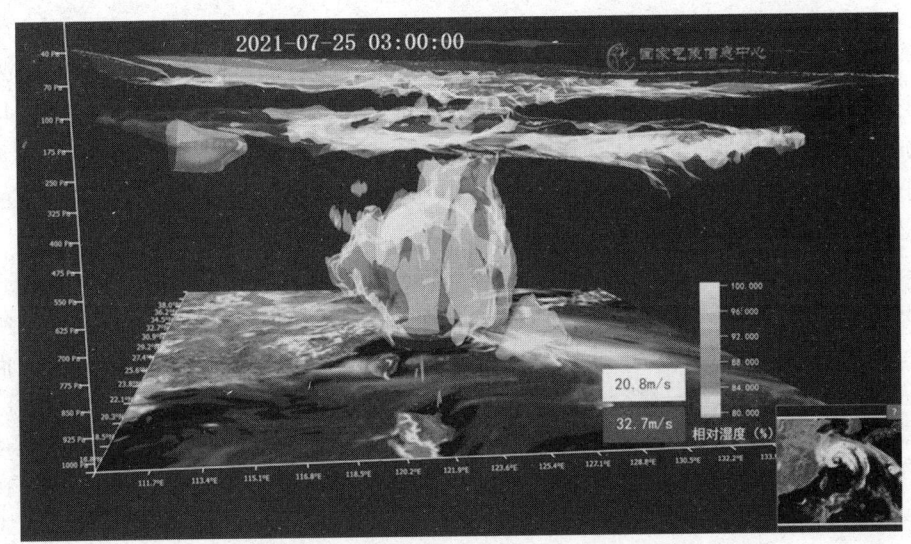

图 4-1 国家气象信息中心绘制的台风"烟花"的三维云图

- 虚拟现实应用中对于虚拟环境的建立,需要建造大量的地理环境、建筑和道路等数量大、品类多的物理模型,建立模型的数量多、模型构造复杂,通过人工使用工具软件进行三维模型构建是一项非常繁重的工作。
- 虚拟环境中需要仿真的对象具有自己的个性行为,对象行为不是简单的物理运动就可以模拟的,它需要根据对象的生理结构特征、科学研究的结果来制定复杂的运动模型,因此模拟仿真的工作比较复杂。
- 虚拟环境的操纵接口比较复杂,在用户和系统进行交互时,系统的反应应符合人类的认知习惯。

4.1.1 几何建模技术

传统意义的虚拟环境基于几何图形进行表示,即用几何的点、线、面、体来表示虚拟场景中物体的几何轮廓,物体的外表面可以用纹理映射和光照模型进行渲染。这样,虚拟现实系统通过先构建一个虚拟环境,再进行观察角度、渲染参数的设定,就可以得到特定场景的画面,最后在输出设备上进行显示,就可以达到绘制的目的。

基于几何图形进行对象的三维表示主要分为面模型和体模型两大类。其中,面模型通常用物体表面的面片包围起来的区域来表示三维物体,曲面可以用很多微小的三角形网格或四边形网格表示;体模型用很小的基本体素来构造复杂的三维模型,物体表面的纹理可以是光滑物体表面的彩色图案,也可以是凹凸不平的沟纹,可以用二维数据表示,然后,将纹理数据按照特定的方式映射到物体网格表面,可以使物体看起来更真实。面模型的建模和真实感渲染技术已较为成熟,缺点是它只有物体的外壳表示,而对物体的重量、重心的计算较复杂。体模型一般拥有物体的内部信息,可以方便地进行三维打印等操作,但它不具有表面光滑属性,画面渲染效果较差。

现有三维物体的几何建模通常采用软件进行几何造型、扫描设备进行自动创建和基于图像建模这三种主要方式。

所谓几何造型就是由专业人员使用专业软件,如 AutoCAD、3ds Max、MAYA 等造型软件，通过运用计算机图形学技术和美术方面的知识，搭建出物体的三维模型。这个过程可以手工交互，也可以通过编写程序来实现，还可以在现有的三维图形库中选择基本的几何图形进行构造和修改。建模的过程类似于艺术家作画，只是画出的是一个三维立体、能反映物体结构和表面性质的立体几何画作。优秀的造型师可以基于软件做出效果逼真的场景和角色模型，但其工作量非常繁重。种类多、地形复杂的室外场景，以及不规则的实体场景不适合用这种方式进行构建。

采用扫描设备进行三维建模是一种利用三维扫描仪和软件自动进行三维建模的方法。三维扫描仪又分为接触式和非接触式扫描仪，其中接触式扫描仪采用探针实际触碰物体表面的方式计算物体表面的深度，非接触式扫描仪则使用额外能量投射到物体表面，借助接收的反射能量的属性计算三维空间物体表面在空间中的位置。使用的能量可以是可见光、激光、超声波、X射线和红外线等，采用时差测距、三角测距等方式计算物体表面在空间中的位置。用三维扫描仪可以获得三维空间中物体几何表面的点云，即一些离散点在空间中的位置。要想得到实际可用的三维面模型，还需要进行软件处理，以形成物体的表面形状数据，这个过程称为三维重建。分辨率越高的点云，计算结果可以得到越精确的三维模型，当然计算的时间也越长。如果扫描仪还能获取物体表面的颜色信息，则可进一步在重建的物体几何表面上进行材质和纹理的映射，形成带有视觉属性的三维模型。自动化建模方式一般只能得到不太精确的实际场景模型，这种模型还需要特殊的软件处理、人工处理之后才能使用。图4-2是在三星堆考古中，通过中观三维扫描仪建立青铜面具的工作场景。

图4-2　中观扫描仪扫描青铜面具的工作场景及复刻的面具

基于图像的建模方法利用拍摄的图像构造逼真的三维模型，利用传感设备获取三维场景中物体的光亮度信息，通过软件分析图像中的明暗、阴影、纹理、焦距、视差等信息进行三维重建。这种方式不需要额外的扫描设备，但重建的精度较低，算法也较复杂。以下是重建时使用的具体方法。

- 基于单幅图像重建几何模型。可通过人工交互的手段指定图像中物体关键点在空间中的深度之后再进行软件的重建，也可以在重建的过程中引入三维模型库，利用诸如建筑模型的基本结构特征，从单幅图像中重建整个建筑物的模型。
- 利用立体视觉和结构光的方法重建几何模型。利用得到的两幅或多幅图像重建物体的几何模型；利用多幅图像的特征点匹配计算物体表面点在空间中的位置；利用已知的光源编码，如棋盘格、黑白条纹和正弦光照射物体得到图像，求得光源中特定点和在图像中的对应点来计算物体表面深度（该方法称为结构光法）。重建算法也是首先得到三维空间中物体的点云，然后再进行计算得到三维几何模型。
- 利用轮廓信息和先验知识重建三维模型。三维物体的轮廓在图像中存在边界特征，在图像中提取这些轮廓线条并进行处理，就可以得到物体的外包围边界线。这是三维物体经过透视变换得到的二维形状，如果能结合先验知识，按照这个二维形状识别出具体是哪一种对象，就可以直接得到物体的三维形状信息和纹理信息，从而达到建立模型的目的。

4.1.2 纹理映射建模技术

在人类肉眼可见的真实世界中，存在大量不规则的实体需要模拟建模，如云团、海面的波浪、远处的山脉、树木、花草等。这类物体有的没有固定的形状，有的表面细节非常丰富，有的在结构上具有一定的分形特征，在计算机图形学中，可用不规则实体技术对它们进行建模表示。通过分形技术如插值算法、仿射变换、粒子系统、文法系统和复数空间迭代的方式，可以构造具有大量三维细节信息的对象，来组合成一个真实感较强的场景，采用这种表示方法进行渲染对系统要求较高，计算开销也较大。利用纹理映射建模技术能较好地模拟这类物体，实现真实感效果和开销的平衡。

三维模型上具有丰富细节的表面属性可以用二维图像纹理、法线贴图数据渲染进行仿真。纹理映射的基本原理是将二维位图上一个像素点的 RGB 值或者法线向量值映射到三维实体模型的对应点上，用于物体表面的光照颜色的计算，从而增强实体模型的真实感效果（见图 4-3）。本质上，这是一个二维纹理数据到三维景物空间的映射过程。这样就可以用二维数据表示物体模型上的细节信息，在提高效率的同时也可以保证一定的真实效果。纹理映射建模技术中采用的方法主要有各向同性技术、纹理捆绑技术和不透明单面的纹理映射技术等。

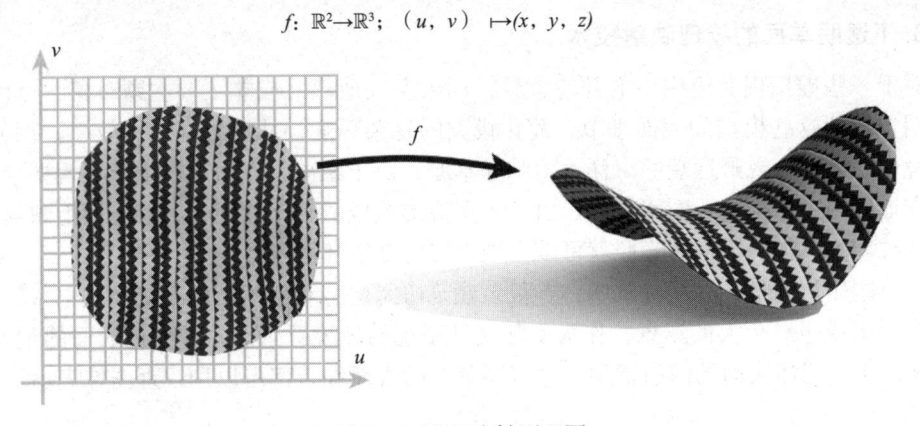

$f: \mathbb{R}^2 \rightarrow \mathbb{R}^3; \ (u, v) \mapsto (x, y, z)$

图 4-3 纹理映射原理图

1. 各向同性技术

在三维空间中，有一些物体的厚度很小，几乎可以忽略不计。如果从物体的侧面去观察，物体的投影可以看作单个的面。但是，有一些物体无论怎样变换观察角度，都呈现为圆柱或者锥形的形状，如树木、圆柱形灯塔等，这类物体的厚度不能忽略。如果这类物体可以忽略各个不同侧面外观的差异，则可以用两个垂直的平面分别映射相同的纹理图像。这样，无论怎么变换观察角度，投影变换后看到的投影影像都是相同的。这种做法的缺点是在视点与物体表面很近时会露出破绽。为了克服这个缺点，我们也可以采用单独一个平面进行纹理图像的映射，让这个平面的正面总是朝着观察者的方向，即面的法线矢量总是指向视点。这种方法又称为公告板（billboard）技术。图 4-4 是使用公告板技术创建云层图像的示意图。公告板是固定在一点上，可以绕着一点或一个轴进行旋转的多边形面。它总是朝向视点，这样就可以用一个二维的面代替三维的实体模型，不必为了模拟树木枝叶复杂的表面而用几千个面片模拟细节。这种做法既节省了存储资源，也节省了三维表面渲染所需要的时间。然而，它的缺点是效果较差。

图 4-4 使用公告板技术创建的云层

2. 纹理捆绑技术

很多图形开发工具都允许对纹理目标进行编号，一个纹理目标对应一个从文件中读取的纹理图像。这样就可以将很多纹理图像绑定到这个纹理目标上，程序通过编号使用纹理图像数据进行表面映射。如果要模拟一个炮弹爆炸的过程，则可以用一系列的帧图像表示爆炸效果，并按照一定的时间间隔在绘制时按照顺序将帧图像绑定到纹理目标上。同时，采用混合技术和各向同性技术，即可按照时间在特定面上逐帧显示这些纹理图像以表示动画效果。它的效果虽然不如粒子系统那么逼真，但这种技术的效率高且实现简单。

3. 不透明单面的纹理映射技术

对于一些虚拟现实应用中的环境背景，如天空、地形，或非主要主题对象，可以采用纹理图像模拟这些模型的表面细节，简化模型的复杂程度，从而提高应用效率。例如，虚拟环境中的天空，视野远端的海洋、山脉和草原，由于距离视点很远，细节展现要求较低，可以在地形的边缘构造一圈闭合的、由若干多边形组成的封闭曲面，在相应面上映射天空、海面的纹理图，加上适当的光照就可以实现很好的真实环境模拟。

在一些建筑场景、战场场景中，有很多建筑房屋模型和战场上的飞机、装甲车等模型，这些模型组成了一个大的场景，作为实际交互系统的环境背景。这些物体表面的细节并没有过多要求，房屋表面的门窗框架、军事装备上的表面细节都可以用纹理图像表示。

4.1.3 物理建模技术

虚拟现实系统中的三维模型描述的对象不是静止的，而是具有符合其自身特征的运动方式。当用户与虚拟系统发生交互时，这些对象也会通过运动、变形等方式进行响应。虚拟对象的运动方式和响应方式必须符合自然界中的物理规律，如物体之间的碰撞反弹、物体的自由落体、物体受到外力时朝预期方向移动等。描述虚拟场景中的物理规律、几何模型的物理属性就是物理建模技术要解决的问题。

根据建模对象的不同，物理建模方法可分为刚体运动建模、柔性物体建模、流体建模和人体建模。此外，为了模拟某些自然场景的随机变化，可以加入粒子系统和过程模型的生成方法进行辅助。

1. 刚体运动建模

刚体是一种理想状态的力学模型，在运动中和受到力的作用后，其形状和大小不变，且内部各点的相对位置不变。进行刚体运动建模时只需要考虑它在环境中位置、方向和大小的变化，不用考虑物体本身的变形。运动模型包括运动学方程、动力学方程等。运动学方程通过空间几何变换，如平移、旋转等，来描述物体的运动。动力学方程在运动控制中需要根据物体的物理属性进行计算，模拟逼真但计算量较大。刚体运动过程可以用关键帧动画生成，通过几何变换得到的几个关键帧用于区分关键动作，然后用插值方法生成两个关键帧之间的动作。基于几何变换的运动学模型对复杂场景的建模表示比较困难。

动力学仿真法运用物理定律而非几何变换来描述物体运动。物体状态通过物体的质量、惯性、力和力矩，以及其他物理作用计算出来。这种方法更适用于物体间交互作用较多的虚拟环境建模。

2. 柔性物体建模

在现实世界中，还有许多物体在运动或者相互作用的过程中会产生形变，这类物体被称为柔性物体。柔性物体的建模研究主要包括基于几何方法的建模技术、基于物理方法的建模技术和柔性物体碰撞检测技术三个方面。

基于几何方法的柔性物体建模主要针对外形外观采用悬链线、样条曲面等方法，模拟效果比较有限。基于物理方法的柔性物体建模主要将柔性物体划分成质点网格，将柔性物体的运动视为质点网格在受力、能量等物理量作用下的质点运动，运用质点模型、弹簧变形模型、空气动力模型、波传播模型和有限元模型等进行模拟，能够模拟布料、物质融化的过程。

3. 流体建模

在对水流、波浪、瀑布、喷泉、云团等这类模型进行模拟时，需要进行流体建模。流体建模需要选取适当的流体运动方程，按照时刻求出流体的形状和位置。

分形图形技术中的粒子系统可以用于不确定形状物体的模拟，这类物体由许多不规则、随机分布的粒子构成，每个粒子都有自己的位置、运动速度和外形参数，具有出生、生长和死亡三个阶段的生命周期，可以模拟火焰、雨、雪和礼花等。

海浪和水波的模拟可以用两种方式表示：一种是用数学函数计算出水波外形，按照时间参数生成水波的几何形状；另一种是基于物理的方式，从水波的物理运动模型出发，求解一组流体力学方程，得到流体质点在各个时刻的状态，这种方法比较真实，但计算量较大。

4. 人体建模

在虚拟环境中的人物也是建模的重点，虚拟人的建模研究主要包括运动数据的获取、处理和运动的控制。

运动数据可以利用人体动作捕获设备来获取。获取到的数据需要进行处理，使之符合一定的时间和空间约束，合成满足特定需求的人体运动。在这个过程中，可能需要做运动重定向和运动合成处理。其中，运动重定向是指把运动数据应用于骨骼结构相同但骨骼长度不同的人体模型；运动合成是指依据时间变换权值将多个运动片段合成为一个新的运动片段，用多个简单的运动合成较为复杂的运动过程。运动控制是指通过控制人体模型的虚拟骨架生成人体运动的连续画面的过程。

人和动物的毛发逼真模拟能有效增强动物、人物角色的真实感。早期采用粒子系统、过程纹理和UV纹理进行毛发绘制。近年来，在三维动画中用几何建模表示毛发，将每根毛发表示成一串三角面片或圆锥体，并进行反走样和真实感渲染，可以生成令人满意的绘制效果。

4.1.4 行为建模技术

在虚拟环境中，物体的行为一般可分为物理行为和智能行为。物理行为一般是指物体运动模拟的研究，通过运动学或动力学来描述物体运动轨迹或姿态。智能行为一般是指具有生命特征的物体所表现出来的反应、思考和决策等行为，这类物体也被称为虚拟角色。虚拟角色的行为往往会体现出不确定性。对智能虚拟角色的不确定性行为进行建模，可以增强虚拟现实系统的真实度和可信度。

行为建模技术主要研究的是物体运动的处理和对其行为的描述，体现了虚拟环境中建模的特征。也就是说，行为建模就是要在创建模型的同时，不仅赋予模型外形、质感等视觉特征，还要赋予模型物理属性以及与生俱来的行为和反应能力，并且使其符合客观规律。

行为建模技术一直以来都受到了行业的高度重视，主要包括基于有限状态机（Finite State Machine，FSM）的建模方法、基于规则系统（Rule Based System，RBS）的建模方法、基于控制论的建模方法和基于智能体（agent）技术的建模方法。行为建模研究的核心问题是如何生成真实可信的智能行为，由于虚拟环境的复杂性，一般建模方法很难适应行为建模的需要。为了满足虚拟角色能够自主或半自主行动、能够与环境和其他智能体交换数据，以及能够模拟人的交互行为进行协作，越来越多的系统采用基于智能体或多智能体的建模方法进行研究。

智能体具有自治性、反应性、面向目标性和社会性四个主要特性。与传统的其他仿真建模方法相比，智能体技术采用"自底向上"的建模方法，系统没有集中式的控制。智能体通过相互间的协作和竞争，独立追求和实现自己的目标，其结果是一个动态变化的环境，适用于对复杂自适应系统的建模与仿真，是虚拟环境中进行行为模拟的理想方法。

4.2 实时场景生成与优化技术

目前，三维图形生成技术已经非常成熟。为了达到实时的目的，要保证动态图形的刷新率不低于15fps（帧/秒），这样图形才不会闪烁。在不降低图形质量和复杂度的前提下，提高图像的渲染效率可以保证虚拟环境实时生成的效果。虚拟环境实时生成的效果除了取决于软硬件的体系结构、硬件加速器的图形处理能力，还要对场景实时生成、三维显示的算法进行优化，以提高图形算法的效率。

4.2.1 真实感光照计算

真实感光照计算分为局部光照模型和全局光照模型。局部光照模型在进行光强度计算时，只考虑场景中光源直接照射绘制对象的结果。全局光照模型不仅考虑场景中的光源对绘制对象的影响，还要考虑光源经过折射、反射、投射或散射后对绘制对象的间接影响。换句话说，全局光照是直接光照和间接光照的绘制结果，绘制的结果真实感效果更好，但计算的开销也很大。游戏产业、图形处理器技术的发展促进了实时光照计算的发展，给用户带来了全新的体验。

最早的全局光照算法是光线跟踪算法。它的主要思想是从光源向用户空间发射光线，找到与该光线相交的最近物体的交点。如果该点处的表面是散射面，则计算光源直接照射该点产生的颜色；如果该点处表面是镜面或折射面，则继续向反射或折射方向跟踪另一条光线，如此递归下去，直到光线逃逸出场景或达到设定的最大递归深度。光线跟踪算法能够取得较高的绘制质量，但是计算量较大，需要进行优化才可使用，且该算法不适合在实时环境中使用。

光线跟踪算法在正向追踪过程中计算了大量的对当前屏幕显示不产生贡献的信息，影响了渲染的效率。因此，我们引入了反向光线跟踪算法。它的基本思想是从相机（观察点而不是光源）出发，向投影平面发出光线，然后追踪该光线的传递过程。若跟踪的光线经过反射、折射到达光源，则认为该光源的照射会对屏幕产生颜色贡献，然后递归计算其产生的颜色，否则就丢弃这条光线。这个过程同样会产生很多无用的追踪计算，也不适合实时场景的生成。图4-5是反向光线跟踪算法的示意图。

光线跟踪算法对于模型表面光滑的场景比较适用，在模型表面粗糙时计算效果较差，并且无法模拟彩色渗透现象。在前人的研究基础上，Kajiya于1986年进一步建立了渲染方程理论，并用它来解释光能传输产生的各种现象。这一方程描述了场景中光能传输达到稳定状态后，物体表面某个点在某个方向上的辐射率（radiance）与入射辐射亮度等的关系。渲染方程可以被理解为全局光照算法的基础。Kajiya在1986年第一次将渲染方程引入图形学，随后出现的很多全局光照的算法均以渲染方程

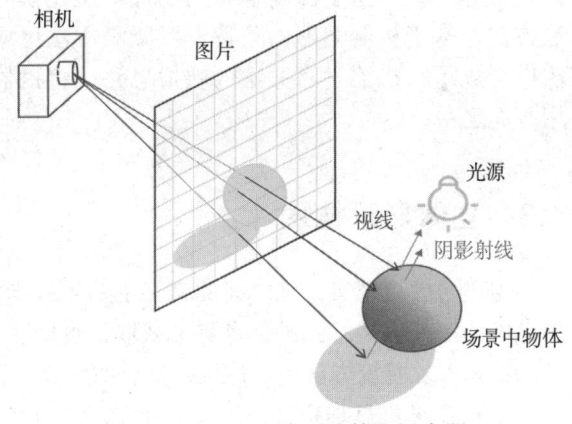

图4-5 反向光线跟踪算法示意图

为基础，对其进行简化求解，以达到优化性能的目的。渲染方程根据光的物理学原理和能量守恒定律，完美地描述了光能在场景中的传播。很多真实感渲染技术都是对它的一个近似。但辐射度算法计算量很大，不适合在实时环境中使用。

4.2.2 基于几何的实时绘制技术

在虚拟现实应用中，采用面模型表示的大规模场景包含的三角形、四边形的面片的个数数以万计，渲染过程中的时间成本过高。为了达到实时绘制的目标，在不影响渲染效

果的情况下,减少面片数量来提高速度是必要的,这就是层次细节技术(Level of Detail, LOD)。根据对象和视点之间的远近关系,需要动态地调用不同层次细节的面模型数据进行绘制。也就是说,当视点和对象距离较近时,使用细节层次较高的面模型形成的细节较为精细;当两者距离较远时,使用细节层次较低的面模型。这样做可以在有限的技术条件下尽可能获得最佳的视觉效果,保证实时绘制的要求。

在进行绘制时,由于观察者的位置和观察范围的设置不同,并不是所有用户空间中的模型都会产生投影结果。如果在绘制时可以按照观察的范围对三维数据进行裁剪和剔除,只将有可能产生影像的对象模型交给渲染流程,那么就可以加快绘制的速度,这被称为可见性剔除技术。常见的可见性剔除技术包括视域剔除、背面剔除和遮挡剔除。

在绘制大型场景时,也可用图像代替三维场景表面的纹理细节,即用纹理图像代替模型表面的三维细节绘制,这被称为纹理绘制技术。显然,直接用图像代替绘制的结果速度更快。当视点距离场景表面较远时,可采用低分辨率图像,当距离较近时,可采用细节丰富的高分辨率图像进行代替。

GPU(Graphics Processing Unit)的出现改变了计算机图形处理任务的执行方式。由于GPU具有更小、更高效的核心组成的并行结构,可将渲染任务转化为同时处理的多个子任务,因此它能胜任大量运算的应用。将传统的真实感渲染算法和绘制算法进行改进,对三维场景模型数据进行分块计算,采用GPU完成分块的预处理、渲染等协同处理的绘制计算任务,可以大大加快绘制速度并实现场景的实时绘制目标。

数据驱动的机器学习方法开辟了一种新的研究思路。近年来,研究者将多种高度真实感绘制算法映射为机器学习问题,这大大降低了计算成本。基于机器学习的全局光照优化计算方法、基于深度学习的物理材质建模方法、基于深度学习的参与性介质优化绘制方法、基于机器学习的蒙特卡罗降噪方法可应用于各种绘制方法中,在真实感绘制算法中形成了与机器学习方法的映射思路。将机器学习应用于真实感绘制技术是未来的应用方向之一。

4.3 立体显示技术

用户与虚拟现实系统之间的交互主要依赖于立体显示技术和传感器技术的发展。视觉信息的获取是人类感知外部世界、获取信息的主要渠道,视觉信息占人类获取外部信息总量的约80%。传统方法中表达可视信息的图片、视频等都是二维的,而现实世界是三维的,二维信息在采集过程中丢失了大量重要的三维空间信息,为立体显示的实现增加了困难。在视觉系统中实现立体显示非常复杂,需要理解人眼的生理构造并研究计算机如何产生深度差异。对于现有的头盔显示器、单目镜及可移动视觉显示器,还有待进一步研究以提高其性能。立体显示技术的不断进步可以进一步提高各种传感器的性能,使仿真更加逼真,使操作者在虚拟世界中具有更强烈的沉浸感。

4.3.1 立体视觉的形成原理

人眼的双目视差可以感知物体的远近。人两眼之间的距离一般为4~6cm。人在观察物体时,即使两眼看向同一物体,两眼之间的距离也会使得观察对象在两眼视网膜中产生的影像不同。虽然两眼之间的距离很小，得到的影像差别也并不大，但是人的大脑可以利用这两幅图像的差别形成具有深度的图像，这就是计算机和投影系统立体成像的原理。立体显示原理图如图4-6所示。

按照人眼观察的过程，要让双眼对一个物体产生立体影像，就要分别给两只眼睛提供不同的独立影像，在建立双眼视差后才能获得真实的立体视觉。我们可以按照两只眼睛的视角生成不同的观察影像，再将这两个不同的影像分别输送到两只眼睛，大脑就可以产生物体的立体影像了。这就是计算机和投影系统的立体显示技术原理，又被称为"偏光原理"，当前的主流立体显示技术都是基于这个原理来实现的。基于双眼视觉的立体显示需要经过两个基本步骤。第一步需要准备两套分别供左眼和右眼使用的画面，这种画面可以通过以下三种途径获取。

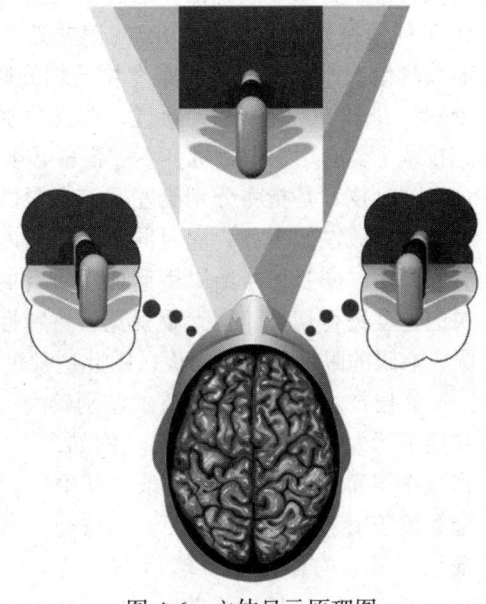

图4-6 立体显示原理图

- 双机拍摄：拍摄电影或者图片时，将两台照相机或者摄像机并排放置，两机间的角度和距离模拟双眼距离进行拍摄；
- 在3D场景中提取：由于3D场景本就设计用于立体显示，可模拟双眼的位置进行观察，从中得到两套画面供左右眼使用；
- 用智能软件模拟：利用计算机根据原始单幅2D图像生成两套画面，可用于将现有的普通图片或者视频转换成立体图像或者片源，不过这种方法的效果较差。

第二步是将这两套画面分别输送给双眼，并且需要确保给左眼的画面只能让左眼看到，给右眼的画面也只能让右眼看到。在输送时不需要刻意调节两个画面的差距，只要能将上述途径获取的片源按照需求输送给双眼，人眼就可以自动产生与画面对应的立体图像。

4.3.2 立体视觉的生成与再造

根据从观察物体到最终得到输送给人的左眼、右眼的图像生成过程的不同，又可以把立体显示技术分为分色技术、分光技术、分时技术和光栅技术。其中，分色技术、分光技术和分时技术的流程类似，都经过了两次过滤：第一次在显示器端，第二次在人眼端。

分色技术，顾名思义，就是将不同颜色的成像分别提供给左眼和右眼。三色学说推断在视网膜上存在三类不同的细胞，它们可以把不同光的刺激转换成各自视神经所固有的特殊能量传送到大脑，在大脑中分别形成红色、绿色和蓝色感觉后，最终融合成色觉。这三类细胞分别为感红细胞、感绿细胞和感蓝细胞，形成三组平行构造的色觉通道。分色技术在第一次过滤时需要把左眼画面中的蓝色、绿色去除，把右眼画面中的红色去除，然后再把这两套画面叠加起来，其中左眼画面要稍微偏左一些。第二次过滤是通过用户佩戴专用的滤色眼镜来实现的，左眼镜片为红色、右眼镜片为蓝色或绿色，这样可以将重叠在画面中的左眼、右眼画面分别单独过滤给左右眼进行视觉融合。

分光技术的基本原理是利用常见的光源可以发出自然光和偏振光的特性，用偏振光的偏振角度进行第一次过滤。通过偏光滤镜或者偏光片滤除特定角度的偏振光以外的光，只让0°的偏振光进入右眼，90°的偏振光进入左眼，这样就可以将两种偏振光搭载的两套画面输送给人眼。人需要佩戴专用的偏光眼镜，眼镜的两个镜片由偏光滤镜或偏光片支撑，分别让0°和90°的偏振光通过，并且分别进入左眼和右眼，这样就完成了第二次过滤。分光技术主要应用于投影机，不过银幕必须用不破坏偏振光的金属投影幕。

分时技术是指将分别给左眼、右眼的画面在不同的时间进行播放。显示设备在第一次刷新时播放左眼画面，同时同步信号给专用眼镜遮住观看者的右眼；在下一次刷新时播放右眼画面，同步信号给眼镜遮住观看者的左眼。按照这种方法将给左眼、右眼的画面以极快的速度进行切换，在人眼视觉暂留特性的作用下就合成了连续的画面。由于用于遮住左眼、右眼的眼镜都是液晶板，因此这种过滤眼镜又被称为液晶快门眼镜。

光栅技术和前面三种技术差别较大，它将屏幕划分成一条条垂直方向的光栅条，栅条交错显示左眼和右眼的画面。例如，将整个屏幕分成64个光栅条，其中奇数栅条用于显示左眼画面，偶数栅条用于显示右眼画面，然后在屏幕和观众之间设一层"视差障碍"，这些障碍也由垂直的栅条组成。对于液晶这类有背光结构的显示器来说，"视差障碍"也可设置在背光板和液晶板之间。"视差障碍"用于遮挡视线，它可以遮挡两眼视线交点以外的部分，使左眼和右眼只能看到各自的画面。当观察者眼睛的位置发生变化时，"视差障碍"的位置也要随之进行调整。在实际应用中，可以用定位设备跟踪人眼位置以对视差障碍的位置进行调整。图4-7为光栅显示技术原理图。

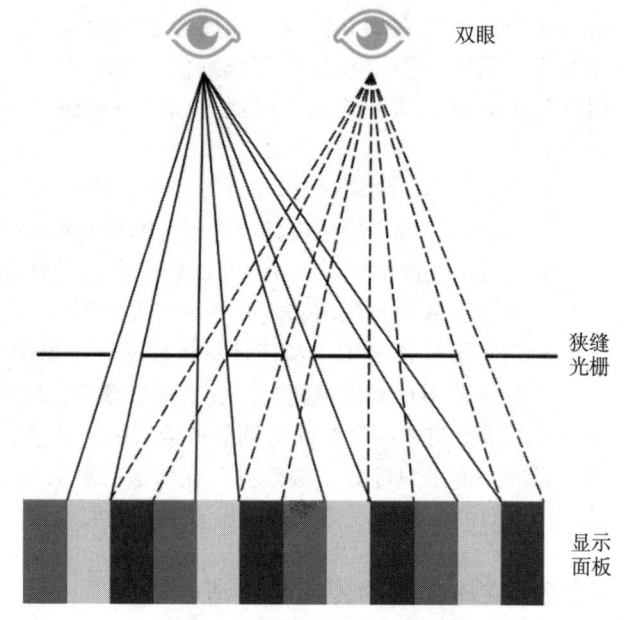

图4-7 光栅显示技术原理图

4.4 虚拟音效技术

听觉信息是人类仅次于视觉信息的第二大传感通道，是加强虚拟现实和增强现实沉浸感的重要途径，也是这类应用的主要交互方式。它作为多通道感知虚拟环境的一个非常重要的部分，一方面，可以通过声音进行用户和虚拟环境的语音交互，另一方面，生成虚拟世界的虚拟声音，可以让用户在虚拟环境中拥有更强烈的沉浸感。

所谓虚拟声音是指应用在虚拟环境中的音源，它不仅是简单的左右声道的立体声源，也是可以让用户能准确判断声源位置、符合在真实环境中听觉方式的仿真音源。三维虚拟声源可以来自围绕听者双耳的一个球形空间中的任何地方，声音可能来自头的上方、后方或前方。

在虚拟环境中引入和立体显示相应的带有方向感的虚拟声音，可以进一步增强用户在虚拟世界中的沉浸感，也可以让用户通过虚拟声音得到声音中包含的对象位置和对象的其他虚拟属性，通过声音识别虚拟对象，从而减弱大脑对于视觉的依赖性。同时，声音也是用户与虚拟世界进行交互的一种方式，可以通过语音与虚拟世界进行双向交流。

4.4.1 虚拟声音形成的原理

为了能够生成具有真实感的虚拟声音，一般从最简单的单耳声源开始，然后进行虚拟声音处理，生成分离的左、右耳信号，分别传入左耳和右耳，人会通过信号合成准确确定声源的位置。目前，常用的听觉模型有头部相关传递函数、房间声学模型、增强现实中声音现实模型这三种模型。

头部相关传递函数是描述声源传递到人耳的过程模型。可以把声波从声源传递到人耳的过程看作人的双耳对声波的滤波过程，即声波通过人的头、躯干和外耳形成的复杂外形对声波进行了散射、折射和吸收，然后传到人耳的鼓膜处。将声波从自由场处传递到鼓膜的变换函数被称为头部相关传递函数，简称 HRTF（Head-Related Transfer Function）。由于每个人的外部形状都不同，所以 HRTF 也因人而异，可以看作声源在人体周围位置与人体特征的一组数值，通常在测量时取一组人的平均值。获取 HRTF 特征值的方式为通过测量外界声音与鼓膜上声音的频谱差异，来获得声音在耳朵附近发生的频谱波形。利用这些数据对声波与人耳的交互方式进行编码，就可以得到一组传递函数，并确定两耳的信号传播延迟特点，以此对声源进行定位。

如果在虚拟空间声音传播的过程中模拟声音传播与场景的反射效果，可以形成一组离散的第二声源（回声），那么声音效果的真实感就会更好。房间声学模型就是用于模拟第二声源的模型，使用的方法包括镜面图像法和射线跟踪法，即模拟声波在虚拟场景中的反射路径。镜面图像法一直跟踪声源的传播路径，算法效率较低。射线跟踪法是从人耳接受的反方向发出系列射线，在发射、折射过程中寻找声源所在位置，效率较高，也能产生不错的听觉效果。此外，也可以通过调整射线的数目来提高效率。

在增强现实系统中，声音是由两部分构成的：一部分是真实场景中的声音，另一部分是虚拟场景中的声音。这两部分声音信号叠加在一起后输送给用户。其中，真实场景中的声音信号可以由定位麦克风或其他借助远程操控技术获取的远程环境声音信号形成。增强现实系统中的声音系统应把真实系统中的声音信号经过变换后叠加到虚拟场景的声音信号上，然后提供给用户。

4.4.2 虚拟声音的特征

三维虚拟声音最核心的技术是三维虚拟声音定位技术。三维虚拟声音具有全向三维定位、三维实时跟踪等特点。

通过虚拟音效技术，可以将普通声音信号定位到特定虚拟专用源，使用户可以通过接收到的声音准确判断声源的位置，非常符合现实声源的特征，即在实际空间中的"听声寻人"。在虚拟现实系统中，声音起着引导注意力的作用，也是人识别对象的一种辅助手段。由于三维虚拟声音允许用户按照声音的方向判断音源位置和识别信息源的种类，因此在三维系统中，虚拟声音可以引导较为细致的视觉注意力，通过听觉感受引导视觉注意力搜索目标位置。

同时，在三维虚拟空间中可以实时跟踪虚拟声源的位置变化或根据景象的变化调整声源的效果，增强视觉沉浸感。例如，当用户在虚拟场景中的位置发生变化或者头部进行旋转时，声源与用户的相对位置发生了变化，此时输送给用户的虚拟声音也要按照新位置进行变化，这样的声音效果才和实际环境相吻合。这可以使用户在进行听觉和视觉交互的同时具有身临其境的感觉，从而提高用户体验。

4.4.3 语音识别技术

与虚拟世界进行语音交互是虚拟现实系统进行交互的重要手段。语音技术在虚拟现实中的关键技术包括语音识别技术和语音合成技术。语音识别技术是将人的语音信号转换成计算机可以识别的文字信息，使计算机能按照人的语音内容指令进行操作。一个完整的语音识别系统大致可分为三个模块，即语音特征提取、声学模型与模式匹配、语言模型和语言处理模块。语音特征提取模块会对声音文件进行处理，对声音文件中的数据进行分帧，即分成一小段一小段（如 25ms 一段）的语音段，并对语音段进行波形变换，得到波形的一个多维向量，即分帧的特征数据。接着，按照语音帧的特征，根据声学模型将其对应到一个状态（概率最大），然后根据相邻语音帧的状态形成一个状态网络，从网络中查找与声音文件最匹配的路径，语音对应这条路径的概率最大，这个过程称为解码。

语音识别技术中的核心问题是声学模型。声学模型是通过大量的文本训练出来的，可以利用某种语言本身的统计规律来提升识别正确率。如果不使用声学模型，那么在状态网络较大时进行识别就很难得到准确的结果。

4.4.4 虚拟声音的合成

虚拟声音的合成是采用人工的方法合成语音的技术，又被称为语音合成技术，是语音识别的逆过程。计算机进行语音合成主要有两种方法：一种是基于拼接的语音合成技术，另一种是基于参数的语音合成技术。第一种方法又被称为波形编码合成法，需要把语音的发音波形的模拟语音信号转换成数字序列，然后对这些数字序列进行编码后存储在存储设备中，当进行转换时将文字进行解码组合输出。运用这种方法可以获得高质量的声音效果，并可以保留特定人的音色，但它需要的存储容量很大，不适合词汇量较大的应用。第二种方法是基于声音合成技术的一种声音生成方法，通过语言学规则产生语音，可以合成无限词汇的语句。合成的词汇表不是事先确定的，系统中存储的是最小语音单位的声学参数以及音素组成音节，由音节组成词，再由词组成句子，并控制音调、轻重等，把计算机内的文本转换成连续自然的声音流。这要求建立语音参数数据库、发音规则等。需要输出语音时，系统先合成语音单元，再按照语音学规则连接成自然的语音流。

随着人工智能技术的发展，用神经网络直接学习文本端到声学特征的对应关系，未来的语音合成技术还有很多值得期待的进展。

4.5 捕捉识别技术

交互性是虚拟现实技术的四大特征之一。虚拟现实是一场交互方式的新革命，用户正在实现由界面交互到空间交互方式的变迁。在计算机提供的虚拟空间中，用户可以用眼睛、手势、表情、语音、动作和虚拟现实系统进行交互，这种交互具有人机自然交互的特点。在虚拟现实领域，最为常用的交互技术包括面部表情识别、眼动跟踪、手势识别和人体姿态识别。

捕获识别技术是利用外部设备对人的面部、手势、肢体的位移或者运动进行处理和记录的技术。由于采集的信息可以广泛应用于虚拟现实、游戏和人体工学研究、模拟训练、生物力学研究等诸多领域，因此捕获识别技术拥有广泛的市场前景和价值。捕获识别技术的原理在于识别、测量、跟踪并记录对象在空间中的运动轨迹。捕获识别技术主要分为惯性捕获和光学捕获两种。

惯性捕获是指在人体的主要关键点固定惯性传感器，通过传感器捕获关节的运动轨迹，计算关节位置的变化，再将采集到的数据传递给特定的软件进行计算和处理，生成骨骼模型的关键帧，一般用于人体动作识别。

对于面部、眼部等细小特征的捕获识别，通常采用光学捕获的方式。光学捕获主要是在对象的特征点处进行标记，或通过计算机视觉识别并标记出对象的特征点，然后通过摄像头跟踪、捕获场景中标记点的位置变化，计算对象在三维空间中的运动轨迹，并将这些运动轨迹交给特定软件进行处理，识别对象的变化。光学捕获可用红外光、激光、可见光的计算机视觉方式进行获取。使用红外光进行光学捕获，是在对象空间中使用若干红外摄像机进行覆盖拍摄，对象在特定位置上用反光材料进行重要节点的标记，摄像机可以捕获被标记点反射的红外光，以准确捕获标记点的位置。激光定位即光塔，光塔在空间中不断发射垂直和水平扫射的激光束，场景中被检测的物体安装多个激光传感器，通过计算机计算投射到物体上的角度差，得到物体的三维坐标。计算机视觉动作捕获就是使用高精度相机从不同角度对运动目标进行拍摄，当拍摄的轨迹被获取后，程序会对这些运动帧进行处理和分析，还原跟踪目标的运动轨迹信息。这种方式不需要任何穿戴设备，约束很小，但由于光线、背景、遮挡的变化都可能对捕获效果产生较大的影响，因此还不能达到完美的识别效果。

虚拟现实系统、游戏系统中的操作设备通常会内置加速计、陀螺仪和磁力计来辅助获取操作者的动作、跟踪操作者的位置。

加速计是三轴加速计，分为 X 轴、Y 轴和 Z 轴。这三个轴所构成的立体空间可以侦测操作者在 VR 系统中的各种动作。在实际应用时，通常以这三个轴（或任意两个轴）所构成的角度来计算 VR 倾斜的角度，从而计算出重力加速度值。通过感知特定方向的惯性力总量，加速计可以测量出加速度和重力。通过获取 VR 的三轴加速计数值，加速计能够检测到三维空间中的运动或重力引力。

陀螺仪是利用高速回转体的动量矩敏感壳体相对惯性空间绕正交于自转轴的一个或两个轴的角运动检测装置。应用它可以测量出 VR 设备的倾斜角度及倾斜方向，从而更好地捕获动作。

磁力计是用于测量磁场的仪器，磁感应强度是矢量，具有大小和方向特征，可根据所测量磁场的不同来选取不同的磁力计。

4.5.1 面部表情识别技术

早期的面部表情识别采用惯性捕获技术，主要使用机械装置跟踪面部运动状况。这些面部动作捕获设备通常由多个关节和刚性连杆组成，关节中装有角度传感器，固定在人脸的各个部位。当运动产生时，角度传感器可以测量角度的变化，再根据连杆的长度计算出固定点在空间中的位置和运动轨迹。这种机械设备进行捕获的优点是成本低，可实时测量，缺点是使用不便，对表情的限制较大。

随着技术的发展，机械式动作捕获设备已退出历史舞台。目前比较成熟的技术是光学式面部表情识别。采用光学式运动捕获，就是跟踪人的面部特征点，用摄像机进行拍摄的同时得到特征点的运动轨迹，进行表情再现。按获取数据方式的不同可分为以下几类。

1. 基于二维数据获取的方式

该方式采用光学镜头，通过算法标记、处理捕获的图像数据，通过软件理解人的面部表情和动作，完成虚拟人物的表情合成。优点是设备成本低、易于获取，缺点是精度很低。

2. 基于三维数据获取的方式

该方式通过光学镜头获取二维图像数据的同时，通过其他设备和手段获取特征点的深度。可采用同时使用两部摄像机进行拍摄的方式或者相机阵列的方式（在演员的周围按照一定的间距和规则摆放相机，对位于中心的演员进行拍摄）来获取人脸表情和运动的三维数据。这种面部捕获技术已用于各种电影的拍摄，可以将表演者的表情生动地还原到其他虚拟人物或动物的面部上。

3. 基于点阵投影器获取的方式

点阵投影器可以向人脸投射肉眼不可见的光点组成的点阵，脸部凹凸不平的特质可以使点阵的形状发生变化，通过红外镜头可以读取点阵的图案，再和光学摄像头摄取的人脸图像进行算法融合，就可以得到面部特征点的深度信息。

在人脸拍摄方面，人脸特征点可以采用有标记点和无标记点两种方式。基于标记点的面部动作捕获比较常见，标记点的个数由使用的配套设备和软件系统决定，最多可达到 350 个，需要配合高分辨率相机等设备进行采集。基于标记点的面部识别设备通常是头盔式设备，这些设备往往和人体姿态捕获设备一起配合使用，这样演员的表演过程将更加连贯且不受限制。无标记法通常依靠鼻孔、眼角、唇部、酒窝等特征点的位置确定脸部的表情和运动状况。这种方法最早由卡内基梅隆大学、IBM 和曼彻斯特大学等机构通过主观表现模型、主成分分析等模型及技术实现，有时需要在拍摄过程中对图像进行人工处理。图 4-8 为电影《阿凡达》在拍摄时采用有标记点进行表情捕获的拍摄场景图。

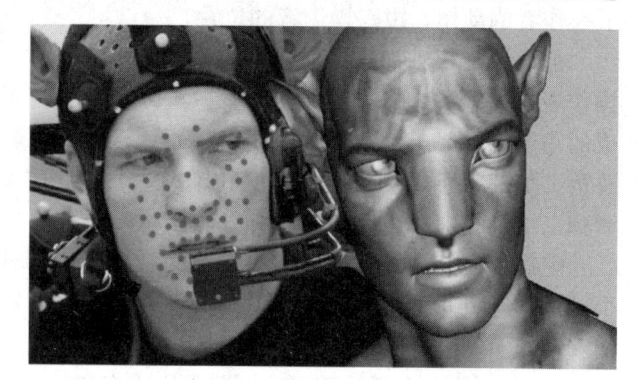

图 4-8　电影《阿凡达》拍摄时的表情捕获场景图

4.5.2　眼动识别技术

眼动识别技术不仅在虚拟现实和增强现实领域中成为热点，而且是在人机交互、心理学领域进行学术研究的有力辅助工具。

眼动识别技术通过测量眼睛的注视点位置或眼球相对于头部的运动来实现对眼球运动的追踪，研究目的是监测用户在观察特定目标时眼睛运动和注视方向。监测过程需要用眼动仪器或配套的软件进行分析。

眼动识别早期都借助仪器进行监测，如眼电图法、巩膜接触镜法、瞳孔–角膜反射法，这些方法需要使用接触式或非接触式设备。目前比较成熟的技术是基于视频分析的非侵入式技术，基本原理是将一束光线和一台摄像机对准观察者的眼睛，通过光线和图像分析得到观察者注视的方向。注视方向的识别基于瞳孔–角膜反射光斑的识别，利用了该识别在眼动过程保持不变的特征。眼球角膜外表面的普尔钦斑是角膜上的一个亮光点，由进入瞳孔的光线在角膜外表面上反射产生，这个斑点在角膜外的绝对位置不变，但其相对于瞳孔和眼球位置是不断变化的。例如，在用户抬起头时，普尔钦斑会在瞳孔的下方，这样实时定位眼睛图像上瞳孔和普尔钦斑的位置，并计算角膜的反射向量，就可以利用几何模型估算出用户的视线方向。

通常，眼动仪器采集的最原始数据是时间序列，对应屏幕坐标和瞳孔直径。经过配套的软件分析，可以得到眼动的注视指标（如注视时长、注视点数目等）、扫视指标（扫视频率、扫视幅度和速度等）、眨眼指标和瞳孔指标等。由此还可以生成热点图、视线轨迹图和感兴趣区域等分析结果。这些结果可以应用于用户体验和交互研究。眼动识别可以作为虚拟现实的补充技术，在 VR 头盔中增加眼动识别，用户就可以用眼睛和虚拟世界进行交流。在 VR 游戏中，如果能够利用眼动识别技术，那么用户聚焦视线时系统就可以及时响应，不需要按键或移动鼠标，只要玩家的视线移动到目标位置就可以实现场景和操作目标的变换，从而大大提高系统交互的便利性。

4.5.3 唇语识别技术

唇语识别技术基于计算机视觉技术，从视频图像中识别人脸，提取连续的口型变化特征，将连续变化特征输入唇语识别模型中，从而识别讲话人口型对应的发音，计算出可能性最大的自然语言语句。早在 2003 年，Intel 公司就开发了 AVSR（Audio Visual Speech Recognition）软件，供开发者进行唇语识别研究。2016 年，Google DeepMind 的唇语识别技术已经可以支持识别 17 500 个词汇，新闻测试集的识别准确率达到 50% 以上。

在深度学习技术出现之前，唇语识别研究主要从三个方面进行，分别是嘴唇定位与监测、唇语特征提取和唇动识别。其中，唇语特征提取和唇语识别是技术的关键，它将连续变化的特征输入唇语识别模型中，识别讲话人口型对应的发音，提取的特征质量直接影响唇语识别的准确率。随着机器学习方法在语音识别领域取得的巨大成功，计算机可以通过大量完全同步的音视频流掌握发音和唇形之间的关联，自动推断音视频流中的对应关系。DeepMind 采用"看、听、尝试、拼写"的架构，将原始视频转化成单词序列，创建大规模视觉语音识别数据集，即视频片段和对应的音素序列，然后将原始音频和标注的音频片段作为输入，进行过滤和预处理，随后输出音素和嘴唇帧对齐序列的数据集合，最后使用训练结果尝试识别词汇和词组。它可以在有声音或没有声音的情况下，通过识别视频中讲话人的面部输出他所讲出的句子。

唇语识别技术具有广泛的应用前景，它可以改进助听器的设计结构，也可以在公共场所通过视频发布无声指令，同时也可以在嘈杂环境下进行视频语音识别。

4.5.4 手势识别技术

手势识别技术是一种非接触式用户界面中使用的技术，无须接触就可以发出控制命令，用于机器人控制、汽车驾驶、操纵图形对象等场景。手势识别可分为基于穿戴设备的手势识别、利用生物电的手势识别、基于触碰的手势识别和基于计算机视觉的手势识别。

基于穿戴设备的手势识别主要利用机器设备直接检测来获取各个关节的空间信息，其典型的代表设备有数据手套等。在交互过程中，数据手套可以直接采集每根手指的弯曲姿态，通过数据归一化和平滑处理方法来优化两根手指的时空参数，基于采集的有效特征参数进行手势识别模型训练，训练结果可以用于识别。基于穿戴设备进行手势识别的准确度和稳定性较高，可用于手语识别，也可将数据手套的关节数据转换为虚拟手模型，用于机械装配和生产控制。

利用生物电获取用户的手势信息是手势识别技术的一个研究热点。肌电识别用户手势的原理是根据运动过程中肌肉信号的变化来识别用户当前的动作。获取肌肉信号的方法有两种。一种方法是在皮肤下植入电极，直接获取生理信号。这种方式具有侵入性，对使用者有物理损伤的风险。另一种方法是通过放置电极监测皮肤表面电流的变化来分析使用者的运动状态，可在用户上臂附近的窄带区域、手指区域等位置布置多个传感器，以较短的时间间隔获取用户的肌电信号，提取包括频域功率等相关的特征数据，再利用采集的特征数据训练分类模型，从而进行手势识别。该方法虽然容易受到外界环境的影响，但操作方便，且对用户的危害小，符合人机交互原理。

基于触碰的手势识别是指用手指或其他工具在触摸屏上直接执行的操作。基于触碰的手势识别主要分为单触碰手势识别和多触碰手势识别。单触碰手势识别主要通过提取输入手势的轨迹来进行采样，将采样轨迹图形按照中心点进行大小、方向的归一化，对处理过的手势进行搜索，匹配模板，按照最佳匹配识别最终的手势。多触碰手势识别可以将多个手势动作的时间序列信息转换成一组点云，将单触碰手势识别的模板匹配问题变成点云的匹配问题。基于触碰的手势识别技术多应用于平板计算机和触摸设备。

基于穿戴设备和生物电的手势识别掩盖了手势识别自然的表达方式。基于计算机视觉的手势识别方式可以让使用者更自然地和系统进行交互，它的成本低且使用方便，是未来手势识别的发展趋势。这类手势识别需要由一个或多个摄像头采集手势图像信息，采集的数据首先需要进行预处理、去噪和增强，然后采用分割算法获取图像中目标的手势，最后通过手势识别算法对目标手势进行识别。目标手势的识别主要包括手势分割、手势分析和手势识别三个部分。手势分割首先要进行手势定位，即在复杂的背景中提取手势区域，实现手势区域与背景的分离，静态手势识别只需要提取单帧图像的手势特征，而动态手势识别需要提取帧序列进行手势分析，可采用基于运动信息的检测分割、基于视觉特征的检测分割和基于多模式融合的检测分割方法。手势分割可采用基于肤色、基于纹理和基于手型的分割方式。手势分析由特征检测和参数估计两部分组成，它从分割的手势图像中提取图像的视觉特征和语义特征，并对特征参数进行参数估计。最后，基于机器学习和神经网络，建立网络用于识别手势。在实际获取手势图像信息时，可采用单目相机、双目相机、多视点相机和深度相机识别的方法，单目相机获取的图像可以进行二维手势识别，双目等相机可以获取手势更多的空间位置来建立三维手势模型，具有识别范围大、精度高的特点。将手势与语音、眼动识别结合的多模态交互技术可以解决光照和测量范围对单一手势识别的影响，是未来研究的重点。

4.5.5 体感反馈技术

体感反馈技术允许用户直接使用肢体动作与周边传感器或者环境进行互动,而不需要使用其他辅助控制设备,使人们可以自然地与系统和内容进行交互。依照体感方式和原理的不同,它主要可以分为惯性感测、光学感测、惯性与光学联合感测的方式。

在惯性感测技术中,需要使用加速计和陀螺仪。加速计又称为重力感应器,可以感知任何方向上的加速度。陀螺仪又称为地感器,能够测量设备运动与垂直轴之间的夹角,并计算角速度。加速计测量线性受力、陀螺仪测量角度和旋转,两者配合可以跟踪和捕获设备在三维空间的完整运动。很多游戏手柄、平板计算机和手机等移动设备都安装了这两种仪器。例如,Nintendo Switch 手柄可以在立体空间中移动、加速和倾斜,让玩家在运动、舞蹈、击剑等运动和游戏中获得乐趣。智能手机现在也可以识别很多手势,如摇动(撤销)、提起(接听)、反面朝下(断开连接)等,已经成为智能手机的标准手势。

光学感测技术不需要用户佩戴设备或手柄,而是可以随心所欲动地用身体姿态控制游戏或系统。微软的 Kinect 系统配备了 RGB 摄像头和红外摄像头,用红外摄像感应器获得系统前面物体的深度信息,识别人体相似的轮廓并识别出头、躯干、手和腿、膝盖和手掌的位置,从而可以追踪人体运动轨迹和手部与手指的精细运动轨迹,进行人体动作和手势的识别。Kinect 系统更注重于肢体整体运动的识别,Leap Motion 和 Kinect 系统类似,更适合桌面操作,可以高精度地识别手指运动,用鼠标代替触屏。

近年来,神经网络在图像识别、目标检测等计算机视觉领域取得了显著成果。使用神经网络对标定的视频数据进行学习,可以识别视频中人的关键关节的位置,从而对人体的动作进行识别。依靠单目相机获取并识别信息,虽然设备简单,但光照、遮挡对检测率的影响依然较大。

4.6 跟踪定位技术

当用户在虚拟仿真环境中移动时,系统可以迅速进行计算并将精确的动态运动特性反馈给用户,使用户可以产生沉浸感和真实感,这就是虚拟现实系统中跟踪定位技术要解决的问题。跟踪定位的实现需要让系统感知用户在虚拟空间中所处的位置,并能捕获运动的距离和角度。

跟踪定位系统一般是在实际场景中设置固定发射器,发射器发射出的信号被用户头上或身上的接收传感器截获,传感器接收到这些信号后传送给计算机系统处理,最后可以确定发射器和接收器之间的相对位置及方位,随后将数据反馈给系统并显示用户在虚拟空间中的位置。目前常用的跟踪定位技术主要包括超声波跟踪定位技术、电磁式跟踪定位技术、光学式跟踪定位技术、无线射频识别技术等。

4.6.1 超声波跟踪定位技术

超声波跟踪定位技术是一种常用的声学跟踪技术,其工作原理是首先由发射器发出高频超声波脉冲,然后由接收器计算收到信号的相位差、时间差或声压差,最后确定跟踪的对象的距离和方位,实现对目标物体的定位和跟踪。按照测量方法的不同,超声波跟踪定位技术可分为:

- 飞行时间（Time of Flight，TOF）测量法：同时使用多个发射器和接收器，通过测量超声波从发出到反射回来的飞行时间计算出准确的位置和方向。
- 相位相干（Phase Coherent，PC）测量法：通过比较发射信号和反射信号之间的相位差来确定距离。

由于超声波在媒质中传播时存在散射衰减，因此接收器接收信号时要考虑回波和反射波的影响。超声波在传播过程中会遇到物体反射、辐射或空气流动造成的误差，且要求发射器和接收器之间没有阻挡。这些因素限制了超声波定位的应用范围，定位的精度和速度也不高。这种技术广泛应用于室内机器人定位、仓库用导航车定位等。

4.6.2 电磁式跟踪定位技术

电磁式跟踪定位系统主要由电磁发射部分、电磁接收传感器及信号数据处理部分组成。在目标物体附近安置一个由三轴相互垂直的线圈构成的磁场信号发射器，磁场可以覆盖一定范围。接收传感器也由三轴相互垂直的线圈构成，它可以检测接收到的磁场信号的强度，并将信号经过处理后交给数据处理部分。在数据处理后可以得到目标物体的六个自由度，即不但可以获得目标物体的位置信息，还可以获得其角度和姿态信息，这在定位过程中也非常重要。电磁式跟踪定位技术的优点是它不受视线阻挡的限制，可以在空间中自由移动，且体积小、价格低廉，适用于手部跟踪。电磁信号的缺点是容易受到周围电磁环境的干扰，对金属物体比较敏感，跟踪范围小且延迟较长。这种技术可以广泛应用于医疗、生物、运动分析以及头盔和数据手套的定位，是无线定位技术的研究热点。

4.6.3 光学式跟踪定位技术

光学式跟踪定位技术主要有激光定位、红外光定位和可见光定位三种技术。

激光跟踪定位技术的基本原理是在空间中安装多个激光发射装置，对空间中发射横、竖两个方向扫描的激光，在被定位的物体上放置数个激光传感器，通过计算两束光线达到定位物体的角度差，可以得出物体在三维空间中的坐标。当物体在空间中移动时，它的三维坐标也会发生变化，通过该坐标可以得到动作信息，也可以进行运动捕获识别。

比较具有代表性的激光跟踪设备是 HTC Vive 灯塔，它使用激光和激光传感器来确定物体的位置。它在空间对角线上安装两个高度约为 2m 的"灯塔"，灯塔每秒能发出 6 次激光束。灯塔中有两个扫描模块，分别在水平和垂直方向轮流对空间发射激光，扫描定位空间中物体的位置。HTC Vive 灯塔的头显和两个手柄上装有多达 70 个激光传感器，通过计算接收激光的时间来得到传感器相对于激光发射器的位置。HTC Vive 灯塔激光定位的精度较高，可以用于很多复杂精细的交互操作。图 4-9 是 HTC Vive 灯塔定位原理图。

红外光定位技术在实际空间中安装了多个红外发射摄像头，对整个空间进行覆盖拍摄，被定位物体的表面则安装了多个红外反光点，摄像头发出的红外光线经反射点反之后，可以由红外光接收装置接收，再配合程序进行计算就可以得到空间中被定位物体的空间坐标。使用红外光定位技术的代表设备是 Oculus Rift。Oculus Rift 使用主动式红外光学定位系统，在头显和手柄上放置的不是反光点而是红外线发射装置。它在使用时利用两台摄像机进行拍摄，摄像机加装了红外光滤波片，所以能捕获的仅有头显和手柄上发出的红外光，再利用程序计算可以求出头显或手柄的空间坐标。另外，Oculus Rift 还内置了九轴传感器。当红外光定位发生遮挡或者模糊时,九轴传感器能计算设备的空间位置信息,从而获得更高精度的定位。

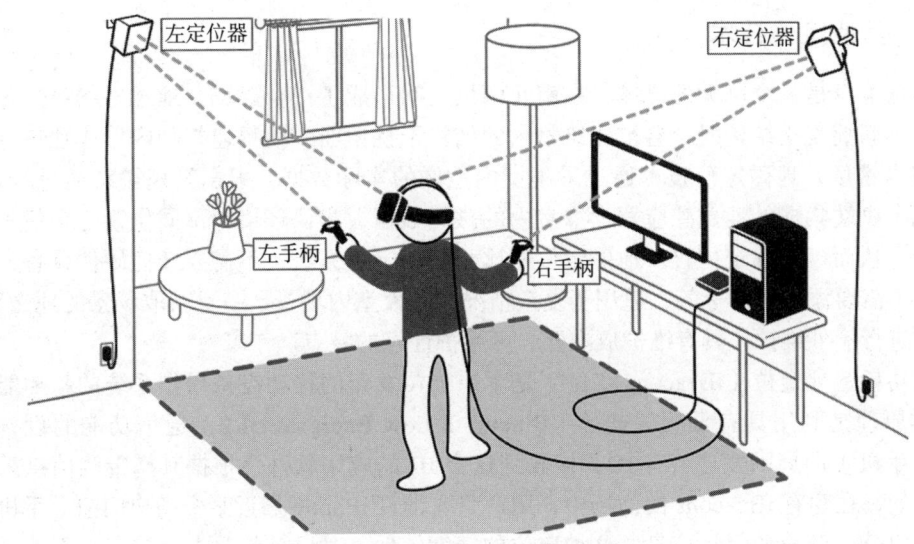

图 4-9　HTC Vive 灯塔定位原理图

可见光定位技术的原理和红外光定位技术相似,它同样利用摄像头来捕获被追踪物体的位置信息,只不过使用可见光进行定位,通过对目标物体上特定光点的跟踪和监视来完成运动定位和捕获人体动作。由于两个摄像头在同一时刻对于空间中的某一点进行拍摄的图像位置不同,根据摄像头的位置和参数可以计算出该点在空间中的位置。通过在不同的被追踪物体上安装不同颜色的发光灯,摄像头在捕获到这些光后可以区分不同的被追踪物体。索尼 PlayStation VR 头显发出的蓝光实际上用于被摄像头获取并计算其位置,两个手柄发出天蓝色和粉红色光,利用双目摄像头获取这些灯光信息后,便能计算出手柄的位置。

光学式跟踪定位技术造价成本低,技术实现难度不大。但其核心技术是对图像信息进行识别,识别效果会受图像分辨率、光照和遮挡的影响。同时,由于图像分析需要的计算量比较大,因此对计算机的处理速度要求比较高。

4.6.4　无线射频识别技术

无线射频识别(Radio Frequency Identification,RFID)系统的硬件主要由三部分组成,即标签、读卡器和射频天线。其中,标签式电子芯片具有唯一的标识符,它对应到某一个特定的对象上。标签分为无源标签和有源标签两种。在无源标签中,电子标签接收射频识别阅读器传输来的信号,并通过电磁感应线圈获取能量来对自身短暂供电,完成信息交换。由于自身不供电,系统结构简单且成本低,故障率也低,因此无源标签一般用于近距离接触识别。有源标签体积相对较大,具有较长的传输距离和较高的传输速度,应用范围广泛。读卡器发射一定频率的无线电波,射频天线可以将读卡器的无线电信号调制成电磁场。固定在待定位目标上的标签进入该磁场后就会感应电流的驱动,将标签中的数据传送给读卡器。根据读卡器的位置坐标和标签、读卡器之间的数据通信,通过三角定位就可以计算出目标在三维空间中的位置。RFID 定位精度可达到厘米级，但定位范围有限，抗干扰能力差，多用于仓储和物流管理。

4.6.5 其他定位技术

地球本身是一个巨大的磁体，在南北两极之间形成了一个磁场。地球磁场穿过各种金属物、钢筋混凝土结构时，会被建筑物内的结构干扰扭曲，使得建筑物内形成独特且有规律的室内磁场。地磁定位技术通过采集室内地磁的实际数据，根据其规律特征进行定位。它利用手机端集成的地磁感应器读取室内的磁场数据，辨认环境中不同位置磁场信号强度的差异，从而可以确定位置。地磁定位相比于其他定位方法，不需要任何硬件设备，定位目标也不需要添加任何标签，适用于复杂情况和超大室内场景，一旦获取场景的地磁数据，不需要进行额外维护，具有维护成本低、可维护性好的特点。

低功耗蓝牙定位（iBeacons 定位）是苹果公司发布的移动设备操作系统的新功能。它的基本原理是利用具有低功耗蓝牙（Bluetooth Low Energy，BLE）通信功能的设备（如 iPhone 手机）向周围发送特有 ID，接收到这个 ID 的应用软件会根据其携带的信息采取行动。例如，在建有 iBeacons 的商场中，用户只要带着 iPhone 靠近某个商户门前，手机就会自动接收这个商户的促销信息。这种定位的精度较低，对设备的要求也较高，不适合于虚拟现实行业。

4.7 新一代人机交互技术

人工智能是这个时代最具变革性的力量之一，它改变了人类和计算机之间的互动方式，影响了我们的生活，并且重新定义了我们与机器的关系，已在智能家居、手机、车载、智能穿戴和机器人方面大规模应用。在技术上，语音控制、人脸识别、人体姿态识别等单点技术的应用，逐渐向融合视觉、语音、语义的多模态计算发展。随着人体检测技术的进步，人体的生理信号（如肌电、心率、脑电波等）可作为信息输入到智能体中，帮助智能体更好地识别人的显性和隐性需求，给予及时反馈和服务。同时，人接收信息的通道也逐渐向触觉、嗅觉等以往较少应用的感官扩展，以增强真实和立体的感官体验。

智能体不再是单一的助手角色，为了促进用户在与智能体交互过程中产生积极情绪，未来智能体的性格将更加丰富，未来人工智能将赋予机器情境感知和自主认知能力，构建智能体主动服务人类的交互模型。主动交互将在用户心理、行为状态以及情绪综合识别的基础上主动了解用户需求，智能体将拥有情感判断及反馈智能，从而进一步提高人机交互的体验。

人的情感状态通常通过语言、表情和动作等方式综合传达。以往的情感识别软件往往基于一种维度（如表情、文本等）识别，存在不完善、不确定的缺点，未来则更多关注于维度情感识别融合机制，综合运用表情、文本、语音和生电信号，以提高识别的准确程度。

4.7.1 语义识别技术

早期人和智能体之间的语义识别主要是指令级理解，层次较低。随后发展为高一级别的问答系统。未来人与机器之间的语义识别应达到真正的人与人之间沟通的级别。语义识别的难点在于仅从文字信息抽取含义来理解不能达到满意的效果，还需要融合一些背景信息，如情绪、上下文、对话人的属性等，这是一个意图理解和识别的过程。

传统的人工智能对语义识别的研究没有摆脱以语法决定语义的思维定式，识别的结果也与人类实际的语言思维能力存在差距。目前，人工智能的研究还不具备类似人类主体那样的"意向-语义"理解能力。在人工智能的语义系统中，符号化的语言编码必须考虑语境要素和条件对概念、命题意义的决定性作用。同时，各种具有语言特征的信息集合也可以为人工智能的运作机制提供一种基于事实的计算语境。未来以语境论思想为基础的语义学研究将会成为人工智能在语义理解研究上突破的基础。让机器理解语言是至关重要的，理解语言不是按照语法拆解词语，而是从词语逐渐递进到事件的过程。

目前，语义理解技术分为两派。一派呈现的语义理解技术基于"关键字相关性"计算而演变，简而言之就是用数学方法解决语言问题，所有句子可根据句子的相似度属性进行归类，在进行语义理解时可以找到相似度较高的句子，类似于百度的关键词搜索。这种技术的优点是拥有互联网大数据的支持，缺点是语言理解的准确性稍微逊色，可能会答非所问。另一派是根据"语义相似性"计算来研发的，主要注重语法分析，准确性和可控性较高。

人机交互离不开语义理解技术的支持。在智能化的社会中，很多智能设备或者智能硬件都需要与语音交互系统相结合，从而具备与人类交互的功能，更智能化地展现自己的使用价值。

4.7.2 脑机接口技术

大脑不仅会支配人的思维和行为，还会控制情绪与自主神经功能。当脑细胞被激活时，就会产生微弱的局部电流。当把这种电流活动产生的点作为纵轴，时间作为横轴时，就能得到电流活动与时间关系的平面图，即得到记录大脑状态的脑电波（Electroencephalogram，EEG）数据。EEG数据包含Delta（δ）波、Theta（θ）波、Alpha（α）波、Beta（β）波、Gamma（γ）波五个基本组。当大脑处于特定的精神状态时，大脑神经就会呈现相应的脑电波模式。除Theta波以外，其他信号均与放松和关注有关。

脑机接口（Brain-Computer Interface，BCI）系统主要由四部分组成：EEG信号采集模块、特征提取模块、选择分类模块和外部控制装置模块。

EEG信号采集模块的作用是收集由大脑产生的EEG信号数据。特征提取模块主要用于获取反应大脑意识活动的特征信号，排除与实验无关的干扰信号（如眼电、肌电会因设备误差产生信号），并降低用户一些不明确的心理活动的影响。选择分类模块的主要作用是对特征提取出来的信号量进行分类。外部控制装置模块主要使用处理后的EEG信号进行反馈。

1. EEG信号采集模块

EEG信号采集模块主要使用特殊EEG信号采集装置。该装置主要包括信号采集电极、信号隔离放大器、滤波器和模数转换器等组件。该装置的工作原理是首先在头皮或脑膜处的脑电极获取与大脑思维活动相关的电生理信号，然后通过放大器、滤波器等组件将电信号转换为数字信号，最后再将对应的数字信号输入外部装置中。

MindWave Mobile设备是一款脑电波读取设备，外观与耳机类似。MindWave Mobile

设备利用前额位置的传感器来读取用户的脑电波数据，轻轻接触头部皮肤就能捕捉脑电波，并进一步分析大脑的思维状态。MindWave Mobile 设备如图 4-10 所示。

2. 特征提取模块

从信号采集模块中得到的 EEG 信号是一种微弱又复杂的数字信号，通常夹杂着许多噪声，如眼电干扰噪声、肌电干扰噪声以及外部环境产生的电波干扰等，给特征信号的分析与处理带来很多麻烦。因此在处理信号前，需要对电信号进行去噪、分离、分类等预处理，以提高信噪比。特征提取通常用线性变换的方式，把重要的特征信号在变换域中显示并去掉无意义信息，从而将原始高维信号空间转变为低维特征信号空间。

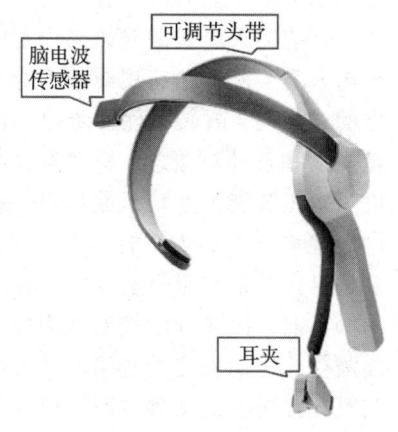

图 4-10 MindWave Mobile 设备

3. 选择分类模块

选择分类模块主要是指将提取出的 EEG 特征根据大脑思维活动进行分类。该模块分类的结果将直接影响输出信号与大脑思维任务的对应关系，并影响 BCI 系统的准确性和可靠性，因此它起着至关重要的作用。

4. 外部控制装置模块

EEG 信号经过特征处理和选择分类处理后，信号特征量转换为控制指令并传输到外部设备，实现对外部装置的影响与控制。

在过去的 40 年中，由于计算机科学、认知神经科学、电子技术、通信与控制等学科的发展与融合，脑机接口技术应运而生。近年来，脑机接口技术不仅在协助残疾人康复治疗中取得巨大成果，还在脑认知、辅助控制领域有广泛的应用前景。

4.7.3 用户建模技术

用户建模是人机交互的一个分支，它描述了建立和修改用户概念性理解的过程。用户建模的主要目标是根据用户的特定需求定制和调整系统。另一个目标是为特定类型的用户建模，包括技能和声明性知识的建模，以用于自动软件测试。因此，用户模型可以作为用户测试的更经济的替代方案。

简而言之，用户建模就是在保护用户隐私的前提下，利用计算机，通过建立机器学习模型来模拟用户现有的行为和知识，并以此来预测用户未来的行为和意愿等。

用户建模主要分为以下几类。
- 静态用户模型。静态用户模型是最基本的用户模型。在收集主数据后，它们通常不会再次被更改，且是静态的，不使用学习算法来更改模型。
- 动态用户模型。动态用户模型允许更新的用户表示。用户的兴趣、学习进度或与系统交互的变化将被捕获并影响用户模型。因此可以更新用户模型并考虑用户的当前需求和目标。
- 基于刻板印象的用户建模。该模型基于人口统计数据。基于所收集的信息，用户被分类为常见的刻板印象，然后系统将适应这种刻板印象。即使没有关于该特定用户的数据，该应用程序也可以对用户做出假设，因为人口统计研究已经表明该构造模型中的其他用户具有相同的特征。基于刻板印象的用户模型主要依赖于统计数据，并没有考虑个人属性可能与刻板印象不匹配的情况。

- 高度自适应的用户建模。高度自适应的用户模型试图代表一个特定的用户，因此允许系统的高适应性。与基于刻板印象的用户模型相比，它们不依赖于人口统计数据，而是旨在为每个用户找到特定的解决方案。虽然用户可以从这种高适应性中获益，但这种模型需要先收集大量信息。

要建立一个用户模型，首先要收集用户数据，可以通过多种方式收集有关用户的信息。主要有以下三种方法。

- 在与系统交互时询问具体事实。大多数情况下，这种数据收集与注册过程相关联。虽然注册用户会被要求提供具体的事实、偏好和需求，但通常给定的答案可以在之后改变。
- 通过观察和解释用户与系统的交互来学习用户偏好。在这种情况下，不会直接询问用户的个人数据和偏好，但这些信息来自他们与系统交互时的行为。他们选择完成任务的方式和感兴趣的事物的组合，这些观察结果允许用于推断特定用户。应用程序通过观察这些交互来动态学习，可以使用不同的机器学习算法来完成该任务。
- 要求显式反馈并通过自适应学习改变用户模型。这种方法是上述方法的混合。用户必须回答具体问题并提供明确的反馈。此外，观察用户与系统的交互，并且导出信息，将这些信息用于自动调整用户模型。

虽然第一种方法是快速收集主要数据的好方法，但它缺乏自动适应用户兴趣变化的能力。这取决于用户是否愿意提供信息，一旦注册过程完成，用户就不太可能再次编辑他们的信息。因此，用户模型很可能不是最新的。

但是，第一种方法允许用户完全控制收集的有关数据，即由他们决定提供哪些信息。第二种方法缺少这种可能性。系统中的自适应变化仅通过解释其行为来学习用户的偏好和需求，这种方式可能对用户来说有些不透明，因为他们无法完全理解重建系统行为的原因。此外，系统在能够以所需精度预测用户的需求之前需要被迫收集一定量的数据。

因此，在用户可以从自适应变化中受益之前，需要一定的学习时间。但是，之后这些自动调整的用户模型可以提供非常准确的系统适应性。混合方法试图结合前两种方法的优点。通过直接询问用户收集数据，它收集了可用于自适应变化的第一批信息。通过学习用户的交互，它可以调整用户模型并获得更高的准确性。然而，系统的设计者必须决定哪些信息应该具有哪些影响，以及如何处理与用户给出的某些信息相矛盾的学习数据。

一旦系统收集了有关用户的信息，就可以通过预设的分析算法评估该数据，然后开始适应用户的需求。这些调整可能涉及系统行为的每个方面，并取决于系统的目的。

4.7.4 心理分析技术

最早的人工智能学者之一是一名心理学家，他使认知心理学和计算机科学相结合，从而产生了人工智能这一新学科。这位学者研究的算法可以判断当前状态和目标状态之间的距离，通过不断反馈来达到目的。这种反馈机制正是以人类思维方式为基础，为计算机模拟人的思维活动提供了具体的应用实例。

人的行为可以分成三个层次：技能行为、基于规则的行为和无规则行为。第一种行为比较容易模仿，第二种行为是人工智能机器通过技术来实现的，而第三种行为对于计算机来说是最困难的，模仿无规则行为所需要的人工智能机器的知识挖掘、情感反应，以及模糊状态下的决策功能都依赖于心理学领域相应的突破。

心理学是研究心理现象发生、发展和活动规律的科学，一般可以分为基础心理学和应用心理学。基础心理学总结人的心理活动的一般规律，着重建立基本的理论体系，并对基本规律进行探讨。基础心理学包括四个方面：认知，情绪、情感和意志，需要和动机，能力和人格。应用心理学主要将心理学的研究成果用于解决人类实践活动中的问题，以提高人们的工作水平，改善人们的生活质量。不同领域形成了不同的心理学分支，如教育心理学、环境心理学等。

通过创建沉浸式的虚拟环境，研究人员能够更好地理解人类行为、情感和认知过程。在虚拟现实环境中，研究人员可以创建自然灾害、社交冲突或其他引发焦虑的情境，以诱发特定的情绪反应。通过模拟，研究人员能够收集参与者在这些情境下情绪变化和生理反应的数据进行分析，制订情绪调节策略、验证策略的有效性，进行人类的情绪研究。通过创建虚拟角色和社交场景，收集参与者在不同社交情境下的行为和反应数据，从而帮助研究人员分析提炼社交焦虑的因素，为心理干预措施的开发研究提供数据支持，虚拟现实为研究社交互动提供了一个独特的平台。可以利用虚拟现实环境设计复杂的任务，研究参与者的注意力和记忆能力数据进行分析，例如研究人员可以创建一个虚拟迷宫，让参与者在其中导航并记住路径、完成特定物品收集任务，通过收集实验数据为认知研究提供支持。可以创建沉浸式的虚拟实验室学习环境，使学生能够在模拟的真实情境中进行学习，观察科学现象的发生。这种方法不仅提高了学生的参与感，还能够增强学习动机和效果。通过对比传统教学与沉浸式学习的效果，为教育实践提供数据支持。这种方法为教育心理学的研究提供了新的实验平台，让研究者能够更好地理解学习过程中的各种因素。

增强现实和混合现实技术的发展为人类行为和心理过程提供了新的工具和方法，虚拟现实使得心理分析技术的研究更加广泛。

4.8 数据传输技术

在虚拟现实系统中，操作者需要向系统传递定位数据、传感器获取的数据、影像数据等，系统也会将三维场景数据、场景融合数据作为处理结果传递到操作者的终端上。传输数据的便利性和效率会直接影响虚拟现实系统操作者的体验。数据传输可分为有线传输和无线传输两种方式。有线传输是指使用线缆进行传输，在虚拟现实系统中的有线传输会使用雷电3、USB3.0、DP接口、HDMI等接口协议进行传输。无线传输包括5G技术、Wi-Fi传输技术、蓝牙传输技术等。从传输过程的便利性特点来看，无线传输在虚拟现实系统中越来越流行，而使用有线设备进行传输的虚拟现实设备越来越少。下面对目前虚拟现实系统中常用的无线传输技术进行介绍。

4.8.1 5G通信技术

第五代移动通信技术（简称5G）是最新一代蜂窝移动通信技术，也是4G（LTE-A、

WiMax)、3G(UMTS、LTE)和2G(GSM)系统的延伸。5G的性能目标是高数据速率、减少延迟和节省能源,这种技术的应用可以降低通信成本,提高系统容量,并对大规模设备连接提供支持。

5G通信技术包括网络切片、毫米波、小基站、大规模MIMO、波束成形和全双工等技术。

1. 网络切片

5G网络切片可以被定义为一种网络配置,该网络配置允许在通用物理基础结构之上创建多个虚拟化和独立化的网络。不同的应用场景对速度、时延、通信速率、可靠性的需求不同,可以将网络切割成用来满足需求的虚拟子网络,这种配置已成为整个5G架构的重要组成部分。实现网络切片的关键技术是网络功能虚拟化(Network Function Virtualization,NFV)和软件定义网络(Software Defined Network,SDN)。NFV通过IT虚拟化技术实现网络功能的软件化,并运行于通用硬件设备上,以代替专用网络硬件设备。SDN实现了网络基础设施层和控制层之间的分离,从而可以对网络进行灵活调配、管理和编程。

可以根据应用程序、客户的特定需求分配网络的每个或部分"切片"。例如,智能停车收费表等服务重视高可靠性和安全性,但在延迟方面却更为宽容;而其他服务,如无人驾驶汽车,则可能需要超低延迟和高数据速度。5G中的网络切片支持这些多样化的服务,并有助于将资源从一个虚拟网络切片有效地重新分配给另一个虚拟网络切片。

与前几代产品相比,由5G启用或增强的应用程序需要更大的带宽、更多的连接和更低的延迟,每一类应用都具有其独特的性能要求。采用"一刀切"的方法来提供服务不会达到较好的应用效果。5G中的网络切片架构在某种程度上类似于复杂的公共交通系统,车辆和交通路线是针对用户的速度、预算和体积要求量身定制的。

2. 毫米波

随着连接到无线网络的设备数量的增加,频谱资源稀缺的问题日益凸显。狭窄的频谱共享有限的带宽会极大地影响用户体验。无线传输速率的提升一般通过增加频谱的利用率或增加频谱的带宽来实现,毫米波技术属于后者。毫米波是指波长在1~10mm范围内的电磁波,频率处于30~300GHz,大致位于微波与远红外波相交叠的波长范围,因而兼具两种波谱的特点。根据通信原理,载波频率越高,其可实现的信号带宽就越大。以28GHz和60GHz两个频段为例,28GHz的可用信号带宽可达1GHz,60GHz的可用信号带宽则可达2GHz。使用毫米波频段,频谱带宽较4G可翻10倍,传输速率也将更快。

相较而言,4G-LTE频段最高频率的载波在2GHz左右,而可用频谱带宽只有100MHz。因此,如果使用毫米波频段,频谱带宽轻轻松松就可以翻约10倍,传输速率也可得到巨大提升。相比于传统6GHz以下的频段,毫米波还有一个特点,就是天线的物理尺寸可以较小。这是因为天线的物理尺寸正比于波段的波长,而毫米波波段的波长远小于传统6GHz以下的频段,相应的天线尺寸比较小,因此可以方便地在移动设备上配备毫米波的天线阵列,从而实现各种MIMO技术。然而,毫米波在空气中衰减较大,这一特点也注定了毫米波技术不太适合手机终端和基站距离很远的场合使用,各大厂商对5G频段使用的规划是在户外开阔地带使用较传统的6GHz以下频段,以保证信号覆盖率,而在室内则使用微型基站加上毫米波技术实现超高速数据传输。

3. 小基站

毫米波技术的缺陷是穿透力差、衰减大，因此要让毫米波频段下的5G通信在高楼林立的环境下传输并不容易，而小基站可以解决这一问题。因为毫米波的频率很高且波长很短，天线可以做得很小，这是可以部署小基站的基础。大量的小型基站可以覆盖大基站无法触及的末梢通信。以250m左右的间距部署小基站，运营商可以在每个城市部署数千个小基站，形成密集网络，每个基站就可以从其他基站接收信号并向任何位置的用户发送数据。小基站不仅在规模上小于大基站，功耗也显著降低。

4. 大规模 MIMO

5G基站只有十几根天线，但5G基站可以支持上百根天线。这些天线通过大规模MIMO天线阵列，可以同时向更多的用户发送和接收信号，从而将移动网络的容量提升数十倍甚至更大。大规模MIMO开启了无线通信的新方向，当传统系统使用时域或频域在用户之间实现资源共享时，大规模MIMO则引入空间域的新领域，基站采用大量天线并进行同步处理，可同时在频谱效益与能源效率方面取得几十倍的增益。

5. 波束成形

在波束成形技术中，基站拥有多根天线，通过调节各个天线发射信号的相位，使其在手机接收点形成电磁波的叠加，从而达到提高接收信号强度的目的。从基站方面看，利用信号处理产生的叠加效果就如同完成了基站端虚拟天线的方向图，因此称为"波束成形"。通过这一技术，发射能量可以汇集到用户所在的位置，而不向其他方向扩散，并且基站可以通过监测用户的信号，对其进行实时跟踪，使最佳发射方向跟随用户移动，保证在任何时候手机接收点的电磁波信号都处于叠加状态。在实际应用中，多根天线可以同时瞄准多个用户，构造朝向多个目标客户的不同波束，并有效减小各个波束之间的干扰。这种多用户的波束成形在空间上有效地分离了不同用户间的电磁波。

6. 全双工

同时同频全双工技术，顾名思义，是指在同一个信道上同时发送和接收信号，实现两个方向的同时操作。简而言之，它是指将以往通信双工节点中存在的干扰屏蔽，然后利用信号机在发射信号的同时接收信号，通过同时操作来提高频谱效率。此技术和传统技术相比更为先进，而且工作效率也更高。

4.8.2 蓝牙传输技术

随着虚拟现实设备的不断发展，越来越多的VR设备被应用到各个领域中。在VR系统中，手柄与头盔之间在传输编码信息时，往往需要预先进行同步，在同步之后便可以传输同步的编码信息。手柄与头盔之间往往通过无线通信的方式来发送同步信号。例如，头盔可以通过蓝牙通信的方式向手柄发送同步信号，手柄在接收到同步信号后，便开始向头盔发送编码信息。

蓝牙技术是一种对无线数据和语音通信开放的全球规范，它基于低成本的近距离无线连接，为固定和移动设备建立通信环境。蓝牙技术使便携移动设备和计算机设备能够不需要电缆就能连接到互联网，即可以无线接入互联网。蓝牙技术是一种短距离、低成本的无线传输应用技术。它的特点如下。

- 支持设备短距离无线通信，有效工作距离可达300m。
- 蓝牙是分散式网络结构，支持点对点通信，并逐步发展支持点对多点或多点对多点通信。结合Wi-Fi网络，可以实现室内定位。
- 低功耗模式下的传输通信速率比较低，但随着技术的发展，速率将不断提高。
- 采用全球通用的2.4G ISM（即工业、科学、医学）频段，使用IEEE 802.11协议，这使得它的用途广泛且不会受到限制。
- 采用时分双工传输方案，实现全双工通信功能。

蓝牙的主要替代对象是红外线传输和RS232串口线传输。红外线接口的传输技术要求电子装置的距离在视线内，而RS232串口线连接的设备则难以摆脱线缆和低速限制。蓝牙技术的出现，让这些连接变得更方便和简单。

4.8.3　Wi-Fi传输技术

Wi-Fi是一种允许电子设备连接到无线局域网的技术，通常使用2.4G UHF或5G SHF ISM射频频段。连接到无线局域网可以是有密码保护的，也可以是开放的，允许任何在WLAN范围内的设备连接。Wi-Fi是无线网络通信技术的品牌，由Wi-Fi联盟持有，旨在改善基于IEEE 802.11标准的无线网络产品的互通性。无线网络在无线局域网的范畴是"无线相容性认证"，它实质上是一种商业认证，同时也是一种无线联网技术。目前，几乎所有智能手机、平板计算机和笔记本计算机都支持Wi-Fi上网，Wi-Fi是当今使用最广泛的无线网络传输技术。

Wi-Fi 5采用正交频分复用（Orthogonal Frequency Division Multiplexing，OFDM）数据传输方式。在这种方式下，用户通过不同时间片进行区分，在每个时间片上，一个用户完整占据所有子载波，并发送一个完整的数据报文。但随着用户数量的增多，用户之间的数据请求可能会发生冲突，导致用户在使用高带宽应用时，服务质量下降。

Wi-Fi 6采用正交频分多址（Orthogonal Frequency Division Multiple Access，OFDMA）数据传输方式，它是OFDM技术的演进。它通过OFDM与OFDMA技术的结合，将无线信道划分为正交且互不重叠的多个子信道，然后将不同的子信道集分配给不同的用户，并采用在OFDM系统中添加多址的方法来实现多用户复用信道资源。其标准仿效LTE，将最小的子信道称为"资源单位"（Resource Unit，RU）。在该模式下，用户数据承载在每个RU上，因此从总的时频资源来看，每个时间片上将多个用户同时并行传输，无须等待、避免竞争，从而提升了效率，减少了排队等待时延，实现了系统资源的优化利用及多用户接入。

从Wi-Fi标准的发展历程中不难发现，Wi-Fi标准最大的提升是数据传输速率。它通过更高调制方式和更大频宽来实现更高的传输速率。但在实际的无线网络场景使用中，用户对于无线网络的需求是多样的，有的场景需要低延时，对带宽的要求可能并不高；而有的场景则需要高带宽，对延时不敏感。这是因为接入无线网络的设备多样，且场景复杂。因此，在制定无线网络标准和设计无线网络时，需要关注多方面因素，结合需求和场景，真正为无线网络用户带来良好的体验。

Wi-Fi 6在调制、编码、多用户并发等方面进行了技术改进和优化。与速度提升相比，这些方面的改进更关注应用、用户体验和无线环境的整体优化，更贴合于多 Wi-Fi 终端、多应用普及的场景。现阶段各类终端和应用繁多，如视频类应用、即时通信类应用等，因此无线网络场景中多并发、短报文的情况也越来越多。早期的 Wi-Fi 协议在应对这种情景时并无技术优势，而 Wi-Fi 6 针对这些场景做了大量的改进和优化，从而能大幅提升了无线网络体验。

为了追踪 VR 用户在虚拟世界中的移动，Oculus Rift 会利用房间中放置在三脚架上的一个或多个红外相机，头戴设备拥有测量倾斜度的加速计，相机通过追踪其向前、向后或者向侧面移动的红外光线来对其进行定位。HTC Vive 的 VR 系统通过来自设备的红外光线投射到可被头戴设备传感器探测到的房间角落，来追踪人的移动。增强现实技术将虚拟特征绘制到穿戴者看到的真实场景中，用户可以看到客厅中的虚拟物品。微软的 HoloLens AR 系统则利用头戴设备上若干面向外部的相机来追踪用户的移动。

为了让 VR 游戏流畅地进行，用户通常需要待在几平方米的密闭空间内。另外，红外视线不能被家具或者其他人挡住，用户也不能转过脸。微软的 AR 系统在所有光照条件下都无法运行，并且可能被墙壁或窗户"迷惑"。同时，如果你的手移出视线，该系统便无法追踪到它们。

美国斯坦福大学的研究人员想获得更加简单、廉价和强大的系统，为此，他们借助常见的 Wi-Fi 技术。研究人员编写了从两个不同路径探测信号的算法，这种方法能测量到一个传送器的距离。利用两个或多个传送器组合，该算法得以通过三角测量法追踪二维移动，研究人员最终将改进算法使其能够追踪三维移动。

参考文献

[1] 中国气象局. 2021台风-中国气象局政府门户网站[EB/OL].（2021-07-25）[2024-09-12]. http://www.cma.gov.cn/2011xzt/2021zt/2021tf/20200902/2018070910/202107/t20210725_581619.html.

[2] 武汉中观自动化科技有限公司. 中观三维扫描仪助力三星堆数字考古文物建模[EB/OL].（2021-10-16）[2024-09-12]. https://www.zg-3d.com/case/598.html.

[3] HEARN D, BAKER M P, CARITHERS W R. 计算机图形学：第4版[M]. 蔡士杰, 杨若瑜译. 北京：电子工业出版社, 2014：421-424.

[4] Luna F D. DirectX 12 3D游戏开发实战[M]. 王陈, 译. 北京：人民邮电出版社, 2018：402-416.

[5] 杨克俭, 刘舒燕, 陈定方. 虚拟现实中的建模方法[J]. 武汉理工大学学报, 2001, 23（6）：47-50.

[6] 苏绍勇, 陈继明, 潘金贵. 虚拟环境中行为建模技术研究[J]. 计算机科学, 2007, 34（2）：270-273.

[7] 赵烨梓, 王璐, 徐延宁, 等. 基于机器学习的三维场景高度真实感绘制方法综述[J]. 软件学报, 2022, 33（1）：356-376.

[8] 姜太平, 沈春林, 谭皓. 真三维立体显示技术[J]. 中国图象图形学报：A辑, 2003, 8（4）：6.

[9] 张爱东, 石教英. 虚拟环境中真实感空间声合成[J]. 软件学报, 1996, 7（A00）：7.

[10] 郑胤, 陈权崎, 章毓晋. 深度学习及其在目标和行为识别中的新进展[J]. 中国图像图形学报, 2014, 19（2）：10.

[11] 李晨熙, 孟庆春, 鄂宜阳, 等. 脑机信息交互技术综述[J]. 电脑知识与技术, 2019, 15（3）：184-185.

思考题

1. 虚拟现实系统中常用的立体显示技术有哪几种？立体显示技术的原理是什么？
2. 环境建模技术的主要工作有哪些？这些工作有什么特点？
3. 什么是各向同性技术？它能解决什么问题？
4. 水流、波浪等环境的建模为什么不能采用常规的立体模型表示？
5. 光线跟踪算法用于解决什么问题？该算法在实际应用中存在哪些问题？又做了怎样的改进？
6. 粒子系统是用来生成分形图形的一种方法，火焰、礼花、喷泉可以采用这种分形技术生成。试基于一种图形系统框架设计一个粒子系统，用于展示火焰、礼花或喷泉的效果。
7. 在虚拟现实系统中，虚拟音效技术可以解决哪些问题？
8. 捕获识别技术是应用在计算机上的交互技术，主要分为哪几类？
9. 简述一种手势识别硬件及其应用。如果你来设计，你认为在什么场景下适合用手势识别硬件？主要解决什么需求？
10. 什么是地磁定位技术？它通常适用于什么环境？
11. 为什么在虚拟现实系统中通常会选用无线传输作为传输数据的手段？常用的无线传输技术有哪些？各有什么特点？

第5章 虚拟现实项目开发流程

VR项目是指依托于VR硬件设备，构建VR系统平台并开发可以运行在该平台上的程序集合。近年来，VR项目开发备受关注，特别是元宇宙概念的提出，进一步推动了VR技术的发展，使VR项目开发拥有不可估量的发展前景。特别地，随着VR项目开发内容越来越丰富，用户的需求也日渐多元化，这无疑需要高效、快捷、统一、规范的项目开发流程。

编写本章的目的之一是希望项目中各个环节的负责人都可以获取所需要的知识。例如，美工人员可以从本章中了解其他人员在项目开发中的主要职责，通过了解不同角色在开发过程中存在的潜在矛盾，进而更好地相互协调，以达到更好的效果。相应地，项目中的编程人员也可以了解美工人员等面临的挑战，进而在需求与实现中掌握平衡。

本章内容是对VR项目开发的总体流程进行描述，具体安排如下：首先，对VR项目的开发过程进行概述；在此基础上，分别从VR项目设计、VR项目开发、VR项目测试对VR项目的具体开发流程进行讲解；最后，针对VR项目的普适需求，给出开发建议。

5.1 虚拟现实项目开发概述

VR项目的开发过程与3D项目的开发过程很相似。一般地，可以将VR项目的开发过程划分为设计、开发、测试三个部分。

VR设计是指通过调研分析，设计和策划需要展示给用户的虚拟现实内容。虚拟现实设计的主要任务是对虚拟现实内容做整体规划设计，包括设计虚拟现实内容中涉及的人物模型、虚拟场景以及整个内容的故事情节等。虚拟现实内容设计的好坏直接影响开发的虚拟现实内容的受欢迎程度，并对市场前景产生影响。

VR开发阶段的目的是开发出可以运行在虚拟现实系统上的程序，这也是虚拟现实内容开发的主要任务。开发过程也是对整个设计进行代码实现的过程，需要时刻遵循虚拟现实内容设计过程的成果，充分利用虚拟现实系统的软硬件资源，开发出能在虚拟现实系统上高效、稳定运行的程序。

VR项目测试是为检验VR项目是否满足以通用的软件质量模型中的规范作为基准的各类质量特性下的性能标准。具体来说，主要包括对开发的VR项目进行功能性测试、运行效率测试、友好型测试、鲁棒性测试、可维护性测试、可兼容性测试以及泛化性测试。

5.2 虚拟现实项目设计

5.2.1 虚拟现实项目及系统类型

1. 虚拟现实项目类型

基于用户体验，VR项目可以分为交互虚拟场景、360°媒体和步行模拟器。

(1) 交互虚拟场景

该类别基于第一人称体验进行扩展，即用户在沉浸于虚拟场景中时，能够与场景以及场景中的物体进行交互。该类别在虚拟现实项目开发中占很大比例，包括虚拟导览、虚拟展馆、医学、游戏等（图5-1所示，为交互虚拟场景项目案例）。其中交互部分将允许用户在虚拟世界中进行各种动作。例如，用户可以通过手柄进行操控，通过触摸操控或者遥感在虚拟世界中移动，而不是进行传统的操作。这样能够增强应用的交互性和趣味性。另外，用户还能进行相关的操作。例如，基于定位手套的虚拟手势、基于全向跑步机的真实移动、基于力反馈套件进行的触觉模拟等。通过虚拟世界的交互，能够让用户与应用中映射的虚拟用户进行真正的互动。

图5-1 交互虚拟场景项目案例

此类虚拟现实项目的最大特点在于交互方式的多维度与高适配性。与传统的计算机软件中键鼠输入操作和屏幕显示输出操作对应所有应用情况的单调交互模式相比，交互式虚拟场景可以针对应用内容的不同，采取多维度的输入方式与输出方式。例如，在射击游戏类的应用环境中，同时将用户的脚、头和手等多个位置和朝向信息、身体的姿势信息等作为多维度输入，然后通过头戴显示器的屏幕输出画面信息，通过可穿戴设备来进行受击反馈。输入和输出信息的维度都是传统计算机应用所无法比拟的。除此之外，交互虚拟场景的交互方式还具有高度的适配性，能根据应用内容的不同提供最具沉浸式的交互体验。例如，在射击游戏中可以采用模拟枪械作为输入设备，而在虚拟医疗应用中则以数据手套和数字手术刀等作为输入设备。根据应用场景的不同，采用高度定制化的输入和输出设备，可以最大限度地提升用户的真实体验感。

(2) 360°媒体

将基于全景或光场设备制作的媒体内容投影在一个球的内部，用户可以处于球体中间来进行全景查看。图5-2展示了以故宫导览为应用目的的360°媒体项目案例。相比于一般的虚拟现实内容，该类虚拟现实项目仅通过渲染一个球体就能获得一定的沉浸体验。此外，该类VR项目可以和简单的模型场景结合，进一步提升沉浸感。该类别相较于一般的虚拟内容成本更低、性价比更高，但对摄影硬件有一定要求，它被大量应用于房屋导览、VR看房等。

图5-2 360°媒体项目案例

360°媒体不但能够让用户欣赏到更接近真实世界的场景，还能够带给用户身临其境的观看体验，同时它还有如下特点。

- 全方位：以圆形视角全面展示了球型范围内的所有景观，并且用户可以随意拖动场景观看不同角度和方向。
- 实景：全景图片采纳真实的场景，通过现场拍摄真实照片和后期软件的合成来获取，保证了真实性。
- 软件处理效率高：通过后期的技术处理，平面全景照片可呈现立体图像，让用户有身临其境的体验。相较于三维制作，它的制作周期短、开发成本低，且时效性强。对播放设备的要求较低，普通计算机和手机均可播放。

（3）步行模拟器

该类别在内容方面可以和上述两类相同，但是它在交互方面限制了用户的主动性。应用在内部提供了一或多种路线，用户只需要沿着该路线游览来完成虚拟现实体验。开发者可以更容易地把控内容，设计合理的路线来降低开发成本。如图5-3所示，在艺术展览馆项目中，采用步行模拟器的方式，可以使艺术展览馆的深度效果更具备现实中的过程观赏感。

图5-3 步行模拟器项目案例

2. 虚拟项目系统类型

在明确项目开发类型的前提下，需要确定项目开发系统。具体来说，根据用户参与和沉浸感程度，我们通常把虚拟现实系统分为四大类：桌面虚拟现实系统、沉浸式虚拟现实系统、增强虚拟现实系统和分布式虚拟现实系统。

（1）桌面虚拟现实系统

桌面虚拟现实（desktop VR）系统是一套基于普通个人计算机（PC）平台的小型桌面虚拟现实系统。使用PC或初级图形PC工作站产生仿真，计算机的屏幕作为用户观察虚拟环境的窗口。用户坐在显示器前，佩戴好立体眼镜，并利用位置跟踪器、数据手套或者六自由度三维空间鼠标等设备操作虚拟场景中的各种对象，可以在360°范围内浏览虚拟世界。然而，用户是不完全投入的，因为即使佩戴了立体眼镜，屏幕的视场角也仅有20°~30°，仍然会受到周围现实环境的干扰。

桌面虚拟现实系统虽然没有头盔显示器的投入效果，但已满足虚拟现实技术的技术要求，并且其成本相对低很多，因此目前应用较为广泛。例如，学生可在室内参观虚拟校园、虚拟教室或虚拟实验室等；虚拟小区、虚拟样板房不仅为买房者带来了便利，也为房屋上架带来了利益。桌面虚拟现实系统主要用于计算机辅助设计、计算机辅助制造（见图5-4）、建筑设计、桌面游戏、军事模拟、生物工程、航天航空、医学工程和科学可视化等领域。

（2）沉浸式虚拟实现系统

沉浸式虚拟现实（immersive VR）系统是一种高级、较理想、较复杂的虚拟现实系统。它采用封闭的场景和音响系统将用户的视听觉与外界隔离，使用户完全置身于计算机生成的环境中。用户通过利用空间跟踪定位器、数据手套和三维鼠标等输入设备输入相关数据和命令，计算机根据获取的数据测得用户的运动和姿态，并将其反馈到生成的视景中，使用户产生一种身临其境和完全沉浸的体验。沉浸式虚拟现实系统的特点如下。

- 具有高度实时性。当用户转动头部改变视角时，空间跟踪定位器及时检测位置信息并输入计算机，由计算机计算，快速地输出相应的场景。为使场景快速平滑地连续显示，系统必须具有足够小的延迟，包括传感器延迟、计算机计算延迟等。
- 具有高度沉浸感。沉浸式虚拟现实系统必须使用户与真实世界完全隔离，不受外界的干扰，依据相应的输入和输出设备，完全沉浸在环境中。

图 5-4　桌面虚拟现实系统效果图

- 具有先进的软硬件。为了提供更接近真实的体验并尽量减少系统的延迟，必须尽可能利用先进且相互兼容的硬件和软件。
- 具有并行处理功能。这是虚拟现实的基本特性，用户的每一个动作都涉及多个设备总和应用。例如，当用户的手指指向一个方向并说"去那里"时，会同时激活三个设备，即头戴设备、数据传输设备及语音输入/输出设备，产生三个同步事件。
- 具有良好的系统整合性。在虚拟环境中，硬件设备相互兼容，并与软件系统很好地结合和相互作用，构造一个更加灵活、灵巧的虚拟现实系统。

沉浸式虚拟现实系统的类型包括头盔式虚线现实系统、洞穴式虚拟现实系统、座舱式虚拟现实系统、投影式虚拟现实系统和远程存在系统等。

- 头盔式虚拟现实系统。采用头盔显示器实现单用户的立体视觉和听觉的输出，使用户完全沉浸在其中。
- 洞穴式虚拟现实系统。该系统是一种基于多通道视景同步技术和立体显示技术的房间式投影可视协同环境，可提供一个房间大小的四面（或六面）立方体投影显示空间，可供多人参与。所有参与者均完全沉浸在一个被立体投影画面包围的高级虚拟仿真环境中，借助相应虚拟显示交互设备（如数据手套、力反馈装置、空间跟踪定位器等），获得一种身临其境的高分辨率三维立体视听影响和六自由度的交互感受。
- 座舱式虚拟现实系统。座舱是一种最为古老的虚拟现实模拟器。当用户进入座舱后，不用佩戴任何显示设备，就可以通过座舱的窗口观看虚拟世界。该窗口由一个或者多个计算机显示器或者视频监视器组成，用于显示虚拟场景，这种座舱为参与者提供的沉浸感类似于头盔显示器。
- 投影式虚拟现实系统。该系统通过一个或多个大屏幕投影来实现大画面的立体视觉和听觉效果，使多个用户同时具有完全沉浸的感觉。
- 远程存在系统。远程存在是一种远程控制形式，用户虽然与某个真实现场相隔遥远，但可以通过计算机和电子装置获得足够的现实感觉和交互反馈，恰似身临其境，并可以介入，对现场进行遥操作。此系统需要一个立体显示器和两台摄像机生成的三维图像。这种图像使用户产生立体感，使虚拟场景更加清晰和真实。

（3）增强虚拟现实系统

增强虚拟现实（aggrandize VR）系统的产生得益于计算机图形学技术的迅速发展，是近年来国内外众多知名学府和研究机构的研究热点之一。它借助计算机图形技术和可视化技术产生现实环境中不存在的虚拟对象，并通过传感技术将虚拟对象准确"放置"在真实环境中。显示设备可以将虚拟对象与真实环境融为一体，并呈献给用户一个感官效果真实的新环境。因此，增强虚拟现实系统具有虚拟结合、实时交互和三维注册的新特点。常见的增强虚拟现实系统主要包括基于台式图形显示器的系统、基于单眼显示器的系统、基于光学透视式头盔显示器的系统，以及基于视频透视式头盔显示器的系统。

增强现实是在虚拟环境与真实世界的沟壑间架起的一座桥梁。因此，增强现实的应用潜力巨大，在尖端武器和飞行器的研制和开发、数据模型的可视化、虚拟训练、娱乐与艺术等领域都具有广泛的应用。此外，由于它具有能够对真实环境进行增强现实输出的特性，增强现实技术在医疗研究和解剖训练、精密仪器制造和维修、军用飞机导航、工程设计和远程机器人控制等领域具有比其他 VR 技术更加显著的优势。

（4）分布式虚拟现实系统

分布式虚拟现实（distributed VR）系统是基于网络的可供异地、多用户同时参与的分布式虚拟环境。在该系统中，位于不同物理位置的多个用户或多个虚拟环境通过网络相连接，使多个用户能同时参加同一个虚拟现实环境，通过计算机与其他用户进行交互和共享信息，并对同一个虚拟世界进行观察和操作，以达到协同工作的目的。

分布式虚拟现实系统具有以下特征：
- 共享的虚拟工作空间；
- 伪实体的行为真实感；
- 支持实时交互，共享时钟；
- 多个用户以多种方式相互通信；
- 资源信息共享，允许用户操作环境中的对象。

目前，分布式虚拟现实系统在远程教育、科学计算可视化、工程技术、建筑、电子商务、交互式娱乐和艺术等领域有着极其广泛的应用。利用它，我们可以创建多媒体通信、设计协作系统、实境式电子商务、网络游戏和虚拟社区等应用系统。

5.2.2 流程设计及团队分工

虚拟现实项目设计按优先级排序可分为以下四个部分：
- 明确各角色在团队中需要关注的内容和分工；
- 设计工具的使用；
- 用户研究方法和用户需求管理；
- 设计原则（设计规范）的归纳和建立。

虚拟现实项目设计流程如图 5-5 所示，首先要明确如下各个职责。

1）建立工作流程：针对 VR 设计各个主要环节的流程及配合方式进行梳理，绘制流程图。

2）梳理工作内容：主要包括流程各部分人员职责、主要产出物、配合方式。明确 VR 项目设计中各职能的责任范围及产出物。通过实际项目逐步建立起各个产出物的规范模板，将项目流程标准化。

3）设计工具的使用。

设计工具的确定过程中，主要需要考虑以下方面的内容：

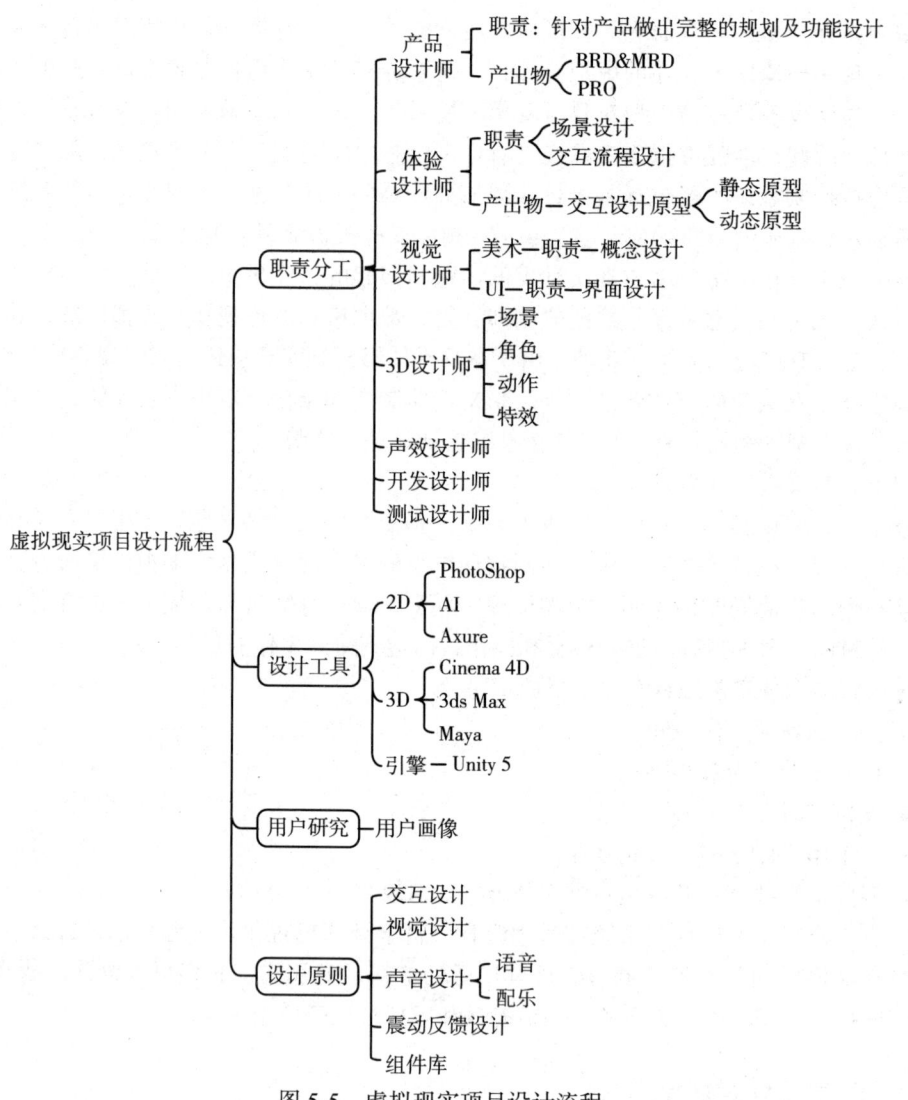

```
虚拟现实项目设计流程
├─ 职责分工
│   ├─ 产品设计师
│   │   ├─ 职责：针对产品做出完整的规划及功能设计
│   │   └─ 产出物 ─ BRD&MRD / PRO
│   ├─ 体验设计师
│   │   ├─ 职责 ─ 场景设计 / 交互流程设计
│   │   └─ 产出物 ─ 交互设计原型 ─ 静态原型 / 动态原型
│   ├─ 视觉设计师
│   │   ├─ 美术─职责─概念设计
│   │   └─ UI─职责─界面设计
│   ├─ 3D设计师 ─ 场景 / 角色 / 动作 / 特效
│   ├─ 声效设计师
│   ├─ 开发设计师
│   └─ 测试设计师
├─ 设计工具
│   ├─ 2D ─ PhotoShop / AI / Axure
│   ├─ 3D ─ Cinema 4D / 3ds Max / Maya
│   └─ 引擎 ─ Unity 5
├─ 用户研究 ─ 用户画像
└─ 设计原则
    ├─ 交互设计
    ├─ 视觉设计
    ├─ 声音设计 ─ 语音 / 配乐
    ├─ 震动反馈设计
    └─ 组件库
```

图 5-5　虚拟现实项目设计流程

- 研究并确定需要使用哪些工具进行设计并进行试用。
- 针对主要工具对全员进行培训，掌握工具的基本使用方法。传统的 2D 类设计软件（如 Axure）已不能快速、方便地展现 3D 空间类产品的设计思路。在 2D 的限制下做 3D 设计，流程烦琐且没有办法进行迭代修改。因此，各个设计环节掌握 3D 类主要工具的基础使用方法非常必要。为了更好地建立空间立体思维，最佳的方式莫过于使用 3D 设计软件进行设计。在设计过程中，传统 2D 设计师能够很好地将思路拓宽到空间中进行表现。
- 针对游戏引擎（Unity）进行基本学习和使用，可以更好地帮助大家学习理解 3D 游戏、VR 产品的设计和实现原理，以避免设计师的设计内容无法实现。

4）建立用户研究和需求池：针对 VR 方向的用户研究和 VR 用户需求建立框架和内容规划，梳理流程并制定需求池模板。

需求池建立极其重要，因为需求的获取和转化是产品设计的重要工作。在用户研究工作过程中，我们常常把需求部分的提炼和思考弱化，错误地认为用户反馈的需求就是真正的用户需求。但实际上，用户研究和需求设计是共通的。因此，建立需求池可以更有针对性地了解虚拟现实用户到底需要什么。通过用户画像、故事版等用户研究手段获取到的需求，我们可以将其转化到需求池中，进行需求的整理和沉淀，这更有利于我们后期对产品进行快速和准确的设计。

5）设计原则和规范：建立 VR 设计规范的框架，列举 VR 设计规范所涉及的内容和方向。

目前已有的 VR 产品大部分并不成熟。我们知道，产品体验最重要的一点是保持规范性和统一性。虚拟现实产品区别于传统互联网产品，设计者关注的不仅仅是视觉画面对使用者造成的影响，声音、触感、空间操控方式都会对 VR 使用者的用户体验造成巨大影响。现有可查的交互规范有 Google 的 Cardboard 交互设计规范，但这仅针对移动端 VR 设备。因此，我们希望在 VR 用户体验的学习和研究中，能够总结和发现一些适合 VR 某一类产品的原则。后续的任务就是对各个方向建立规范和模板，逐渐向其中填充内容，并持续进行迭代。同时，建立各规范组件库，对同样的设计内容进行复用。

针对上述职责，本章以"Submersion"（沉没）VR 项目的内容需求设计为例，对设计团队的分工及其主要任务和交付产物进行描述，如表 5-1~ 表 5-5 所示。

表 5-1 美术设计人员的主要任务与交付产物

主要任务	在 VR 项目中，美术人员的需求占比较大，具体分为角色设计师、场景设计师、特效设计师、动作设计师等。其主要任务为绘制 2D 美术概念稿（如角色、场景和特效等）
主要工具	Sketch
交付产物	场景、角色、动作、特效设计方案，图 5-6 和图 5-7 为 2D、3D 场景平面设计实例

图 5-6 2D 场景平面图示例

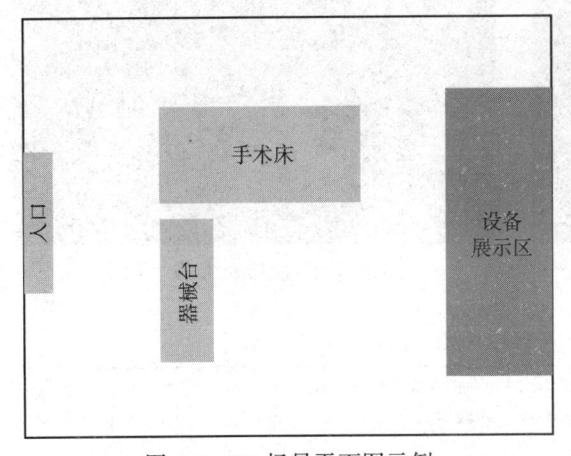

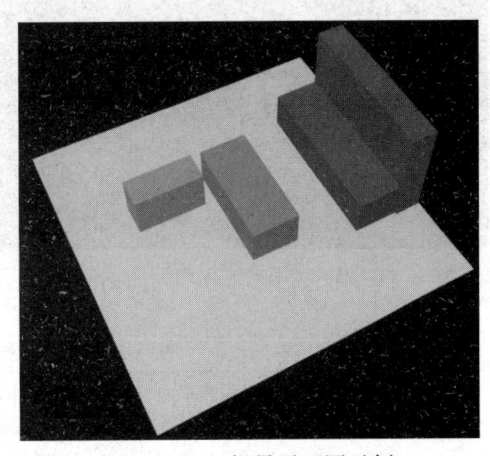

图 5-7 3D 场景平面图示例

表 5-2 产品设计师的主要任务与交付产物

主要任务	• 功能设计：明确产品应实现的功能和功能背后的业务逻辑 • 场景规划（有几个场景）：划分出不同的场景并进行罗列，输出场景列表。值得注意的是，通常美术设计师与产品设计师会进行共同设计
交付产物	需求设计说明书、场景规划说明书

表 5-3　交互设计师的主要任务与交付产物

主要任务	• 交互流程设计：细化 3D 场景。设计交互设计流程，完成交互设计原型文档（直接用 Cinema 4D 做好截图到 Axure 中添加交互说明），分别把各个场景串起来，完成交互原型。图 5-8 展示了 VR 项目的交互原型设计示例图 • 3D 场景优化设计：对 3D 场景进行设计优化并搭建 3D 场景原型
主要工具	Cinema 4D、Axure
交付产物	交互设计原型文档

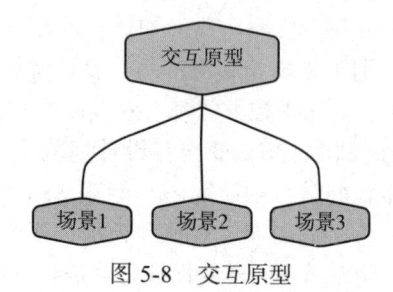

图 5-8　交互原型

表 5-4　UI&UE 的主要任务与交付产物

主要任务	UI 人员主要负责设计用户界面，UE 人员主要负责设计交互体验。要求 UI 人员和 UE 人员熟知 VR 类硬件产品的特点，并根据硬件特点进行交互设计
主要工具	Sketch 等
交付产物	界面设计方案和交互体验设计方案如图 5-9、图 5-10 所示

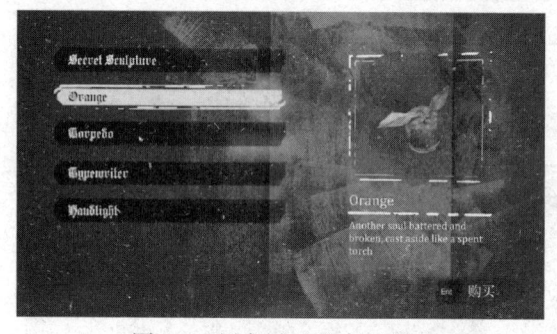

图 5-9　用户界面设计图示例

图 5-10　交互体验设计示例

表 5-5　开发人员的主要任务与交付产物

主要任务	主要分为客户端、服务端和硬件开发人员。如果是单机版 VR 资源，则只需要客户端开发人员即可；如果是联网游戏，则需要客户端和服务端人员；如需改造硬件，则需要硬件工程师的参与
主要工具	Unity、Unreal 等引擎
交付产物	软件成品

5.2.3　设计目标和原则

在进行虚拟现实项目设计时，首先需要明确设计的目标和原则。在此基础上，进一步了解设计与开发的整个流程。

虚拟现实项目设计的目标如下。
- 使用户有近乎真实的体验。通过构建虚拟世界，使用户完全沉浸于虚拟世界中。理想的虚拟世界应达到用户难以分辨真假的程度，这种沉浸感的意义在于可以使用户集中注意力。为了达到这一目标，虚拟现实系统必须具备多感知的能力。理想的虚拟现实系统应具备人类所具有的一切感知能力，包括视觉、听觉、触觉，甚至味觉和嗅觉。
- 系统需要提供方便、丰富，且主要基于自然技能的人机交互手段。这些手段使得参与者能够对虚拟环境进行实时操纵，能从虚拟环境中得到反馈信息，也便于系统了解用户关键部位的位置、状态等各种系统需要获取的数据。同时，应高度重视实时性。如果在人机交互时存在较大延迟，与用户的心理经验不一致，那么就谈不上以自然技能进行交互，用户也很难获得沉浸感。为达到实时性的目标，高速计算和处理必不可少。

虚拟现实内容设计的原则如下。
- 目的性：在进行虚拟现实项目开发之前，应明确开发内容的定位，即开发的内容是面向用户的还是面向体验的。如果是面向用户的内容设计，那么就应该明确所开发内容服务的用户群体，以用户为中心，根据用户的潜在需求进行内容上的设计。如果是面向体验的内容设计，那么就应该首先预设好开发的内容能带给用户的体验，然后再对内容进行详细设计。
- 舒适性：设计一个让人感觉舒适的体验是最重要的原则。虚拟现实可能会让用户感到眩晕，因为用户的身体是静止的，但用户可能观察的是一个正在移动的环境。提供一个固定的参考点，如在移动时与用户保持同步的地平线或仪表板，可帮助用户缓解眩晕。如果在虚拟现实应用设计中有较多动作，如加速、缩放、跳跃等，这些动作必须由用户控制。就像在现实世界中一样，人们在过小、过大或高空的环境中很容易感到不舒服，所以在进行虚拟现实应用设计时，了解并掌握尺度非常重要。在虚拟环境中，有很多方法可以引导用户感受空间尺度，包括音频和光线等非空间方法。音频可以用于空间定位，而光线可以用来揭示路径。用户与虚拟现实系统的互动需要尽可能自然和直观。虚拟现实系统应为用户提供以自然技能等方式与数字世界进行交互的手段，而并非要求用户适应现有技术支持的有限互动。
- 创造性：在开发虚拟现实应用时，不应该不假思索地在虚拟世界中复制现实环境。用户更期望能在虚拟世界中体验更加五彩斑斓的世界。例如，谷歌 Daydream 团队开发的一款名为 Fruit Salad 的切水果模拟器。用户可以站在砧板旁边，用虚拟的水果刀切水果。如果将整个虚拟场景设计为厨房环境，那么用户体验会差一些。但如果将场景设计为天空环境，让抽象的巨型水果漂浮在四周，效果就会显著提升。
- 想象性：由于虚拟现实系统中仍然缺乏完整的触觉反馈系统，考虑联觉现象，即其中一种感觉的刺激导致另一种感觉的自动触发，声音是用户触摸物体时提供反馈的好方法。3D 声音技术允许用户判断声音是来自上方、下方还是后方。巧妙地利用声音反馈也可以提高整个系统的沉浸感，给用户带来更加真实的体验。相对于文字提示，用户更喜欢系统通过声音进行提示。因此，在进行虚拟现实内容开发时，应试图将内容中涉及的文字提示转化为声音提示，从而给用户带来更好的用户体验。

- 可靠性：VR 应用的可靠性意味着该应用在测试运行过程中有能力避免可能发生的故障，且一旦发生故障后，具有摆脱和排除故障的能力。随着 VR 应用的规模越来越大，应用也会越来越复杂，其可靠性也越来越难保证。VR 应用的可靠性直接关系到应用的生存发展和竞争能力。因此，如何提高 VR 应用的可靠性是虚拟现实内容设计的重要考虑因素。
- 健壮性：健壮性又称为鲁棒性，是指软件能够判断出不符合规范要求的输入，并可以设计出合理的处理方式。VR 应用的健壮性可直接影响用户在使用 VR 应用时的体验。因为不能强制要求用户输入规范的内容，所以在进行虚拟现实内容设计时应考虑用户可能的输入，并对不符合规范的输入设计合理的处理方式。

5.3 虚拟现实项目开发

本节将从虚拟现实项目开发的基本流程入手，然后分别对开发团队角色、内容制作方式、交互功能开发与重难点问题展开阐述。

5.3.1 项目开发流程

首先，开发者需要通过调研来分析待开发的虚拟现实项目各个模块的功能。因为开发过程中涉及的具体虚拟场景的模型和纹理贴图都来源于真实场景，所以应事先通过摄像技术采集材质纹理贴图和真实场景的平面模型，并利用 Photoshop、MAYA 或 3ds Max 来处理纹理和构建真实场景的三维模型。然后，将三维模型导入 Unity 3D、UE4 等虚拟现实开发引擎中，通过音效、图形界面、插件、灯光等设置渲染和编写交互代码，最后对项目进行发布。

1. 需求分析

对于每个开发的虚拟现实项目，都应该先进行需求分析。需求分析的充分程度直接影响后续的开发进度和质量。无论是 VR 应用还是其他应用软件，都应该以用户为中心，服务于用户。因为投入虚拟现实项目开发的资源是有限的，不能把所有的功能都实现，所以需要对功能进行取舍。通过充分的需求分析，可以对要实现的功能进行分级，优先实现等级高的功能，等级低的功能则作为后续的功能进行开发或者不进行开发。这样才能实现以有限的资源获得最大的效益。

2. 开发策划

根据需求分析的结果，对整个开发过程进行策划。首先针对整个 VR 应用进行整体的开发策划，然后针对每一部分做更详细的开发策划。对每一个要实现的功能进行详细的研究探讨，得出实现这一功能的详细方案。

3. 建模开发

根据开发策划得到的结果进行建模开发。建模是指构建场景的基本要素，在建模过程中同时需要进行模型优化。一个优秀的虚拟现实项目不仅需要运行流畅，给人逼真的体验，同时还要保证模型不能过于庞大。在建模过程中，可以使用制作简模的策略，即删除相交之后重复的面来实现减小模型大小的目的。

4. 交互开发

在模型建立后,就可以进行交互开发。交互开发也是虚拟现实项目的关键。Unity 3D 等虚拟现实开发引擎负责整个场景中的交互功能开发,是将虚拟场景与用户连接在一起的开发纽带,协调整个虚拟现实系统的工作和运转。三维模型在导入 Unity 3D 之前必须先导入材质,然后再导入模型,以防止丢失模型纹理材质。

5. 渲染

在整个虚拟现实内容开发过程中,交互是基础,渲染是关键。一个优秀的虚拟现实项目除了要求运行流畅外,还要具备优质的场景渲染。一个高质量、逼真的场景能给用户带来完全真实的沉浸感。也更容易被用户认可。基本的渲染任务都是通过插件来完成的,如在需要高亮的地方设置 Shader 插件。而渲染开发得到的效果就是让用户在看到台灯时能真正感受到发亮的效果。

6. 测试与发布

经过以上步骤的迭代开发,即可得到一个完整的 VR 应用。然后需要对该 VR 应用进行测试,并对未通过测试的部分进行修改,直到该 VR 应用通过所有测试。接下来,就可以发布该 VR 应用了。

5.3.2 开发团队角色

一个典型的 VR 项目开发团队角色构成如图 5-11 所示。

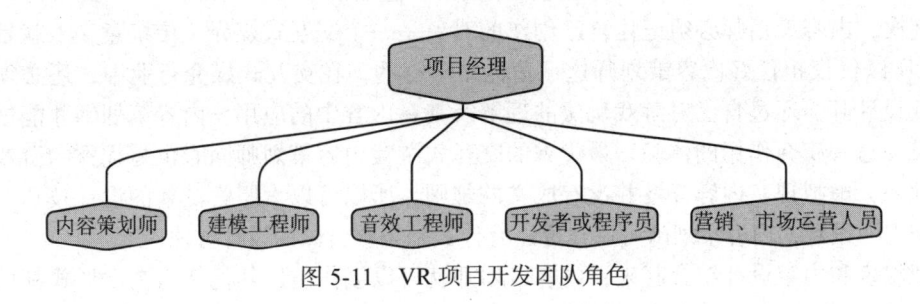

图 5-11 VR 项目开发团队角色

1. 项目经理

任何虚拟现实项目的开发都需要一个项目经理。如果没有一个人专注于确保项目在预算内完成且监督整个项目的进程,那么项目可能永远都无法完成。根据团队规模,项目经理在项目总负责人这一角色以外可能还要担任其他角色。项目管理和剧本创作、编程或 3D 设计一样,属于一种技能,需要项目经理不断学习和实践。在整个开发过程中,项目经理必须是一个领导者,在跟进项目现状和剩余时间的同时,要时刻牢记项目开发的最终目标。对于项目经理来说,最难的工作就是决定创建还是删除某个特性。项目经理必须衡量每个特性的经济效益、社会效益及其制作成本。因为可以添加的特性是无穷的,所以排列优先级才是最重要的。

项目经理不应事必躬亲地插手每个团队成员的工作,而应着眼于大局。对于项目经理来说，最佳实践就是给予团队成员所需的信息和工具，然后让他们放手去做。团队成员都是各自领域的专家，所以项目经理并不需要告诉他们怎么做，而应让他们有一个清晰的目标，明确什么是重要的，以确保在有限的时间内能够完成每部分工作。项目经理对项目的熟悉度也非常重要，同时，一个好的 VR 项目经理应对编程、3D 艺术、写作和声音技术都有所涉猎，这样他才能及时意识到预算或时间是否需要增加，或者某些特性是否需要删减。

2. 内容策划师

内容策划师的主要工作是创作虚拟现实项目开发的故事情节。要想制作有吸引力的 VR 内容，需要调动整个开发团队。那么内容策划师应该如何融入整个 VR 团队，使得整个团队都能很好地理解自己创作的内容呢？这取决于创作的内容对故事情节的依赖度。为了能够清楚地进行说明，下面将创作内容分为三类：故事情节驱动型内容、含故事情节型内容和无故事情节型内容。

1）故事情节驱动型内容。如果虚拟现实项目涉及的内容是靠故事情节驱动的，那么这种项目需要专业的故事创作型作家。在整个项目开发过程中，需要尽早将一名内容策划师加入项目，这样故事元素就能够指导整个内容开发过程，从而有效提升虚拟现实系统使用者的体验。

尽管如此，内容策划师仍需要注意几个关键事项。

首先，在设计故事情节和角色能力时，必须把模拟器眩晕症和控制输入等问题纳入考虑范围。如果内容策划师设计的玩家控制角色要通过后空翻来躲避敌人的进攻，那么这就可能严重破坏用户的舒适感。当内容策划师着手开发内容后，很可能会发现有些想法在 VR 中的效果不如想象中理想。因此，内容策划师必须具备强大的应变能力，能冷静处理这些问题，因为他们的决定可能会影响其他队员的工作进程。

其次，内容策划师必须记住自己创作的对象是一个交互式媒介（传统意义上就是指游戏），所以仅仅担任好内容策划师这一角色是不够的，在交互式媒介行业中，还必须是一个游戏设计师。通过自己对游戏玩法的理解及其在内容中的应用，内容策划师才能创作出充分发挥这一媒介作用的体验。最优秀的交互式游戏内容策划师同时也是优秀的游戏设计师。此外，虚拟现实内容开发并没有成文的规则，所以可以大胆尝试新的设计技巧。通过了解前人的设计，内容策划师可以知道还有什么是未被尝试的设计方法。

把叙事和内容设计结合起来，内容策划师就可以创作出比其他任何艺术形式都更吸引人的体验。故事驱动型内容将不断增加，就算脱离 VR 也是如此。因为技术越来越标准化，画面质量也越来越逼真，所以故事在区分内容质量高低上的作用就变得更加重要了。

2）含故事情节型内容。故事情节驱动型内容将不断增多，重度依赖交互体验技术的内容也将层出不穷。但如今大部分 VR 游戏却不属于其中，相较于游戏玩法，故事对玩家的吸引力要小得多。尽管如此，还是要尽早让内容策划师加入虚拟现实内容的设计开发。参与这类游戏的内容策划师依然需要过硬的游戏设计知识，但他们可能不得不在故事情节发展上对其他团队成员（主要对于带头的游戏设计师）做出让步。例如，内容策划师可能很想让玩家体验作为配角的感受，但游戏设计师不愿再花时间设计一套不同的能力组合，他们希望整个游戏的玩法体验能够保持一致，而且设计这样一个功能所耗费的额外资源可能比这个功能所带来的收益要多。面对这种情况，灵活应变更为重要。

3）无故事情节型内容。有些内容是没有故事的，这通常意味着这个项目不需要内容策划师。不过，如果能让一个内容策划师来创作对话、指示语或游戏中的其他文字内容，也是非常有益的。总的来说，哪怕只有一点点故事情节，对于游戏来说都是有利的。例如，对简单的翻越障碍游戏和著名的《超级马里奥》游戏做对比，马里奥为了拯救公主才会不断翻越障碍，冲破重重阻隔。这样简单的故事情节赋予了《超级马里奥》这款游戏更多趣味性。

3. 建模工程师

在 3D VR 环境中，建模工程师使用引擎描绘虚拟世界和角色。建模工程师是创作 VR 内容的工匠，为虚拟现实内容开发团队创作逼真的虚拟环境、角色和特效。

建模工程师都倾向于追求最美观、最高清的模型，但更重要的是，他们能够在项目预算和时间限制内创作出所有必备的内容。一个充满艺术感但看起来像是用十年前的老引擎做出来的产品，比一个既漂亮又先进但却需要花光所有经费的半成品要好得多。从项目一开始，建模工程师就需要和团队成员对内容的具体参数规格达成一致意见，并认清自己的极限。更高的质量和更多的图像意味着这个项目需要更多的建模工程师。

建模工程师需要时刻谨记传统的设计手法，比如灯光，它必须表现出 VR 的 3D 深度。立体的 3D 显示能够让画面的深度感更加真实，但如果没有恰当的灯光、比例等元素，画面中的环境和物体都会显得不好看。因此，在建模过程中要特别注意环境和角色的沉浸感。理想的 VR 效果是使所有元素都能和谐共处，不会让用户产生违和感。

建模工程师可以进一步细分为原画师、模型构建师和特效设计师等。首先，原画师需要根据内容策划师设计的内容，收集所需的环境、道具和人物角色等素材；然后，根据这些收集到的素材进行原画创作；最后，将创作好的原画交给模型构建师。模型构建师的任务是根据原画师创作的原画，构建出所需的环境、道具和人物角色等三维模型。而特效设计师则需要根据内容策划师设计的内容，收集所需的特效资源，并创作出符合设计内容的特效。

4. 音效工程师

音效工程师的工作是获得或创作出虚拟现实项目开发所需的全部声音效果，也就是说，他需要和作曲家共谱配乐，或者获权使用他人的音乐，聘请配音演员来录制角色对话，和音效设计师一起创作环绕音和音效。音效工程师可能有能力完成部分任务，但其最终的职责是凑齐产品所需的所有声音，并和程序员沟通，把声音加入开发的虚拟现实项目当中。同时，音效工程师还要与内容策划师和建模工程师合作，确保声音与故事情节和环境搭配得当。如果聘请了配音演员，那么要保证在录制声音的过程中内容策划师也参与其中，以防配音演员和音效工程师想要临时改变内容，也方便内容策划师把具体情节和要求告知配音演员。

沉浸感强的音乐可以让虚拟世界变得更加真实。如果一头狮子从左边袭击你，那么在它扑过来之前，咆哮声将出现在你的左边，这比双耳听到一样的声音要更具沉浸感。同时，也需要根据需要选择已有的 3D 音效引擎和软件。Vive 和 Oculus 的头显都内置了耳机，Unity 3D 等虚拟现实开发引擎也开始加入空间音效插件。但由于沉浸式音效的解决方案才刚刚起步，因此后续的发展需要音效工程师的创新与努力。要打造真正具有沉浸感的 3D 体验，设计精良的 3D 音效必不可少。

5. 开发者或程序员

程序员是虚拟现实项目开发的基础，他们利用高度专业化的技能来实现虚拟现实项目开发过程中涉及的交互。目前，一些 2D 游戏开发平台已经不再需要编程，但 3D 虚拟现实项目的开发还没有类似的系统。此外，就算有这样的系统，程序员也可以大大增加设计的可能性。

项目的规模和时间轴直接决定了一个虚拟现实项目需要的程序员数量。所以，在项目一开始就需要确定项目的规模和所需开发人员的数量。

在 VR 设计过程中，由于 Unity 3D 和 UE4 等虚拟现实开发引擎拥有非常丰富的资源，程序员主要的工作就是将美工和引擎元素相融合，以确保它们能够正常交互，如控制 VR 摄像头的正常运转、编写人工智能行为模式、为多人游戏构建网络连接、创建菜单逻辑等。

同时，虚拟现实项目开发涉及的内容类型也将对程序员提出不同要求。如果要开发一款 VR 游戏，那么可能需要找一些有游戏开发经验的程序员；如果想打造的体验是完全被动式的，如 VR 影院等，那么对编程的要求就会很低，程序员工作的核心是交互体验。

作为一名程序员，必须和其他的队友沟通，以确保自己和队友的工作都朝着成品目标的方向推进。因为团队很有可能把时间耗费在无足轻重的细节上或者那些由于设计变更而被砍掉的部分上。程序员应该时刻牢记最终目标，和队友保持明确的沟通，这样可以防止浪费时间，同时定期进行复查和沟通也可以省去很多做"无用功"的时间。

6. 营销、市场运营人员

无论开发的虚拟现实项目有多出色，如果没人知道也不会有人来购买。好的营销能让开发的虚拟现实项目的目标受众对产品产生兴奋和期待，并积极去了解获取方式。VR 市场在初期由一群忠实的玩家和 VR 爱好者组成，而后渐渐地延伸到每个拥有计算设备的人。营销是一门专业技能，但不能只满足于传统的营销手段。一个团队需要确保有一个人专门负责推销开发的项目。

虚拟现实项目的后期维护也是极其必要的。好的市场运营可以为团队赢来更多的忠实用户，也会为后续的虚拟现实项目的设计开发以及产品的销售提供动力。同时，产品在市场中运行服务也会出现各种问题，这些问题都需要市场运营人员来及时维护，这样才能使产品不断地"存活"下去。

5.3.3 虚拟现实内容制作方式

虚拟现实内容的制作方式可大致分为建模工程师利用建模软件进行手工建模、静态建模和全景拍摄三种。

1. 手工建模

手工建模是指建模工程师根据虚拟现实内容开发的需要，利用 3D 建模软件进行建模工作。目前常用的 3D 建模软件有 3ds Max、XSI、MAYA、Blender、Cinema 4D、Mudbox 和 ZBrush。

2. 静态建模

静态建模是指针对静态对象（主要包括道具及角色）实现快速图像采集并生成高精度、

高还原度的通用 3D 模型。目前常用的静态建模方式包括三维激光扫描和拍摄建模两种。

3. 全景拍摄

全景拍摄是指对被拍摄对象进行 720° 环绕拍摄，最后将所有拍摄得到的图片拼成一张全景图片，从而完成对被拍摄对象的建模任务。720° 全景是指超过人眼正常视角的图像，即水平 360° 和垂直 360° 环视的效果。虽然照片都是平面的，但通过软件处理之后可以得到三维立体空间的 360° 全景图像，给人以三维立体的空间感觉。

5.3.4 交互功能开发

本节将对交互功能的开发步骤进行介绍，如下所示。

1）前期交互功能分析与方案确定：对整个系统需要实现的交互功能进行前期分析，包括功能设计分析与特效实现设计分析两部分，并根据分析结果安排具体开发流程与分工。

2）模型数据导入：从建模工程师处获得三维模型文件，并导入交互开发平台中。

3）交互功能设计：按照前期确定的交互设计方案，以模块化设计方式在项目中编写独立功能模块，每一项功能调试完毕后再加入下一个功能，以确保整体交互程序的顺利运行以及各功能模块之间的配合与衔接。

4）特效设计：使用交互开发平台中已有的特效模块对画面进行整体视觉效果的调整，并根据实际需求加入雾效、粒子云层、动态喷泉水流以及立体声音效等。

5）运行程序发布：在完成交互功能设计与整体功能测试之后，按照具体使用要求发布成可执行文件。此外，可根据使用环境，连接外部控制器以及虚拟现实头戴式显示器。

5.3.5 项目开发的重难点问题

VR 项目开发遇到的最大难点来自眩晕感、交互精确度与帧率三个方面，以下为具体说明。

- 眩晕感：VR 带来的眩晕感是因为看见的方向与前庭感知的方向不同，这种眩晕是因为虚拟计算机成像而造成的晕眩。这是视觉技术上的问题，因为用户的本体感觉与视觉系统不同步，晕车或晕船也是同样的道理。当用户的头戴设备显示速度跟不上用户的身体移动速度时，就会引起不同步问题，从而让用户产生眩晕感。
- 交互精准度：VR 开发中有些应用对交互精准度有一定需求。例如，《半衰期：爱莉克斯》具有较快的对战节奏和更自由的游戏空间，玩家在游戏中需要通过肢体做出比较快速的反应。无论是躲避怪物的攻击、随手捡起物品来遮挡怪物的攻击，还是用手中的枪开枪反击，这些动作都需要在短时间内高速且精确地完成。因此，游戏整体过程中一方面考验的是玩家的反应速度，另一方面考验的是 VR 设备对于定位的精准度、动作反馈延时的敏感度。
- 帧率：传统的 60fps 对于 VR 设备来说是远远不够的，因为这个帧数根本无法得到良好的 VR 体验。对于 VR 应用最好的帧率是 120fps，最低也需要达到 90fps。在虚拟现实环境下，任何丢帧都会让用户感到非常不适。

5.4 虚拟现实项目测试

VR 项目测试标准与软件项目开发标准既有相似之处，又存在一定的不同。例如，与非 VR 项目开发一样，VR 项目也需要进行功能、用户界面差异等方面的测试。但由于 VR 项目对沉浸感、多感知和交互性有一定要求，因此它也对测试制定了相应的标准。本章将对 VR 项目的测试标准和测试方法进行详细说明。

5.4.1 测试标准

1）平均响应时间：虚拟现实应用软件对请求做出响应的平均时间。平均响应时间 T 表示为

$$T = \frac{\sum_{i=1}^{n} T_i}{n}$$

其中，T_i 为第 i 次请求的响应时间，单位为 s。

2）最大响应时间：虚拟现实应用软件对请求做出响应的最长时间。最大响应时间表示为

$$T_{\max} = \max\{T_{i_1} - T_{i_0}\}$$

其中，T_{i_1} 为执行第 i 次请求的结果呈现结束的时间，T_{i_0} 为用户或设备第 i 次发出请求的时间。

3）渲染帧率：虚拟现实应用软件在运行期间调用 GPU 进行渲染时平均每秒渲染帧数。渲染帧率 P 的计算公式为

$$P = \frac{N}{T}$$

其中，N 为运行期间渲染帧数，T 为运行期间时长。

4）资源冗余数量比：虚拟现实应用软件资源包里所包含重复资源数占总资源数的百分比。

5）资源冗余空间比：虚拟现实应用软件数据库所包含重复资源字节数占总资源字节数的百分比。

6）界面元素：虚拟现实应用软件系统中满足用户交互需求的一系列元素，如窗口、对话框、模型、文本、菜单、图形、按钮等。

5.4.2 基本要求

1. 功能适应性要求

1）输入能力要求：虚拟现实应用软件应具有说明书描述的，通过相机、键盘、鼠标、虚拟键盘、触摸屏、麦克风、手柄、数据手套等一种或几种输入设备向虚拟现实应用软件输入信息的能力。

2）输出能力要求：虚拟现实应用软件应具有说明书描述的，向用户输出视觉、听觉、触觉、味觉以及嗅觉等一种或多种信息的能力。

3）定位要求：虚拟现实应用软件应能够确定其承载设备的运动信息，并且能以三自由度或六自由度方式描述此类运动信息。

2. 运行效率要求

1）平均响应时间要求：虚拟现实应用软件界面跳转加载缓冲的平均响应时间不应超过 3s。

2）最大响应时间要求：虚拟现实应用软件界面跳转加载缓冲的最大响应时间不应超过 8s。

3）渲染帧率要求：选择合适的镜头移动速率，在最准确的时刻渲染出准确的一帧，渲染帧率不应低于显示设备的刷新率。

4）资源利用性要求：虚拟现实应用软件资源利用性宜考虑以下方面。

- CPU 占用率不应高于 85%。
- 内存占用率不应高于 90%。
- 硬盘读写时间占比不应高于 90%。
- 资源冗余数量比不应高于 50%。
- 资源冗余空间比不应高于 50%。

3. 易用性要求

1）界面架构清晰性要求：虚拟现实应用软件界面结构应能够支持新用户在没有受到培训情况下按界面提示完成常规的交互操作，如软件的打开、退出、选择等。

2）操作引导有效性要求：虚拟现实应用软件具有以下支持有效引导的能力。

- 软件界面中应包含用户操作方式引导。
- 软件应保证用户可以通过操作方式引导完成相应的操作。
- 用户完成相应操作后，软件应给予用户引导或提示。

3）操作方式适配性要求：操作方式适配性要求如下。

- 软件的操作方式不应超出设备支持的操作方式。
- 软件的操作方式应至少包含一种设备支持的操作方式。

4）交互操作舒适性要求：虚拟现实应用软件的交互操作应确保用户使用时不易产生疲劳、眩晕等不适感。

5）交互操作准确性要求：虚拟现实应用软件具有以下支持准确进行交互操作的能力。

- 软件应提供清晰的、容易分辨和选择的界面元素。
- 软件应确保同一用户完成同一操作的准确性达到 90% 以上。

6）交互操作反馈要求：虚拟现实应用软件具有以下交互操作反馈能力。

- 用户完成交互操作后，软件应在界面上呈现操作结果，如界面跳转、色彩变化、界面元素变化、动作特效、声音或其他类型的反馈。
- 从交互操作完成到呈现出操作结果，其间延迟不宜超过 2s。

4. 可靠性

1）成熟性要求：虚拟现实应用软件具有以下防止错误后果蔓延的能力。
- 软件在运行期间出现错误后，应给出针对该错误的反馈信息。
- 软件在运行期间出现错误后，不应出现非正常退出或者导致操作系统或其他软件崩溃的情况。
- 软件运行期间出现错误后，软件其他功能不应出现失效。

2）容错性要求：虚拟现实应用软件容错要求如下。
- 输入操作错误时，软件应能呈现相应的出错提示信息。
- 输入操作错误时，软件不应出现非正常退出或崩溃。
- 输入操作错误时，不应导致软件其他功能失效。

3）易恢复性要求：虚拟现实应用软件具有以下能力。
- 系统对应用软件系统的数据应进行可靠备份。
- 应用软件系统的重启应能完成软件系统重组和降级使用。
- 应用软件应记录故障前后的状态，搜集有用信息。

5. 可维护性

1）失效诊断准确性要求：可维护点个数与软件实际需要进行维护的失效点个数的比值为失效诊断的准确性。失效诊断的准确性应大于90%。

2）可自动验证性要求：已自动验证的维护点个数与软件实际需要进行维护的失效点个数的比值为可自动验证性。可自动验证性应大于10%。

3）维护完整性要求：已维护成功的点个数与软件实际需要进行维护的失效点个数的比值为维护完整性。维护完整性应大于60%。

4）可移植性要求：可移植性宜考虑对不同环境的适用性。
- 系统对应用软件系统的数据应进行可靠备份；被移植的虚拟现实应用软件应在新的目标硬件、操作系统、支撑软件环境下易于安装，安装后应能够正常启动，功能应可以正常实现，其他软件或设备运行应不受影响。
- 移植过程中虚拟现实应用软件的开发修改工作量与原软件的开发工作量占比宜小于10%。

6. 兼容性

1）共存性要求：在与其他常见产品或组件（如办公软件或者杀毒软件等）共享通用的环境和资源条件下，虚拟现实应用软件应能有效执行其功能，并且不会对其他产品或组件造成负面影响。

2）接口兼容性要求：应能与说明书描述的虚拟现实外置系统接口兼容。

3）分辨率兼容性要求：软件界面元素的尺寸和布局应能适应说明书描述的平台和设备的屏幕分辨率。

5.4.3 测试方法

针对上述各项要求，具体测试方法如下。

1. 功能适应性

（1）输入能力测试

该特性的测试应按照以下步骤进行：

1）运行虚拟现实应用软件，接入相机、键盘、鼠标、虚拟键盘、触摸屏、麦克风、手柄、数据手套等输入设备；

2）检查输入设备向虚拟现实应用软件传递输入数据时，应用软件是否有响应。

（2）输出能力测试

该特性的测试应按照以下步骤进行：

1）运行虚拟现实应用软件，接入屏幕、头戴式显示设备、耳机、力反馈设备、味觉发生设备、嗅觉发生设备等一种或多种输出设备；

2）检查虚拟现实应用软件是否能向输出设备传递视觉、听觉、触觉、味觉以及嗅觉等一种或多种信息。

（3）定位测试

该特性的测试应按照以下步骤进行：

1）设计任意一个移动轨迹，包括空间直线、空间曲线；

2）运行虚拟现实应用软件，按设计好的轨迹移动设备，并在运动过程中进行旋转和平移；

3）检验从虚拟现实应用软件中获取的设备运动过程中的坐标信息及自由度信息。

2. 运行效率

（1）平均响应时间测试

该特性的测试应按照以下步骤进行，并设定相应的数值：

1）统计用户或设备发出请求的时间 T_0；

2）统计结果呈现结束的时间 T_1；

3）计算响应时间 T；

4）共统计 n 次；

5）计算平均响应时间。

（2）最大响应时间测试

该特性的测试应按照以下步骤进行，并设定相应的数值：

1）统计用户或设备发出请求的时间 T_0；

2）统计结果呈现结束的时间 T_1；

3）计算响应时间 T；

4）计算最大响应时间 T_{max}。

（3）渲染帧率测试

选择合适的镜头移动速率，在最准确的时刻渲染出准确的一帧，渲染帧率不应低于显示设备的刷新率。

（4）资源利用性测试

虚拟现实应用软件资源利用性需要考虑以下方面：

- CPU 占用率不应高于 85%；
- 内存占用率不应高于 90%；

- 硬盘读写时间占比不应高于 90%；
- 资源冗余数量比不应高于 50%；
- 资源冗余空间比不应高于 50%。

3. 易用性

（1）界面结构清晰性测试

虚拟现实应用软件界面结构应能够支持新用户在没有受到培训的情况下按界面提示完成常规的交互操作，如软件开启、退出、选择等。

（2）操作引导有效性测试

虚拟现实应用软件具有以下支持有效引导的能力：
- 软件界面中应包含用户操作方式引导；
- 软件应保证用户可以通过操作方式引导来完成相应操作；
- 用户完成相应操作后，软件应给予用户引导或提示。

（3）操作方式适配性测试

操作方式适配性要求如下：
- 软件的操作方式不应超出设备支持的操作方式；
- 软件的操作方式应至少包含一种设备支持的操作方式。

（4）交互操作舒适性测试

虚拟现实应用软件的交互操作应确保用户在使用时不易产生疲劳、眩晕等不适感。
- 交互操作准确性。虚拟现实应用软件具有以下支持准确进行交互操作的能力：
- 软件应提供清晰、容易分辨和选择的界面元素；
- 软件应确保同一用户完成同一操作的准确性达到 90% 以上。

（5）交互操作反馈测试

虚拟现实应用软件具有以下交互操作反馈能力：
- 用户完成交互操作后，软件应在界面上呈现操作结果，如界面跳转、色彩变化、界面元素变化、动作特效、声音或其他类型的反馈；
- 从交互操作完成到呈现出操作结果，其间延迟不宜超过 2s。

4. 可靠性

（1）成熟性测试

虚拟现实应用软件具有以下防止错误后果蔓延的能力：
- 在软件运行期间出现错误后，软件应给出针对该错误的反馈信息；
- 在软件运行期间出现错误后，软件不应出现非正常退出以及导致操作系统或其他软件的崩溃；
- 软件运行期间出现错误后，软件其他功能不应出现失效。

（2）容错性测试

虚拟现实应用软件容错要求如下：
- 输入操作错误时，软件应能呈现相应的出错提示信息；
- 输入操作错误时，软件不应出现非正常退出或崩溃；
- 输入操作错误时，不应导致软件其他功能失效。

（3）易恢复性测试

虚拟现实应用软件应具有以下能力：
- 系统对应用软件系统的数据应进行可靠备份；
- 应用软件系统的重启应能完成软件系统重组和降级使用；
- 应用软件应记录故障前后的状态，并搜集有用信息。

5. 可维护性

（1）失效诊断准确性测试

可维护点个数与软件实际需要进行维护的失效点个数的比值为失效诊断的准确性。失效诊断的准确性应大于90%；

（2）可自动验证性测试

已自动验证的维护点个数与软件实际需要进行维护的失效点个数的比值为可自动验证性。可自动验证性应大于10%；

（3）维护完整性测试

已维护成功的点个数与软件实际需要进行维护的失效点个数的比值为维护完整性。维护完整性应大于60%；

（4）可移植性测试

可移植性需要考虑对不同环境的适用性：
- 系统对应用软件系统的数据应进行可靠备份；被移植的虚拟现实应用软件应在新的目标硬件、操作系统、支撑软件环境下易于安装，安装后应能够正常启动，功能应可以正常实现，其他软件或设备运行应不受影响；
- 在移植过程中，虚拟现实应用软件的开发修改工作量与原软件的开发工作量占比宜小于10%。

6. 兼容性

（1）共存性测试

在与其他常见产品或组件（如办公软件或者杀毒软件等）共享通用环境和资源条件下，虚拟现实应用软件应能有效执行其功能并且不会对其他产品或组件造成负面影响；

（2）接口兼容性测试

应能与说明书描述的虚拟现实外置系统接口兼容。

（3）分辨率兼容性测试

软件界面元素的尺寸和布局应能适应说明书描述的平台和设备的屏幕分辨率。

5.5 开发建议

针对以上项目开发过程，无论是具备开发经验的团队，还是起步学习VR项目开发的个人或团体，都需要在明确项目需求的情况下进行有效开发。不同项目在质量上的追求有所差异，本书将给出在一般VR项目开发过程中的开发建议。

1. 引擎选择

考虑VR项目开发的跨平台性，目前较为广泛使用的引擎有Unity与UE4。从脚本语言编程的角度来看，由于许多教育机构对于计算机初学者所普及的计算机语言多为 C++、Java，因此，国内的开发团队更偏向采用 Unity 与 UE4 进行 VR 项目的开发。具体来说，Unity 可以使用 C# 进行开发，并通过 Bolt 可视化编辑工具进行快速构建。而 UE4 则可以使用 C++ 进行开发，并通过蓝图进行快速构建。

2. 资源复用

VR 产品区别于传统的互联网产品，设计者关注的不仅是视觉画面对使用者造成的影响，声音、触感、空间操控方式都会对 VR 用户体验造成巨大影响。这也使 VR 项目开发所需要的各类资源远多于传统的项目开发。

随着设计规范框架的制定与完善，VR 产品开发的规范性和统一性逐渐得到提升。如现有可查的交互规范有 Google 的 Cardboard 的交互设计规范，它仅针对移动端 VR 设备。这使得在 VR 项目开发中，会针对不同的开发内容、方向建立规范、模板以及相应的组件库，为开发者进行快速、标准的 VR 开发提供了诸多可复用资源。

3. 音频音效

开发者可以制作出精美的虚拟现实体验，但却很容易忽略其他因素。需要指出的是，音效同样非常重要。视觉提示、背景音乐、对话和音效对于一个优秀的虚拟现实体验来说都很重要。如果你缺乏高质量音频，那么将会间接影响用户的视觉体验。为提供更真实的效果，开发者在 VR 项目的开发中，需要重视音频的作用。

4. 安装分析工具以优化用户体验

对于 VR 项目，特别是对于 VR 游戏的开发来说，用户体验是重中之重。如果玩家对这款游戏的体验不好，那么他可能会放弃、卸载该款游戏或应用，甚至不会再关注相关开发者的未来产品。因此在开发 VR 项目时，开发者不仅需要确保游戏质量，而且要确保虚拟现实体验是优秀的。

为能够了解用户对于 VR 项目的应用体验，在项目开发过程中，我们可以设置分析工具，在合理范围内记录玩家在使用 VR 相关应用时的体验，如玩家离开 VR 项目的时间点。如果玩家在某个特定的时间点或者环节离开游戏，那么需要了解在本轮游戏过程中，玩家花费大部分时间在体验 VR 项目中的什么环节，使其获得最大享受。在保护用户隐私的前提下，需要利用这些信息来优化游戏并进行更新，同时为未来项目开发积累宝贵经验。

5.6 本章小结

本章主要介绍了 VR 项目开发的一般过程，结合项目开发过程中不同角色的职责，通过图标示例等方式，向读者展示了在 VR 项目开发过程中应着重解决的问题，并对重点问题给予了建议。

然而，限于本书的阅读对象为 VR 项目开发的初学者或对 VR 项目开发有兴趣的读者，因此，本章对于 VR 项目开发的过程描述并不等同于大型企业级的 VR 项目真实开发过程。但在本章的介绍过程中，我们为想深入了解 VR 项目开发的读者提供了相应的扩展资料，以满足不同读者的需求。

参考文献

[1] SCHULZE R. Meta-analysis：a comparison of approaches［M］. Seattle：Hogrefe and Huber Publishers，2004.

[2] HANSON K，SHELTON B E. Design and development of virtual reality：analysis of challenges faced by educators［J］. Journal of Educational Technology and Society，2008，11（1）：118-131.

[3] 商宏伟. 如何构建一套完整的VR设计流程［EB/OL］.（2017-03-16）［2024-09-12］. http://www.uml.org.cn/jmshj/201703162.asp.

[4] 喻晓和. 虚拟现实技术基础教程［M］. 北京：清华大学出版社. 2021.

[5] 朱少民. 软件测试方法和技术［M］. 北京：清华大学出版社. 2005.

[6] 向春宇. VR/AR与MR项目开发实战［M］. 北京：清华大学出版社. 2005.

[7] 王贤坤. 虚拟现实技术与应用［M］. 北京：清华大学出版社. 2018.

思考题

1. VR 项目开发团队中都有哪些重要的角色？
2. VR 项目一般分为哪些类型？
3. VR 项目在测试过程中都包含哪些方面？
4. VR 项目测试和非 VR 项目测试的区别和相似之处有哪些？
5. 以开发全景 VR 视图为案例，应如何整合团队进行该 VR 项目的开发？

第 6 章 虚拟现实开发工具

虚拟现实项目的开发离不开各种开发工具的辅助。系统框架的设计、模型制作、动画设计等环节都依赖于专业的开发工具。了解和掌握相关流程的开发工具是虚拟现实开发流程的基础要求。本章将介绍实际项目开发过程中用到的重要开发工具，涵盖软件原型设计、模型制作、材质渲染、动画设计、音频处理等流程。

6.1 策划工具

6.1.1 Axure RP 与 MockingBot

Axure RP（见图 6-1）是美国 Axure Software Solution 公司的旗舰产品，是一个专业的快速原型设计工具。它让负责定义需求和规格、设计功能和界面的专家能够快速创建应用软件或 Web 网站的线框图、流程图原型和规格说明文档。作为专业的原型设计工具，它能快速、高效地创建原型，同时支持多人协作设计和版本控制管理。

图 6-1 Axure RP 效果图

Axure RP 能让操作者快速准确地创建基于 Web 的网站流程图、原型页面、交互体验设计，并且标注详细开发说明。同时，它能导出 HTML 原型或规格的 Word 开发文档（通过扩展还会支持更多的输出格式），包括网站架构图（site structure）、示意图（wireframe）、流程图（flowchart）、交互设计（interaction design）、原型设计（prototype design）、规格文档（specification）等。总的来说，Axure RP 是一种集线框图、原型设计、流程图和文档工具于一体的软件。使用 Axure RP 能够创建和设置图表样式，为图表页面和元素添加交互性和注释，并将完成的设计发布到 HTML 以便通过 Web 浏览器查看。

MockingBot（见图 6-2）是一个在线移动应用原型工具，旨在帮助产品经理及 UI/UX 设计师快速构建移动应用产品原型，并及时与团队内其他成员分享和讨论。作为一款专注于移动应用的原型工具，除了云端保存、实时手机预览外，MockingBot 还有多种手势、页面切换特效及主题可供选择。

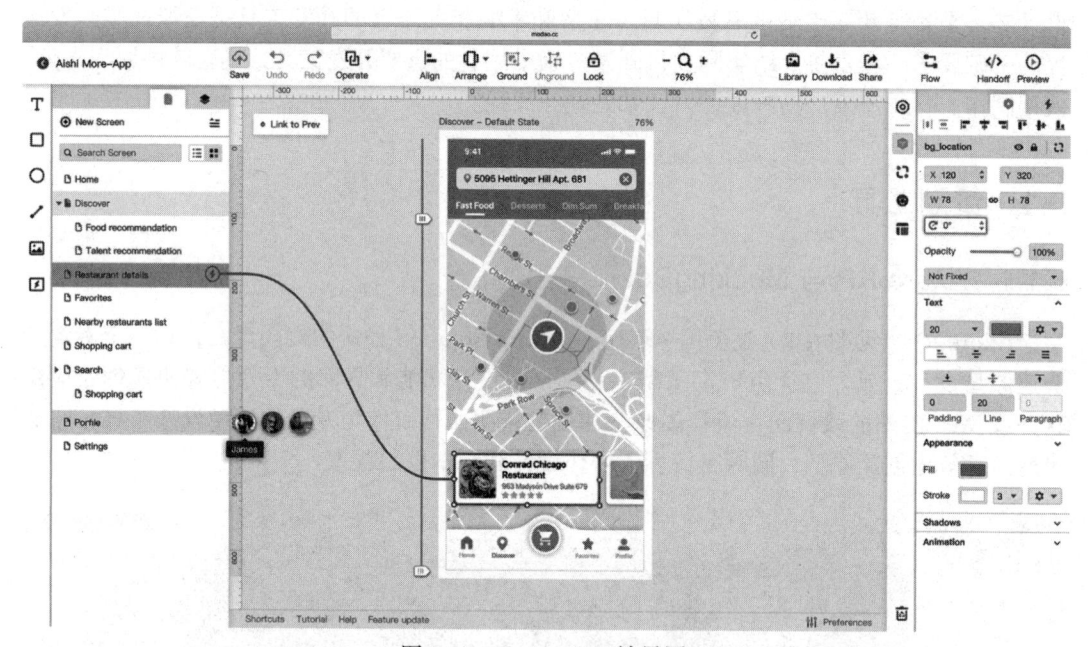

图 6-2　MockingBot 效果图

MockingBot 专为移动端产品原型设计而生。它的免费版本自带的部件、交互和功能基本上能满足移动端产品原型的设计要求，并且 MockingBot 的控件均基于 APP 以及系统平台 iOS 和安卓，因此在创建项目时可以首先选择相应的设备布局，从而有效减少工作环节。

6.1.2　MindMaster 与 XMind

MindMaster 思维导图软件一款比较好的思维管理工具（见图 6-3），它在整理工作思路、简化工作流程、做好会议记录、进行任务管理和时间管理等方面都非常实用。MindMaster 作为一款由国内团队自主研发的软件，拥有比较好的中文支持，操作方面也更符合中国人的使用习惯。MindMaster 提供了 12 种不同的布局样式，除了常规布局之外，还提供了单向导图、树状图、组织架构图、鱼骨图（头向左和头向右）、水平时间线、S 型时间线、垂直时间线、圆圈图、气泡图及扇状放射图等。

XMind（见图 6-4）是一款非常实用的商业思维导图软件，它应用 Eclipse RCP 软件架构，打造易用、高效的可视化思维软件，强调软件的可扩展性、跨平台性、稳定性和性能，致力于帮助用户提高生产率。

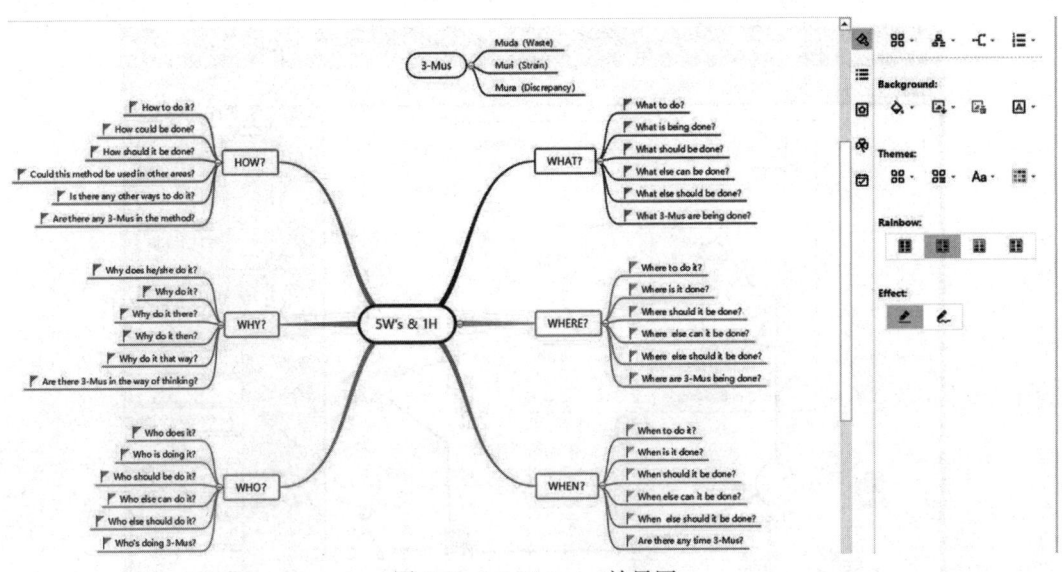

图 6-3　MindMaster 效果图

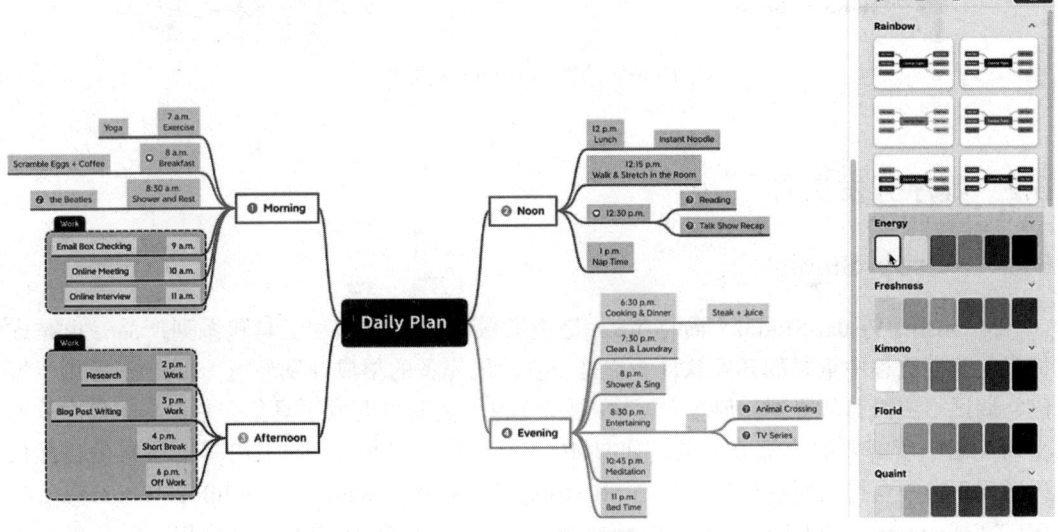

图 6-4　XMind 效果图

XMind 不仅可以绘制思维导图，还能绘制鱼骨图、二维图、树形图、逻辑图、组织结构图。此外，它可以方便地在这些展示形式之间进行转换，导入 MindManager、FreeMind 数据文件，灵活地定制节点外观、插入图标，且具有丰富的样式和主题。输出格式有 HTML 和图片两种形式。

6.1.3　Machinations

Machinations（见图 6-5）是一款可视化的游戏流程模拟器，对于简单的流程模拟，它提供了简洁的组件和重复模拟机制，这些都为游戏设计者提供了相当大的便利性。Machinations 是一种用于图解游戏经济的可视化语言，也是一种用于绘图和模拟的工具，不需要编写代码。

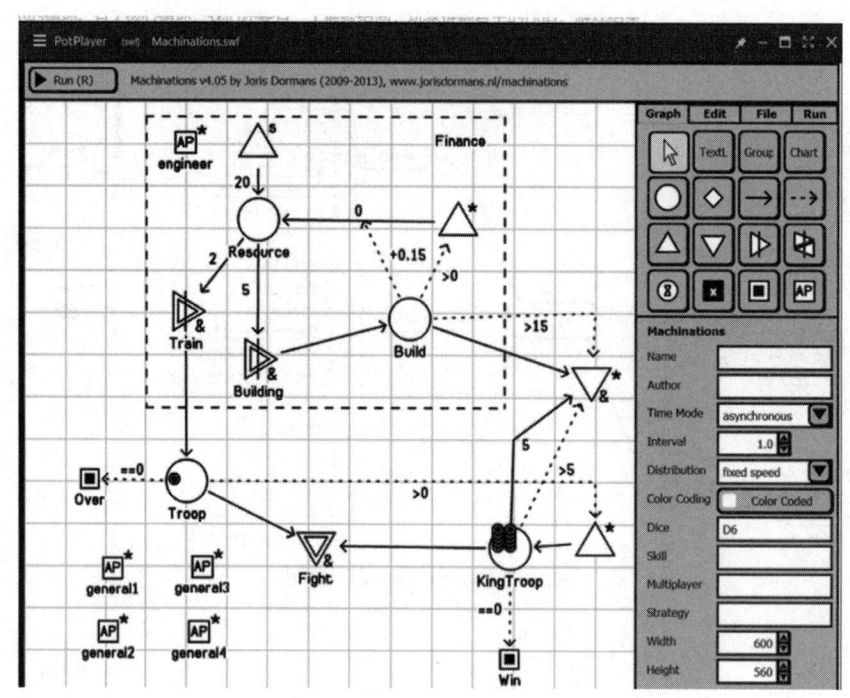

图 6-5　Machinations 效果图

6.2　程序开发工具

6.2.1　Visual Studio

　　Microsoft Visual Studio（简称 VS）是美国微软公司的开发工具包系列产品，也是虚拟现实开发流程中重要的开发软件。它是一款功能完备的集成开发环境（IDE），可用于编码、调试、测试和部署到任何平台。VS 是一个基本完整的开发工具集，它包括了整个软件生命周期中所需要的大部分工具，如 UML 工具、代码管控工具、IDE 等。所写的目标代码适用于微软支持的所有平台，包括 Microsoft Windows、Windows Mobile、Windows CE、.NET Framework、.NET Compact Framework、Microsoft Silverlight，以及 Windows Phone。Visual Studio（见图 6-6）是最流行的 Windows 平台应用程序的集成开发环境。

　　1997 年，微软发布了 Visual Studio 97，它包含面向 Windows 开发的 Visual Basic 5.0 和 Visual C++ 5.0、面向 Java 开发的 Visual J++，以及面向数据库开发的 Visual FoxPro。此外，它还包含创建 DHTML（Dynamic HTML）所需要的 Visual InterDev。其中，Visual Basic 和 Visual FoxPro 使用单独的开发环境，而其他的开发语言使用统一的开发环境。

　　Visual Studio 的特点适用于开发 Android、iOS、Mac、Windows、Web 和云的应用，它可以让开发者快速编写代码、轻松调试和诊断、增加测试频率，以及信心十足地发布产品。同时，开发者可以根据喜好进行扩展和自定义，以实现高效协作。

　　以创建一个新项目为例，我们将继续了解 Visual Studio 的功能。在"起始页"上"新建项目"下的搜索框中键入"console"，可以筛选项目类型列表（见图 6-7），仅显示名称中包含"Console"的项目类型。

图 6-6　Visual Studio 效果图

图 6-7　Visual Studio 新建项目

Visual Studio（见图 6-8）提供了各种类型的项目模板，帮助开发者快速开始编写代码。下面选择与虚拟现实开发最相关的 C# 控制台应用（.NET Core）项目模板（C++、JavaScript 等其他开发语言的用户界面都相同）。

在显示的"新建项目"对话框中，接受默认的项目名称并选择"确定"。然后，Visual Studio 会创建项目并在"编辑器"窗口中打开名为 Program.cs 的文件。"编辑器"是 Visual Studio 中完成大部分编码工作的地方。

"解决方案资源管理器"（通常位于 Visual Studio 的右侧，见图 6-9）可以显示项目、解决方案或代码文件夹中文件和文件夹层次结构的图形表示形式。开发者可以用它来浏览层次结构，并导航到"解决方案资源管理器"中的某个文件。

Visual Studio 顶部的菜单栏将命令分组成不同的类别（见图 6-10）。例如，"项目"菜单包含与正在处理的项目相关的命令。在"工具"菜单上，可通过选择"选项"自定义 Visual Studio 的行为方式，或选择"获取工具和功能"向安装程序添加功能。

图 6-8　Visual Studio 默认开发场景

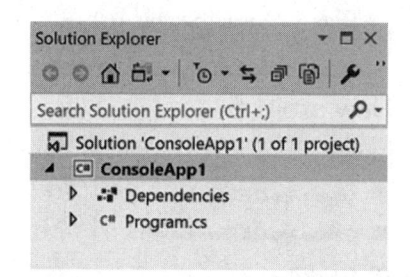

图 6-9　Visual Studio 解决方案资源管理器

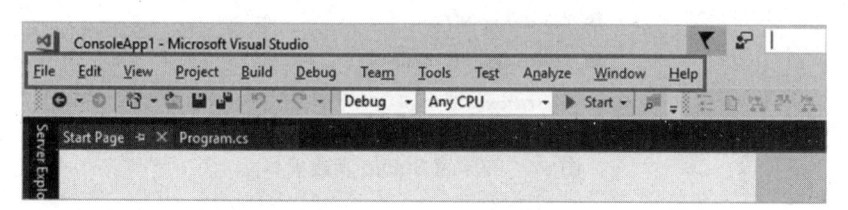

图 6-10　Visual Studio 菜单栏

"错误列表"显示错误、警告以及有关当前代码状态的消息（见图 6-11）。如果文件中或项目的任何地方出现错误（如缺少括号或分号），则会在此处列出。依次选择"视图"菜单和"错误列表"，可以打开"错误列表"窗口。

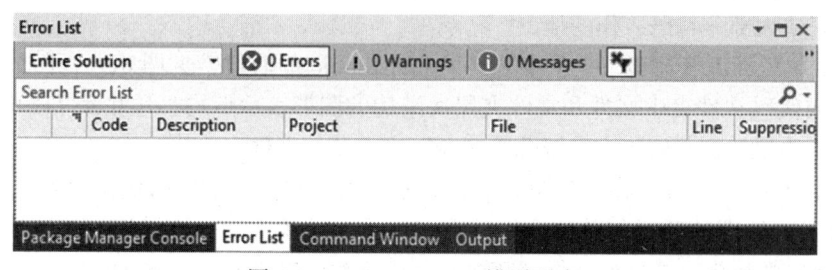

图 6-11　Visual Studio 错误列表

"输出"窗口显示生成项目和源代码管理提供程序中的输出消息(见图6-12)。从"生成"菜单中选择"生成解决方案","输出"窗口会自动获得焦点并显示成功生成的消息。

图 6-12　Visual Studio 输出控制栏

搜索框是在 Visual Studio 中查找几乎所有内容的快捷方式(见图6-13)。当输入想要执行的操作相关的文本时,它会显示一个与文本相关的选项列表。假设我们要增加生成输出的详细程度,以显示有关生成内容的更多详细信息,那么可以按照以下具体操作来进行。首先,找到 IDE 右上方的"快速启动"搜索框(或者通过按 <Ctrl+Q> 键访问该搜索框)。然后,在搜索框中键入"详细信息",从显示的结果中,选择"选项"类别下"项目和解决方案"中的"生成并运行"。

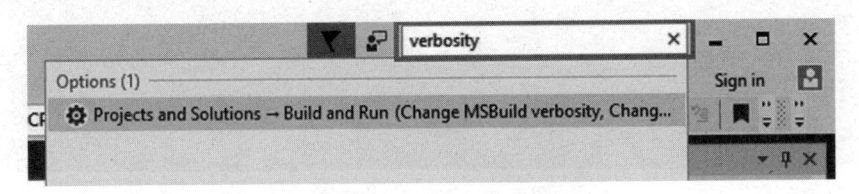

图 6-13　Visual Studio 搜索框

"选项"对话框会显示"生成并运行"选项页。在"MSBuild 项目生成输出详细信息"下选择"常规",单击"确定"。最后,右键单击"解决方案资源管理器"中的"ConsoleApp1"项目,从上下文菜单中选择"重新生成"以重新生成项目。"输出"窗口最终会显示生成过程中更详细的日志记录(见图6-14)。

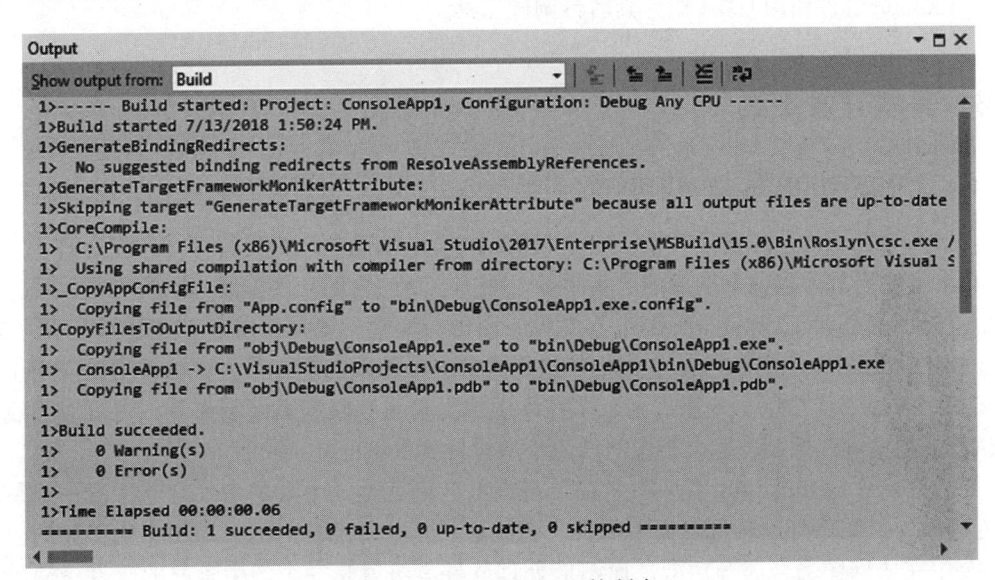

图 6-14　Visual Studio 控制台

6.2.2 Xcode

Xcode 是运行在操作系统 Mac OS X 上的集成开发工具（见图 6-15），由苹果公司开发。Xcode 是开发 macOS 和 iOS 应用程序的最快捷方式。Xcode 具有统一的用户界面设计，编码、测试、调试都在一个简单的窗口内完成。Xcode 同时也是一种基于 XML 的语言，它可以设想各种使用场景。Xcode 提供了一种独立于工具的可扩展的方法来描述编译时组件的各个方面。

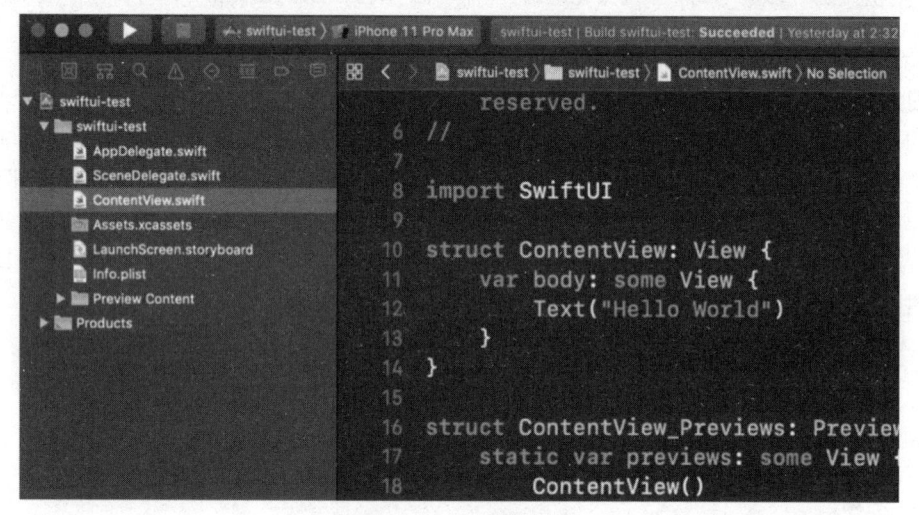

图 6-15 Xcode 效果图

Xcode 套件包含 GNU Compiler Collection 自由软件（GCC、apple-darwin9-gcc-4.0.1 以及 apple-darwin9-gcc-4.2.1，默认为第一个），并支持 C 语言、C++、Fortran、Objective-C、Objective-C++、Java、AppleScript、Python 及 Ruby，还提供了 Cocoa、Carbon 以及 Java 等编程模式。协力厂商还提供了 GNU Pascal、Free Pascal、Ada、C#、Perl、Haskell 及 D 语言。Xcode 套件使用 GDB 作为其后台调试工具。

6.3 美术开发工具

6.3.1 Photoshop 与 Illustrator

Adobe Photoshop，简称 PS，是由 Adobe Systems 开发和发行的图像处理软件。Photoshop 主要处理以像素构成的数字图像。使用它所包含的众多编修与绘图工具，可以有效地进行图片编辑工作。Photoshop 在图像、图形、文字、视频、出版等方面都有所涉及。Adobe Illustrator，常被称为 Ai，作为一款优秀的矢量图形处理工具，该软件主要应用于印刷出版、海报书籍排版、专业插画、多媒体图像处理和互联网页面制作等，也可以为线稿提供较高的精度和控制，适合于生产任何小型设计到大型的复杂项目。

Photoshop 与 Illustrator（见图 6-16）最大的区别就是一个是图像处理软件，一个是图形处理软件。图像处理软件，简单来说，它的素材是从外部获得的，即照相机得到的图片在 PS 中完成修图、合成等功能。而图形处理软件本身就是一个产生素材的软件，简单来说，我们看的一些图形图案或者动漫角色都可以在图形软件中设计完成。在设计完成之后既可以直接输出，也可以供其他软件使用。

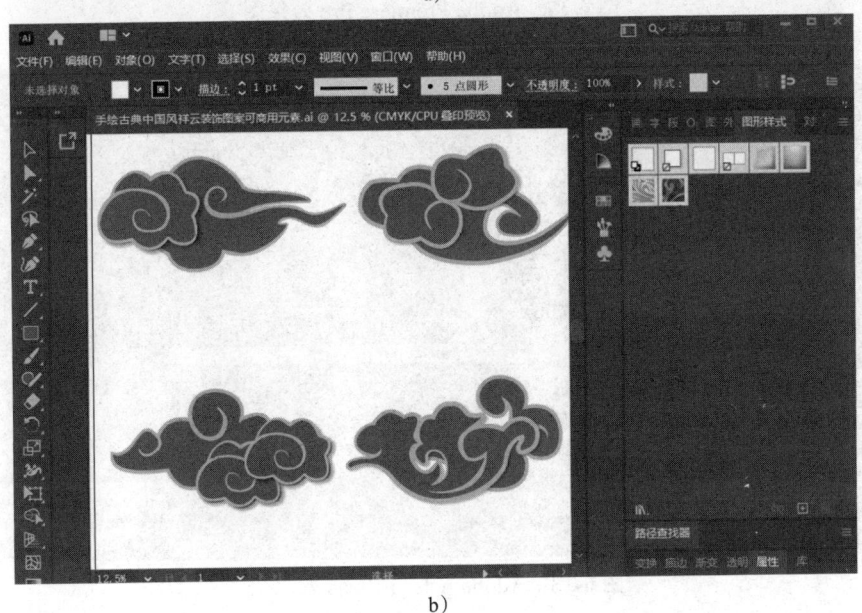

a)

b)

图 6-16 Photoshop 与 Illustrator 效果图

6.3.2 Premiere 与 After Effects

Adobe Premiere Pro 简称 PR，是由 Adobe 公司开发的一款视频编辑软件（见图 6-17）。Adobe Premiere Pro 有较好的兼容性，且可以与 Adobe 公司推出的其他软件相互协作。目前这款软件广泛应用于广告制作和电视节目制作。

Adobe After Effects，简称 AE，是 Adobe 公司推出的一款图形视频处理软件，适用于从事设计和视频特技的机构，包括电视台、动画制作公司、个人后期制作工作室以及多媒体工作室，属于层类型（plane type）后期软件（见图 6-18）。Adobe After Effects 软件可以高效且精确地创建无数种引人注目的动态图形和震撼人心的视觉效果。它利用与其他 Adobe 软件无与伦比的紧密集成，以及高度灵活的 2D 和 3D 合成，加上数百种预设的效果和动画，能够为电视、视频、DVD 和 Macromedia Flash 作品增添令人耳目一新的效果。

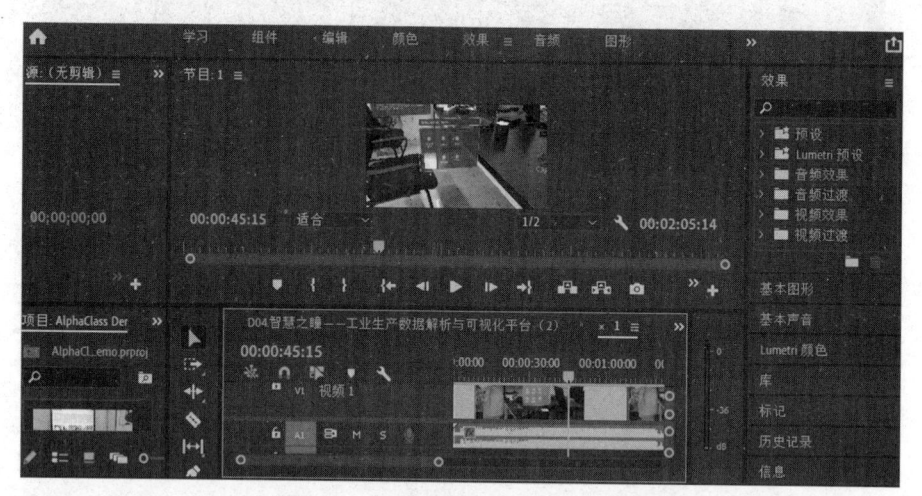

图 6-17　Adobe Premiere Pro 效果图

图 6-18　Adobe After Effects 效果图

6.3.3　3ds Max 与 MAYA

1. 3ds Max

3D 模型的构建是虚拟现实项目开发流程中的关键节点，3ds Max 与 MAYA 是 3D 模型构建的主流开发工具。3D Studio Max，简称为 3D Max 或 3ds Max，是 Discreet 公司开发的（后被 Autodesk 公司合并）基于 PC 系统的三维动画渲染和制作软件（见图 6-19）。其前身是基于 DOS 操作系统的 3D Studio 系列软件。在 Windows NT 出现以前，工业级的 CG 制作被 SGI 图形工作站所垄断。而 3D Studio Max + Windows NT 组合的出现降低了 CG 制作的门槛，首先被运用在计算机游戏中的动画制作，后来更进一步参与影片的特效制作。

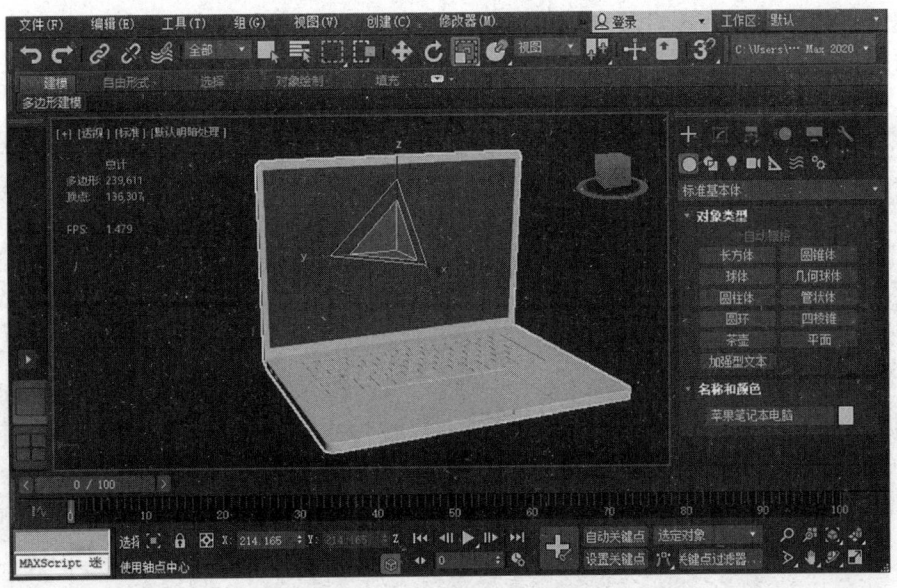

图 6-19 3D Studio Max 效果图

运用 3ds Max 软件进行三维建模的方法多种多样，需要结合具体情况，选择合适的方法进行建模。在具体的设计中，设计者需要根据模型的性质、形状与特点、材质等选择不同的方法，从而提高建模的效率。在设计时要根据各种方法的优缺点，综合进行建模。首先需要根据物体的形状、特征等进行基础建模，这是 3ds Max 三维立体设计的关键部分，一般都比较简单。在建模时，要合理设置参数，常见设置命令有旋转、移动、复制、镜像、对齐、阵列变化等。在基层建模阶段，要求设计者能够熟练使用 3ds Max 软件。

（1）利用基本的几何体建模

3ds Max 软件主要运用基本几何体和扩展几何体来构建基本模型，它们本身是一些简单的几何形状。如果要用这些几何形状构建复杂的三维模型，可以对简单的几何模型进行调整。可以把这种建模方法理解为堆积木，即根据建模的需要，对简单的几何模型进行调整与组合。它是三维建模中最容易掌握的一种方法，可以快速搭建一些最基本的三维场景，应用十分广泛。例如，我们可以使用长方体的组合做成书柜，十分快捷和方便。扩展几何体在三维建模中虽然使用起来不太方便，但是可以根据具体的需要进行灵活调整与组合，对提高三维建模效率十分有效。3ds Max 几何建模效果图如图 6-20 所示。

（2）运用二维线条建模

在 3ds Max 软件中，二维线条建模主要利用基本的建模方式，将二维图形配合一些命令使用来构建三维模型（见图 6-21）。对二维模型进行处理，可以使之产生三维实体的模式，在 3ds Max 的图形命令面板中就可以轻易地创建线、矩形等多种二维图形。在完成二维图形之后，再采用图形编辑器对图形中的命令进行修改，从而可以创建出需要的三维模型。在二维图形转换为三维图形时，常用的修改器命令包括车削、挤出、倒角、拉伸、倒角、剖面等。例如，在制作高脚杯时，可以先绘制样条线，然后利用修改器中的车削修改器进行修改；在制作齿轮时，可以先绘制星型，再利用挤出修改器制作齿轮。由于二维图像的点与线都比较少，对点与线修改的命令也比较少，因此利用二维线条建模在修改时比较方便，这种方法在建模中的应用十分广泛。例如，在用车削修改器创建三维模型高脚杯时，直接对节点进行圆角处理，就可以很方便地使三维图像的线条变得圆滑与优美。

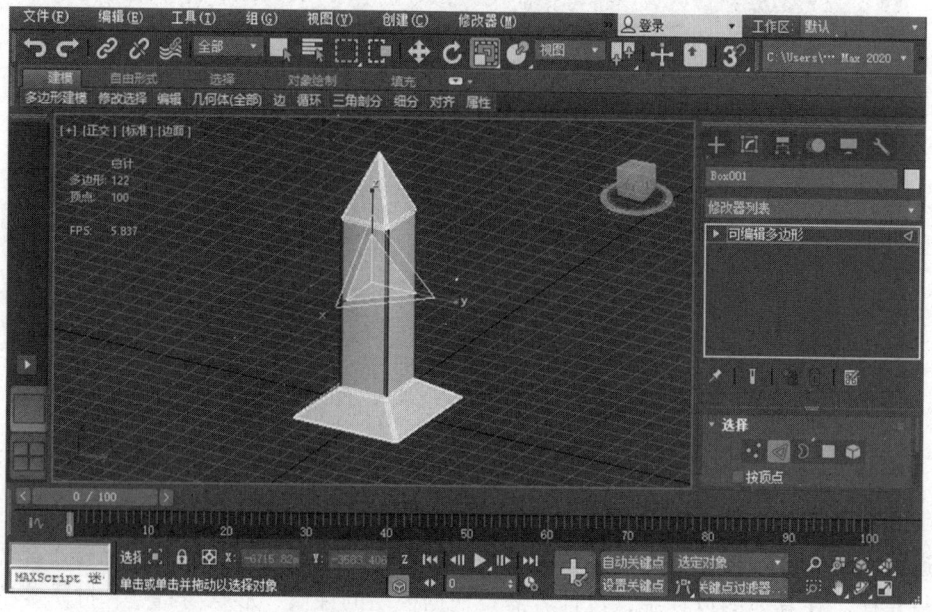

图 6-20　3ds Max 几何建模效果图

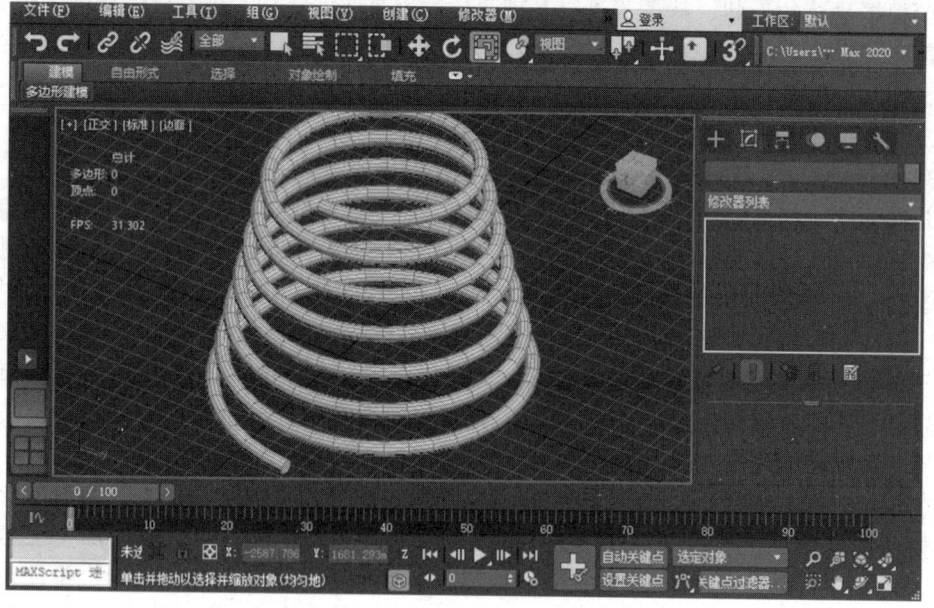

图 6-21　3ds Max 二维线条建模

（3）运用复合几何体建模

二维的复合几何体在 3ds Max 建模中的应用也十分广泛（见图 6-22）。它是一种非常高效的建模方式，通过多种复合几何体的结合，可以形成多种复杂的三维模型。例如，在建模时可以利用两个或两个以上的三维几何体或二维几何体，通过叠加、组合的方式来创建一个复杂的三维物体模型。一般是将复合几何体通过布尔运算，生成复杂的几何体，从而可以快速地生成三维模型。采用复合运算构建三维模型,主要是通过该对模型进行相加、相减或者相加的方法生成三维模型。简单的几何体可以通过布尔运算生成三维图像,二维图像也可以通过布尔运算产生三维模型。采用布尔运算可以很灵活地处理一些有缺口或凸体的模型,从而提高三维建模的效率,例如,创建洗手盆的凹位、柜子上的把手等。对二维图形通过放样的方式进行三维建模时也十分普遍,可以将各种图形随路径进行放样,并运用变形与扭曲的方法来创建多种三维模型,以满足三维建模的要求。

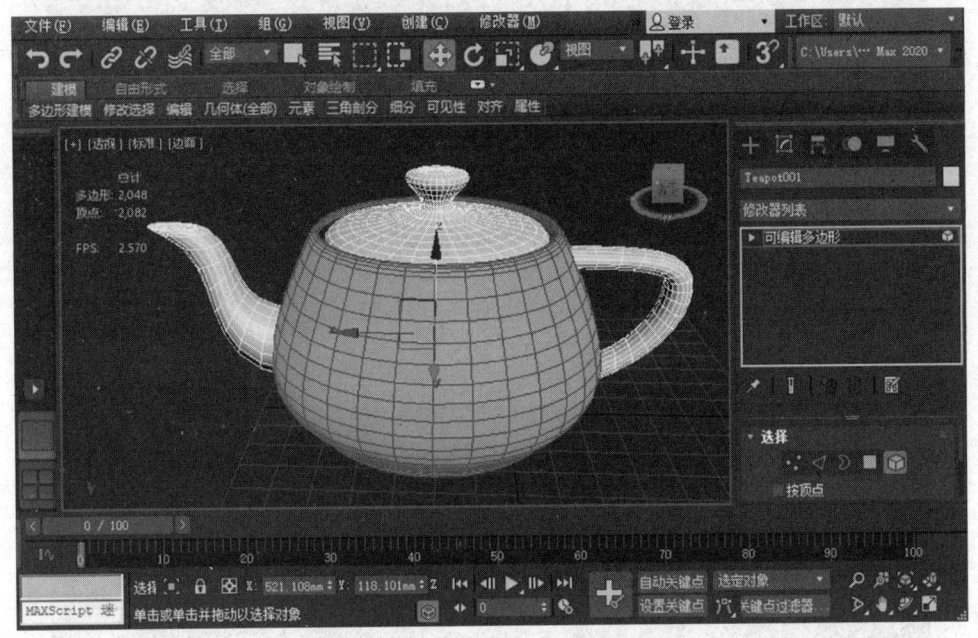

图 6-22　3ds Max 复合几何体建模

（4）放样建模技术

3ds Max 软件的放样技术主要是在二维建模的基础上,采用放样技术进行三维建模（见图 6-23）。在制作时需要制作两条或者两条以上的曲线,选择其中一条作为放样路径来定义放样的深度,其他的曲线作为放样的截面来定义放样的模型的形状。在建模时,路径的定义可以是开放的,也可以是闭合的,但是必须是唯一的,同样,建模的截面可以是闭合的,也可以是开放的曲线。在具体的数量要求上,要结合具体建模的要求进行设计。采用放样建模技术对模型的修改比较灵活、方便,可以对模型的表面参数进行设置,如路径参数与外表参数,还可以通过倾斜、缩放等方法,对放样的模型进行修改与变形,使生产的复杂模型更加逼真与形象。

（5）布尔运算

布尔运算是采用逻辑运算将对象进行合成的一种建模技术（见图 6-24）。采用这种方式可以在不同的对象之间进行并集、交集和差集运算,使得一个或多个物体模型融合在一起。并集处理的结果是保留原来的两个模型,将重叠的部分合并成一个部分;交集处理是并集处理的反向操作,只保留原有模型的重叠部分;差集处理主要根据模型需要保留的部分,确定需要减去部分,将需要保留的模型部分保留,并将需要剔除的部分删除。在三维效果造型的制作中,可以利用布尔运算进行挖槽、吊顶挖洞等制作,以实现二维效果。

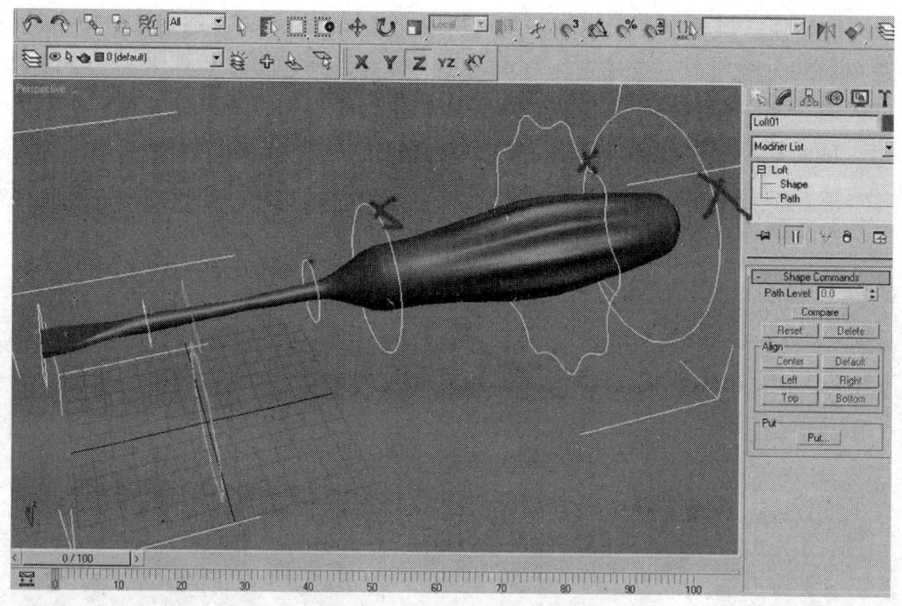

图 6-23　3ds Max 放样建模

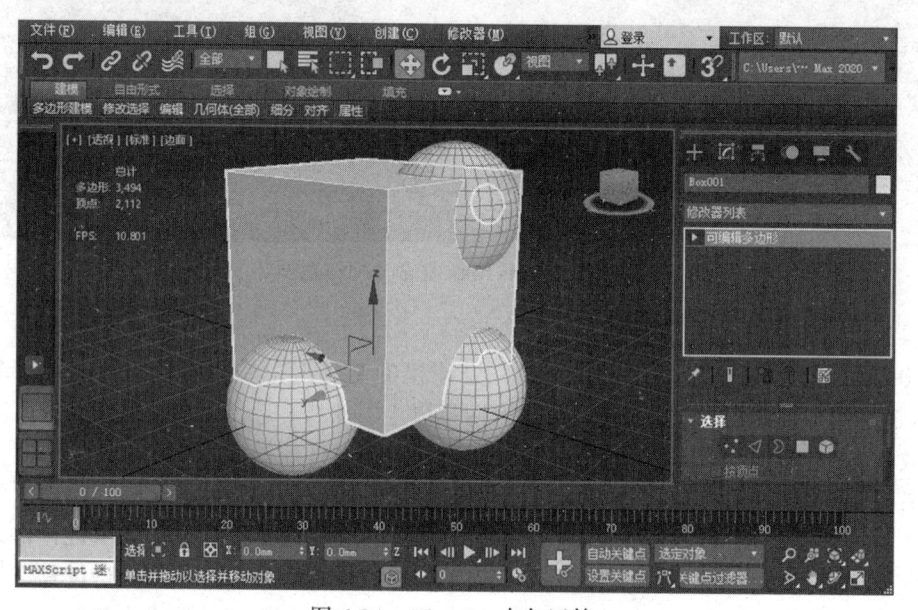

图 6-24　3ds Max 布尔运算

2.MAYA

Autodesk MAYA 是美国 Autodesk 公司出品的世界顶级的三维动画软件，应用对象是专业的影视广告、角色动画、电影特技等（见图 6-25）。MAYA 功能完善、工作灵活且制作效率极高，同时渲染真实感极强，是电影级别的高端制作软件。

MAYA 集成了 Alias、Wavefront 最先进的动画及数字效果技术。它不仅包括一般三维和视觉效果制作的功能，而且与最先进的建模、数字化布料模拟、毛发渲染、运动匹配技术相结合。MAYA 可在 Windows NT 与 SGI IRIX 操作系统上运行。

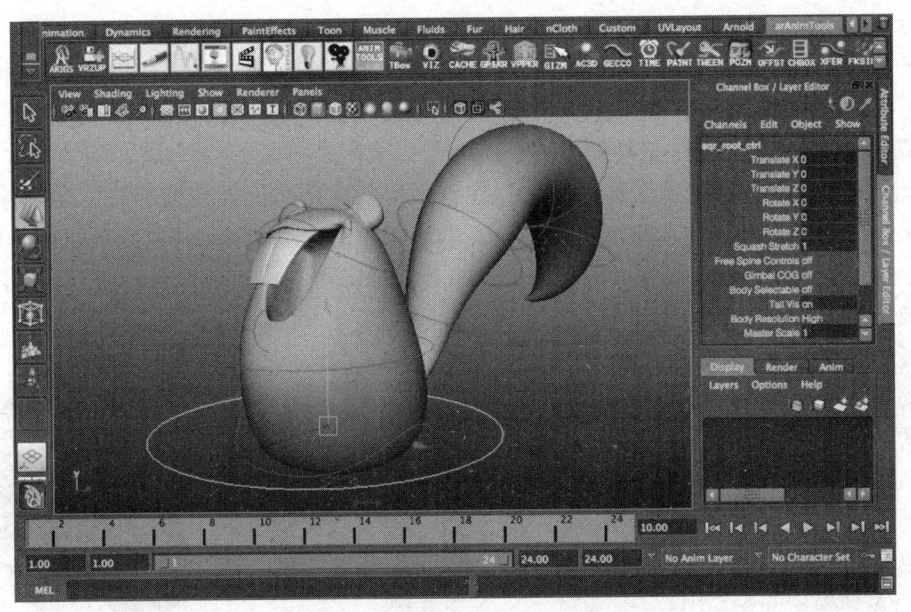

图 6-25　Autodesk MAYA 效果图

MAYA 有多种建模方法，它们各具特点及适用范围，下面介绍几种常见的建模方法。

（1）NURBS 建模

MAYA 虽然有不止一种建模方法，但还是以 NURBS 建模为主（见图 6-26）。NURBS 建模能产生平滑、连续的曲面，可被各种三维软件使用，其中不乏一些专门以 NURBS 建模为主的软件，如 Rhino 等。3ds Max 虽然也有 NURBS 建模，但其效果远不如 MAYA。NURBS 建模使用数学函数来定义曲线和曲面，它的最大优势是表面精度可调，可以在不改变外形的前提下自由控制曲面的精细程度。这种建模方法尤其适用于工业模型，以及生物有机模型的创建。

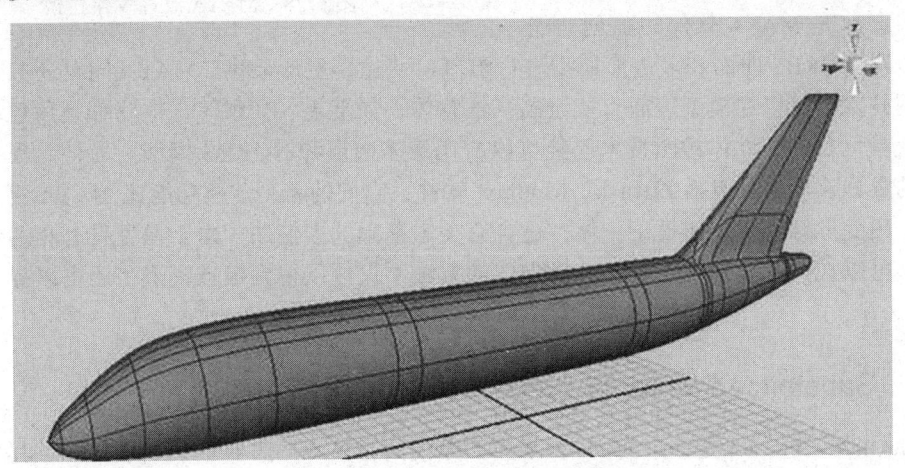

图 6-26　MAYA NURBS 建模

NURBS 建模可以使用各种专用的曲面建模工具，如剪切、融合及缝合等，各 3D 软件的用法大同小异，不需要另外学习。在 NURBS 建模软件中，Alias Studio Tools 是首屈一指的，其功能完善可靠且计算精确，支持模具的制作。MAYA 的 NURBS 工具多来源于

Alias Studio Tools，但未包括一些精确计算工具，所以不适用于工业造型，只适用于视频动画的制作。Rhino 和 solidThinking 是专业的 NURBS 建模工具，具有很强的建模功能，仅次于 Alias Studio Tools。其他软件，如 Softimage XSI、3ds Max 及 Cinema 4D 等，虽也内置了 NURBS 建模工具，但功能不够全面。

MAYA 的 NURBS 建模工具虽然比较完善，但只注重非标准模型塑造，精确性不高，还不足以成为专业的工业造型工具。MAYA 的 NURBS 工具适用于角色动画建模。如果从事专业的工业设计，最好选择 Alias Studio Tools、Rhino 及 solidThinking 等专业设计软件。

（2）多边形建模

多边形建模是出现较早的建模方法，发展得最完善和广泛（见图 6-27）。主流的 3D 软件中都包含了多边形建模功能，尤其适用于建筑、游戏及角色类模型。还有一些其他的建模方法，因为在其他软件中能达到更好的效果，所以在 MAYA 建模中并不常用。

图 6-27　MAYA 多边形建模

（3）纹理置换建模

纹理置换建模是指使用纹理贴图的黑白值映射出表面的几何体形态，常用于制作一些立体花纹、山脉地形等模型（见图 6-28）。一般的三维软件，如 MAYA、3ds Max、Softimage 等，都具备纹理置换建模功能。

（4）雕刻建模

直接使用雕刻刀工具对表面进行雕刻建模，这是 MAYA 软件的独创功能。

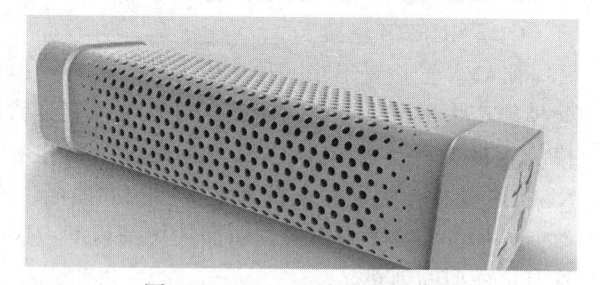

图 6-28　MAYA 纹理置换建模

它可以对 NURBS 曲面和多边形模型进行雕刻，使建模更形象化。MAYA 同时还独创了立体绘图技术，可以在模型表面直接绘制三维物体，如羽毛、胡须等，这些都是角色动画的重要工具。目前，立体绘图技术已经可以应用于多边形和 NURBS 模型。另外，现在比较流行的雕刻建模工具包括 ZBrush、Mudbox 软件，它们的雕刻建模功能比 MAYA 更方便和直观，集变形球和雕刻建模于一体，适合有美术基础的人使用。由于模型具有相通性，建模方法可以在同一项目中使用。选择最佳的方法不仅可以得到最佳模型，还可以提高制作效率。

6.3.4　Substance Painter 与 Substance Designer

Substance Painter 是一个为 3D 模型生产贴图的工具（见图 6-29），简称 SP，其生产的贴图将被用于材质（比如 PBR 材质）中的各个通道（如基础颜色、粗糙度等）。在制作的工程中，也会使用很多通用的资源，这些资源被放在 Shelf 中，包括"笔刷""贴图"等，也包括使用 Substance Designer 制作的 .sbsar 格式的 Substance 材质。

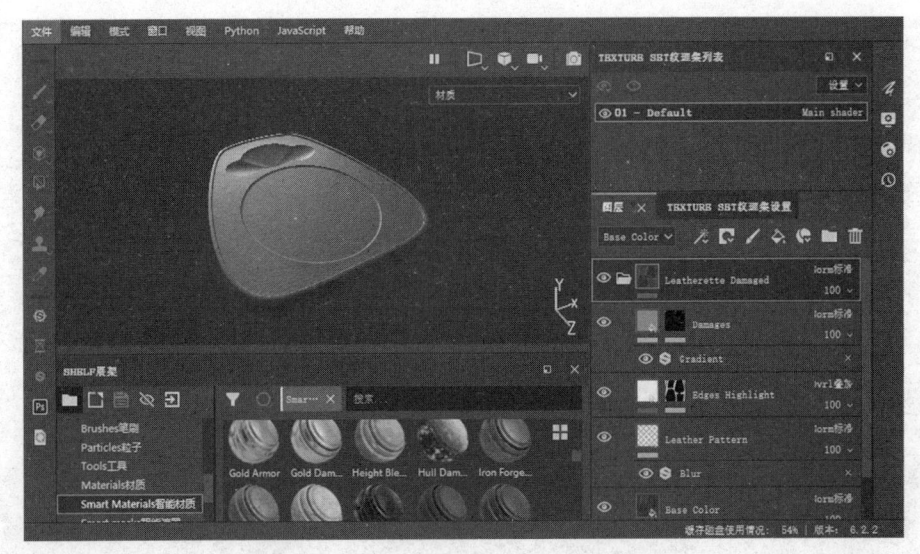

图 6-29　Substance Painter 开发界面

（1）改进 UV 自动拆分功能

在稍早的版本中，SP 发布了新的 UV 拆分功能，这个功能可以将没有 UV 的物体进行自动拆分。现在，SP 进一步完善了这项功能，使得使用者可以控制 UV 拆分的步骤，即可以仅拆分没有 UV 的物体而不影响现有的已经拆分好的 UV，也可以将所有模型（不论是否已有 UV）统一自动进行 UV 拆分，提供了更自由的选择（见图 6-30）。此外，现在还可以将生成的网格导出为具有原始三角剖分和场景层次结构的 FBX 文件，兼容性和稳定性更强。

图 6-30　Substance Painter 开发界面的 UV 拆分功能

（2）烘焙功能升级

新的 Substance Painter 烘焙功能更强大，解决了曲率贴图和 AO 贴图的接缝问题（见图 6-31），并且实现了新的曲率烘焙与高多边形网格一起使用的功能。烘焙功能支持 RTX 光追加速，使显卡的使用效率大幅提升，降低了 CPU 负担。

图 6-31 Substance Painter 烘焙界面

（3）新的导出窗口

新的导出窗口提供了许多新选项（见图 6-32），新增了纹理清单页面，可以自定义导出纹理，还可以选择自定义文件格式和位深度。每个纹理集都有覆盖，简单来说，就是导出窗口新增了一个界面，专门用于展示导出纹理的清单。

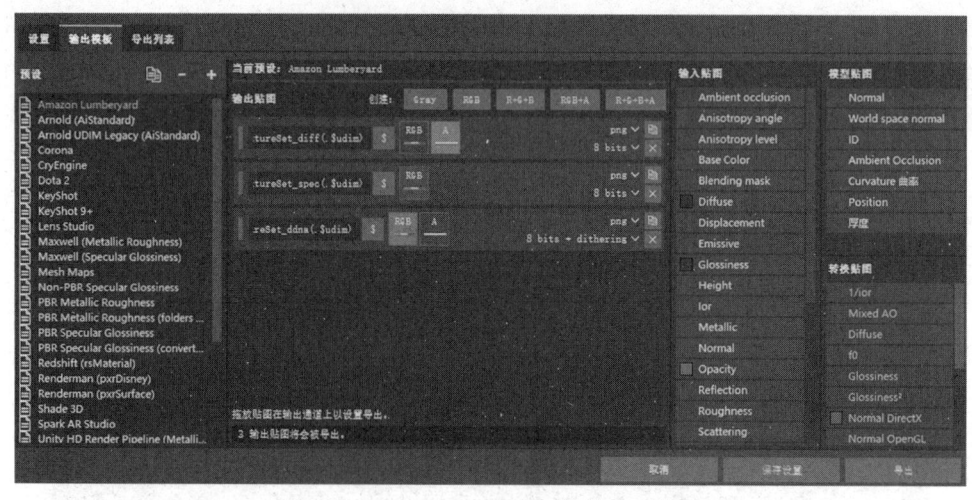

图 6-32 Substance Painter 新的导出窗口

（4）新贴花模式

贴花功能是一种节省场景资源的常规方式（见图 6-33）。在场景制作中，大面积的地面或是墙体会用到重复贴图，但是贴图重复度过高会造成贴图看起来无变化且不自然。而贴花功能既能使用一张图进行大面积重复，以达到节约资源的目的，又能通过贴花制作出丰富且具有特色的真实变化效果。

Substance Designer 是为那些想创造更多的美术作品，但是时间有限且软件选择不多的 3D 艺术家而设计的全面工具（见图 6-34）。它具有以下特点：多通道输出，可以定义和嵌入尽可能多和需要的材质贴图种类；兼容性强，Substance 生成的文件可以在默认情况下兼容游戏引擎和 DCC 工具；实时的预览功能，能够让用户实时地看到最后材质的真实样貌，并且直接应用到模型上，可以和选择的 Shader 配合使用。

模型表面信息的处理方式是自动从模型中生成所需的材质，如基于 UV

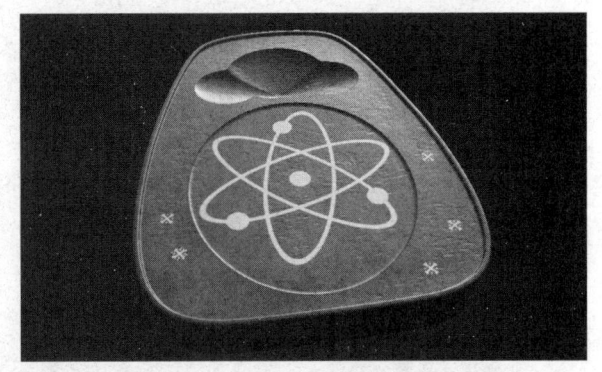

图 6-33　Substance Painter 贴花功能

的矢量图遮罩、AO 贴图、Curvature 贴图、世界空间和切线空间法线、位置贴图等。此外，它可以与 PSD 文件互相链接。使用者可以在其最喜爱的绘图软件中绘制或添加细节，并在 Substance Designer 中看到即时效果。

贴图可以是图像文件，也可以是程序生成的。基于此，贴图可以分为以图像为数据的图像纹理和以程序为主的程序纹理两种。游戏引擎或三维软件的材质，由于其自身的属性不能完全描述物质的详细细节，因此引入了"贴图"这个图像数据。通过对材质的某些属性进行详细控制和精确调整，能使模型表面更精细，从而使渲染表现更逼真。图 6-35 为 Substance Designer 的贴图效果图。

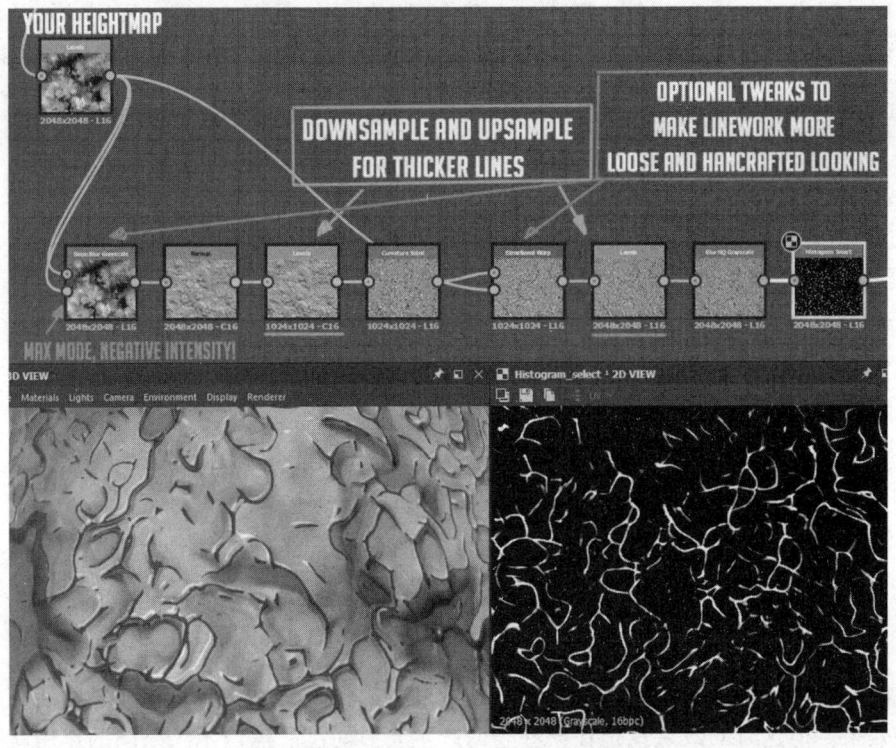

图 6-34　Substance Designer 效果图

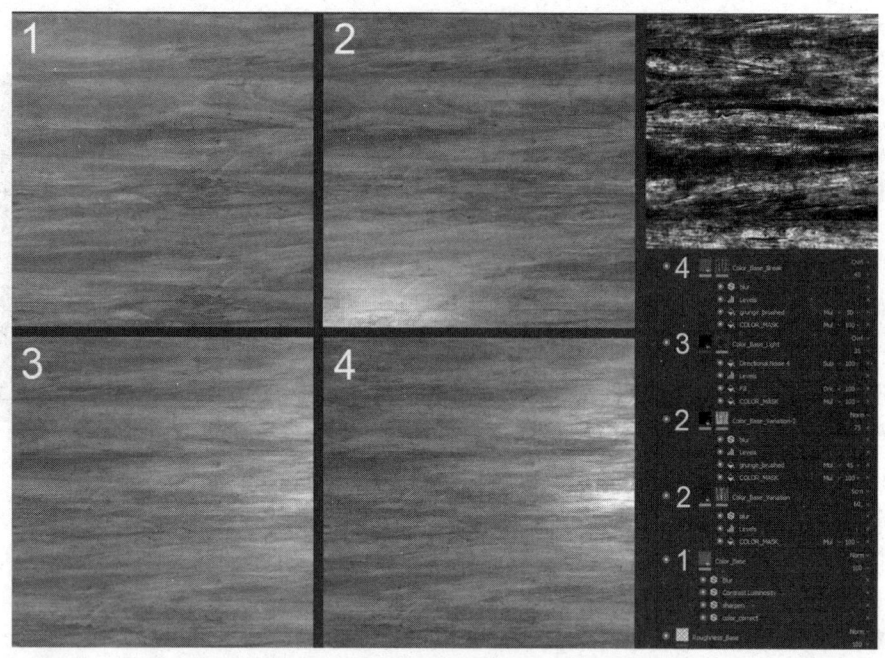

图 6-35 Substance Designer 贴图效果

例如，在颜色属性纹理中载入一张木纹图像，那么原本的颜色就失去了作用。纹理通道载入的图像纹理取代了颜色通道的颜色，木纹图像的各种颜色就按照模型的 UV 贴到模型上面，模型的表面细节也就变得非常丰富。

同时，我们也可以在颜色纹理通道中载入程序贴图（见图 6-36）。程序贴图的优点是没有接缝，而且有不同的参数，能够随时调整这些参数，而载入图像纹理则不会改变。

图 6-36 Substance Designer 载入图像纹理的贴图效果

在凹凸通道（见图 6-37）中载入一张处理过的黑白木纹纹理并经过渲染之后，就具有了凹凸效果。但这时的效果只是在模型表面产生光影而已。黑白木纹贴图的作用就是控制并改变模型表面某些位置的法线方向，此时贴图起到控制作用。

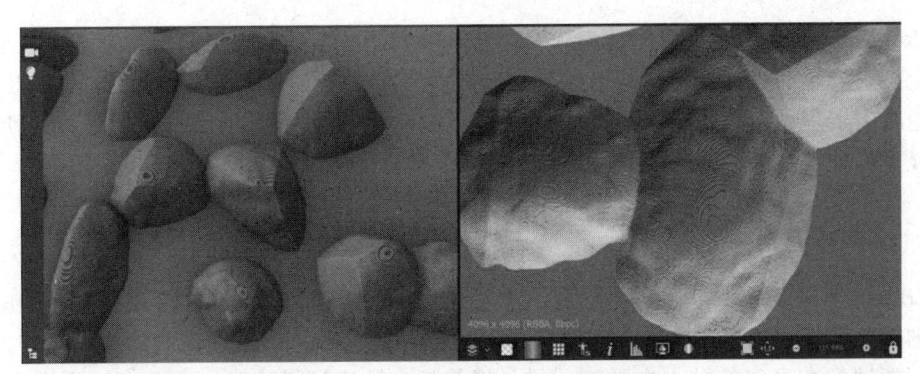

图 6-37 Substance Designer 凹凸通道

Substance Designer 制作的 SBSAR 材质包（程序纹理）可以直接提供给游戏引擎使用，也可以提供给 Substance Painter 充当调用绘制的材质。SBSAR 材质包还可以通过 Substance Bitmap2Material 转换为所需的各种材质贴图图像文件，供游戏引擎和三维软件使用。同时，SBSAR 材质还可以提供给 Substance Player，转换为所需的各种材质贴图图像文件。Substance Painter 在模型的辅助和 UV 的控制下，可以在模型上绘制各种贴图，最后输出的是固定分辨率的各种贴图文件（图像文件）。

6.3.5　UVLayout 与 Unfold3D

UVLayout 和 Unfold3D 是两款专业的 UV 展开软件，在三维建模和贴图制作领域广受好评。UVLayout 由 Headus 开发，因其直观的界面和高效的展开算法而深受 CG 艺术家的喜爱。它能够快速展开复杂模型的 UV，减少接缝和拉伸，让贴图工作更加便捷。通过交互式的编辑工具，用户可以精确控制 UV 的展开过程，确保每个部分都能获得最优化的贴图空间分配。UVLayout 效果图如图 6-38 所示。

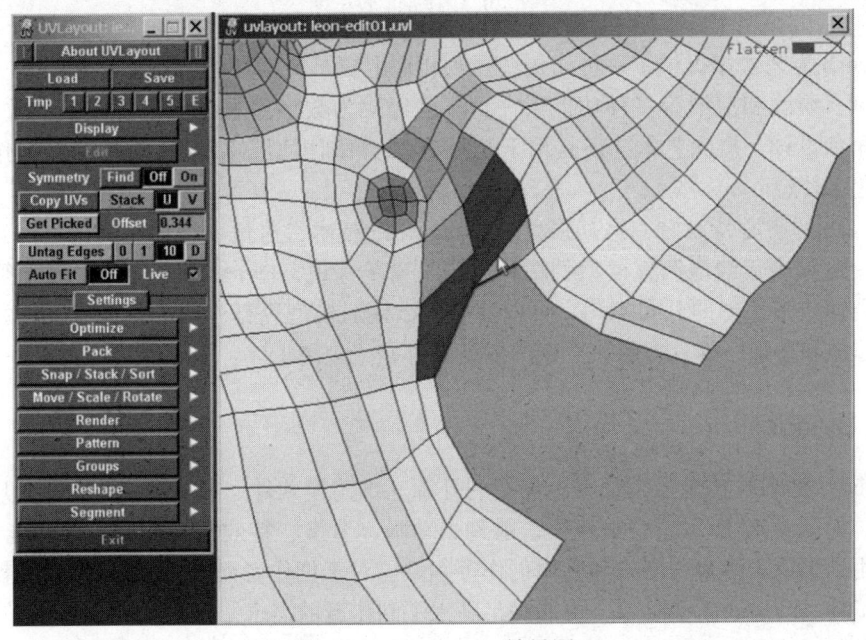

图 6-38　UVLayout 效果图

Unfold3D 以其快速且智能的 UV 展开技术闻名,特别适合需要高效率处理大规模模型的场合。它内置了先进的算法,可以自动分析模型的几何形态,提供平滑的 UV 展开效果,极大地减少了手动调整的工作量。Unfold3D 的自动化和易用性,让用户在保持精确度的同时,显著提升了 UV 展开的效率,是 CG 制作中提升工作流效率的重要工具之一。

6.3.6　ZBrush

ZBrush 是一款备受欢迎的数字雕刻和绘画软件,由 Pixologic 公司开发,专门用于创建精细的三维模型和艺术作品。它因强大的雕刻功能和独特的创作流程而广受好评,让艺术家们能够像在真实的黏土中雕刻一样,轻松地在数字环境中自由创作,特别适合游戏、美术、电影特效和动画等领域的创作者。ZBrush 效果图如图 6-39 所示。

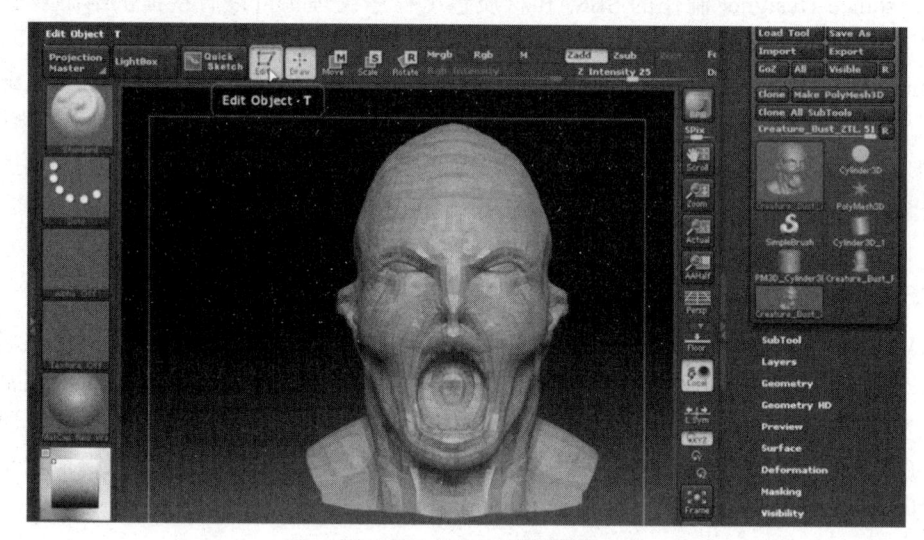

图 6-39　ZBrush 效果图

ZBrush 为艺术家提供了一种与传统雕刻相似但更具灵活性的数字化创作方式。它集建模、雕刻、绘画和渲染等多种功能于一身,已经成为数字艺术领域不可或缺的重要工具。不论是角色设计、概念艺术,还是用于 3D 打印的精细模型,ZBrush 都能帮助创作者实现他们的艺术梦想。

ZBrush 的核心特点之一是其强大的 DynaMesh 技术,这是一种动态网格重构工具,可以在雕刻过程中无缝地调整模型的拓扑结构。简单来说,DynaMesh 让艺术家无须担心网格的复杂性或多边形的分布不均,可以随心所欲地对模型进行修改,就像对真正的泥巴进行不断添加和塑形一样,对每一个细节的雕刻都毫无束缚。

6.3.7　Blender

Blender 是一款功能强大且完全免费的开源三维建模软件,由 Blender 基金会开发并不断完善,如图 6-40 所示。它集建模、雕刻、动画、渲染、特效和视频编辑等功能于一体,广泛应用于影视、游戏、广告和艺术创作等领域。对于创作者而言,Blender 是一款灵活而全面的工具,既适合新手学习,也能满足高水平制作者的需求。

Blender 的建模工具非常丰富,无论是多边形建模、曲线建模,还是数字雕刻,它都能轻松应对。得益于 Blender 的"节点编辑"系统，用户可以通过直观的方式来创建复杂的材质和特效，大大提升了创作的自由度。此外，Blender 还集成了 Eevee 和 Cycles 两个强大的渲染引擎，其中 Eevee 适用于实时预览和快速出图，而 Cycles 则擅长高质量的光线追踪渲染，提供逼真的光影效果。

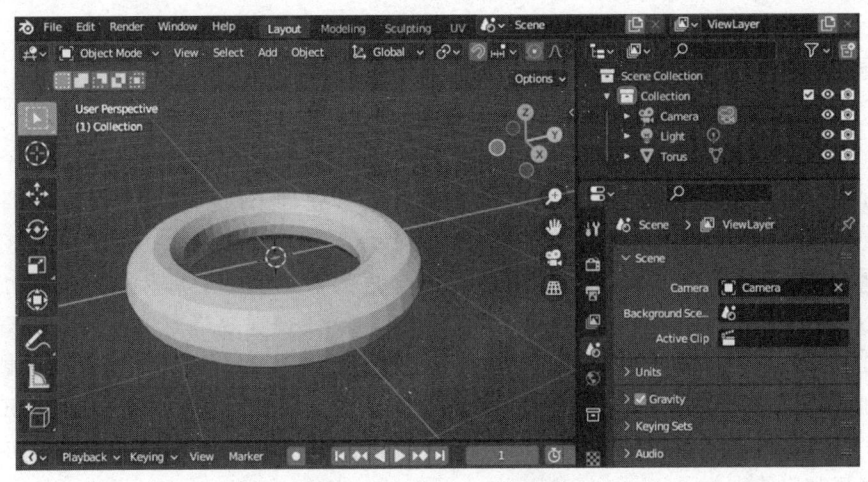

图 6-40　Blender 效果图

6.3.8　Houdini

Houdini 是一款由 SideFX 开发的高端三维建模和特效制作软件，以其独特的程序化工作流程闻名于 CG 制作行业，如图 6-41 所示。Houdini 在影视、游戏和广告制作中扮演着重要角色，尤其在视觉特效领域，它是许多大型电影和游戏制作的首选工具。Houdini 最大的亮点是其强大的程序化节点系统，通过节点连接，用户可以灵活地创建复杂的几何体、特效和动画。与传统的手动建模方式不同，Houdini 的程序化建模让用户能够轻松调整参数，随时迭代和优化项目，这种高效灵活的工作流程特别适合需要频繁调整和制作大规模效果的场景，比如烟雾、火焰、水体和破碎等自然现象的模拟。

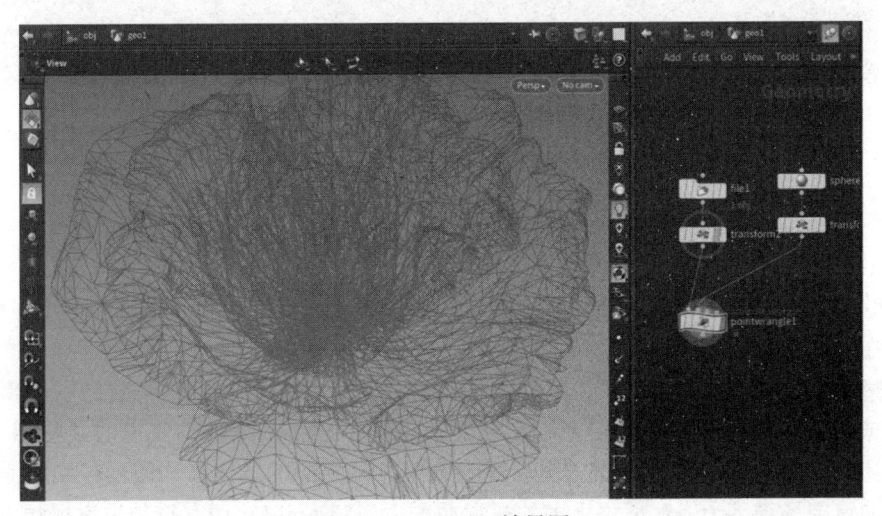

图 6-41　Houdini 效果图

除了特效功能，Houdini 还具备强大的角色动画和材质渲染能力。它集成的 Mantra 渲染器和支持第三方渲染器（如 Redshift 和 Arnold）的特性，使得艺术家能够渲染出极为逼真的图像效果。尽管 Houdini 的学习曲线相对陡峭，但其强大功能和高度的创作自由度，使其成为许多专业 CG 艺术家的必备工具，是追求高品质效果的创作者不可或缺的利器。

6.4 音乐及音效处理工具

6.4.1 Audition

Adobe Audition 是一款专业级的音频编辑和混音软件，广泛应用于广播、音乐制作和影视后期等领域如图 6-42 所示。虽然它并不是一款三维建模软件，但对提升三维动画作品的整体表现力至关重要。Audition 提供了丰富的音频编辑工具和强大的多轨混音功能，可以为动画场景加入生动的音效、配乐和对白，使视觉效果更加逼真、更富有感染力。Audition 的用户界面直观易懂，兼具专业性和易用性，适合从新手到专业音频工程师的广泛用户群体。通过与 Adobe 其他软件的无缝集成（如 Premiere Pro 和 After Effects），Audition 可以轻松融入影视后期和动画制作的工作流程中，帮助创作者高效地完成音频的录制、修复和最终混音。

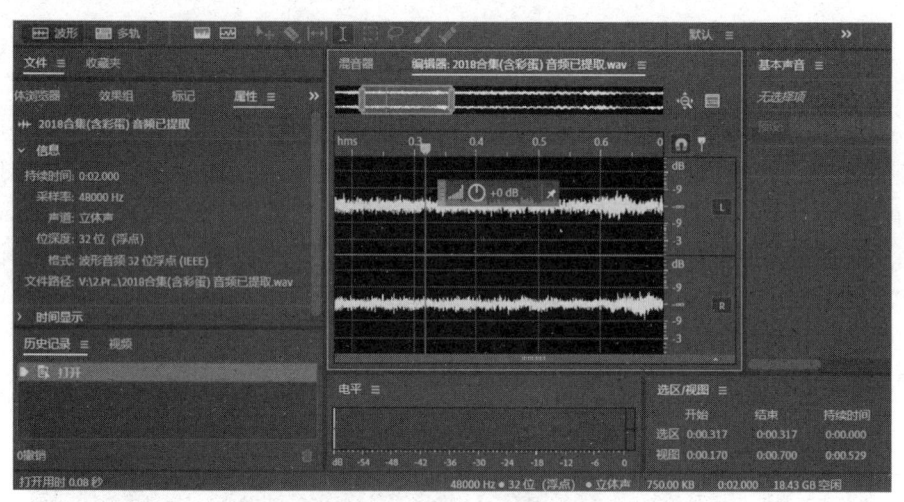

图 6-42 Audition 效果图

6.4.2 Virtual DJ

Virtual DJ 是业界备受推崇的一款专业 DJ 混音软件（如图 6-43 所示），新版本增加了视频皮肤、数千款视觉效果以及与直播平台的对接功能，让创作和演出过程更加轻松有趣。无论是在俱乐部、活动现场还是在直播平台，都能轻松展现自我。

通过 Virtual DJ 内置的视频皮肤，创作者可以将炫酷的视觉效果实时展示在俱乐部的大屏幕或投影仪上，使得混音操作在观众面前一目了然，带来身临其境的共鸣感。此外，新版本还为音频混缩提供了丰富的全新视觉效果，从炫酷的隧道与均衡器，到充满科幻感的模型和氛围场景，为表演增添更多的视觉冲击力。Virtual DJ 还支持与主流视频直播平台的无缝对接，能够加入炫丽的视频皮肤图形、叠加摄像头画面、实时聊天以及屏幕捕获功能，使得表演比以往更加轻松有趣，在观众心中留下更深刻的印象。

图 6-43 Virtual DJ 效果图

参考文献

[1] SEERS T D, SHEHARYAR A, TAVANI S, et al. Virtual outcrop geology comes of age: the application of consumer-grade virtual reality hardware and software to digital outcrop data analysis [J]. Computers and Geosciences, 2022, 159.

[2] 朱少民. 软件测试方法和技术 [M]. 北京：清华大学出版社. 2005.

[3] 向春宇. VR\AR 与 MR 项目开发实战 [M]. 北京：清华大学出版社. 2005.

[4] 王贤坤. 虚拟现实技术与应用 [M]. 北京：清华大学出版社. 2018.

[5] 周忠, 周颐, 肖江剑. 虚拟现实增强技术综述 [J]. 中国科学：信息科学. 2015, 45（2）: 157-180.

思考题

1. 在实际使用时，面对本章中介绍的开发工具与具有相同的功能的工具，用户应如何进行选择？
2. 在实际的开发流程中，如何根据具体需求选择适合的开发工具？
3. 本章介绍的开发工具，其设计的初衷是解决什么问题？
4. 在实际开发过程中，如何选择开发工具的插件来达到事半功倍的效果？
5. 本章介绍的开发工具都经历了哪些经典的迭代才达到了现在的水平？

第 7 章 虚拟现实开发平台

7.1 Unity 3D

Unity 是实时 3D 互动内容创作和运营平台。游戏开发、美术设计、建筑设计、汽车设计、影视制作在内的所有创作者，都可以借助 Unity 将创意变成现实。Unity 平台提供一整套完善的软件解决方案，可用于创作、运营和变现任何实时互动的 2D 和 3D 内容，支持的平台包括手机、平板计算机、PC、游戏主机、增强现实和虚拟现实设备。

7.1.1 Unity 3D 的发展历史

2002 年 5 月 21 日凌晨 1 点多，丹麦程序员 Nicholas Francis 正在编写其游戏引擎的着色器系统。他在 Mac OpenGL 板块上寻求帮助，几小时后，德国程序员 Joachim Ante 对他的帖子做出了回应。两个人交流后，合作创建了一个着色器系统，并最终决定用这个系统创建一个新的游戏引擎。这时，来自冰岛的 David Helgason 也对他们的项目非常感兴趣，于是加入了他们的团队一起开发引擎。

2004 年，这三个年轻人在哥本哈根一起创立了名为 Over The Edge Entertainment（OTEE）的公司，其中 David Helgason 任 CEO，Nicholas Francis 任 CCO，Joachim Ante 任 CTO。

2005 年，该公司开发并发布了第一款名为 GooBall 的游戏，由 Ambrosia Software 发行。当时，这款游戏只能在 Mac 上运行。在游戏中，玩家所扮演的角色是一名被装在一个由原生质组成的球体中的外星人。玩家需要通过控制平台的倾斜角度，使得所扮演的角色可以不停地滚动。在游戏过程中，有宝石供玩家收集。这款游戏并没有取得商业上的成功，但是这三个年轻人发现，为了这款游戏而制作出来的开发工具 Unity 极大地简化了游戏开发的流程。他们认识到 Unity 作为工具在游戏开发中的巨大价值，于是决定转变公司的发展方向，专门为其他开发者提供游戏开发工具。

2005 年，他们将公司总部设立在美国旧金山。同年 6 月，在苹果公司的 WWDC 上，他们发布了 Unity1.0 版本引擎。至此，Unity 引擎正式诞生。彼时的 Unity 只支持 Mac 平台。

2006 年，Unity 工具获得了苹果设计奖 Mac OS 图形卡最佳应用第二名。

2007 年，OTEE 将公司名字改为 Unity Technologies。同年，苹果公司发布 iPhone，当时只有 Unity 支持 iPhone，并为开发者提供了完善的手机游戏开发工具和方案。这样，在很长一段时间内，Unity 成为开发 iOS 游戏的唯一工具。同年，Unity2.0 版本发布，该版本增加了超过 50 个新功能，包括 3D 地形引擎、实时动态 Shadows、光照系统等。同时，它还支持开发者非常方便地开发多人在线游戏。

2009 年，Unity2.5 版本发布，开始加入对 Windows 系统的支持。

2010 年，Unity3.0 版本发布，加入了对游戏主机平台和安卓平台的支持。同时，Unity

Asset Store 上线，用户可以在上面购买到各种各样的游戏开发资源包，包括美术素材、音频素材、功能插件等。有了官方资源商店，创作者可以通过商店售卖自己制作的素材获利。同时，这些素材也帮助游戏团队和独立游戏开发者提高了游戏开发效率。

2012 年，Unity4.0 版本发布。该版本增加了对 DirectX 11 和 Adobe Flash 的支持。同时，它还增加了新的动画系统 Mecanim，其中的重定向（Rig）系统将骨骼动画统一到 Unity 的动画框架之下，可以让用户很容易地将自己制作好的游戏人物角色使用 Unity 自带的一套动作。同时，它也可以将用户制作好的骨骼动画通过 Rig 系统映射到 Unity 的骨骼系统中，Rig 后的骨骼动画可以直接使用。

2015 年，Unity 5.0 版本发布。Unity 在该版本中改进了光照系统和音频系统，同时支持 WebGL。

2016 年年底，Unity 官方做出了一个决定，改变了 Unity 版本的命名方式，即按照年份命名。因此，Unity5.0 之后的版本改成了 Unity2017.x.x。通常，Unity 每年都会发布 4 个大型的版本，如 Unity2017.1、Unity2017.2、Unity2017.3 和 Unity2017.4。其中第 4 个版本发布为 LTS（长期支持版）版，该版本适用于希望长期开发和发布游戏/内容，并期望长时间保持稳定版本的用户。从该版本开始，Unity 取消了对 JavaScript 脚本的支持，只支持 C# 语言进行脚本编程。

从 Unity2018 版开始，Unity 加入了 Unity Hub 管理工具，可以非常方便地对不同的 Unity 版本统一进行管理。同时，它引入了可编程渲染管线模板，推出了高清渲染管线（High Definition Render Pipeline，HDRP）和轻量级渲染管线（Lightweight Render Pipeline，LWRP）。

之后，Unity Hub 随着时间的推移也进行了一系列的版本升级。截至本书编写时，Unity Hub 的最新版本是 V3.2.0-c2。目前的 Unity Hub 将项目、安装、学习、社区、性能分析、游戏云、云桌面和通知等功能都整合在一起，无论是初学者还是精通者，都能够快速地找到自己想要的内容。

7.1.2 Unity 3D 的核心功能概述

Unity 3D 的核心功能主要包括以下几个方面：资源管理、输入、图形系统、物理系统、脚本系统、动画系统和用户界面（UI）系统。

1. 资源管理

资源是指 Unity 项目中用来创建游戏或应用的任何项。资源可以是项目中的视觉或音频元素，如 3D 模型、纹理、精灵、音效或音乐。资源还可以是更抽象的项目，如任何用途的颜色渐变、动画遮罩、任意文本或数字数据。

资源可能来自 Unity 外部创建的文件，如 3D 模型、音频文件和图像。此外，还可以在 Unity 编辑器中创建一些资源类型，如 ProBuilder 网格（ProBuilder mesh）、动画器控制器（Animator Controller）、混音器（Audio Mixer）或渲染纹理（Render Texture）。

图 7-1 显示了在 Unity 中使用资源时的典型工作流程。每列代表一个单独的步骤，如下所述：

- 将资源导入 Unity 编辑器；
- 使用 Unity 编辑器通过这些资源创建内容；

- 构建应用或游戏文件，以及可选的随附内容包；
- 分发构建的文件，以便用户可以通过发布者或应用程序商店访问；
- 根据用户的行为以及对内容进行分组和捆绑的方式，在运行时根据需要加载进一步更新。

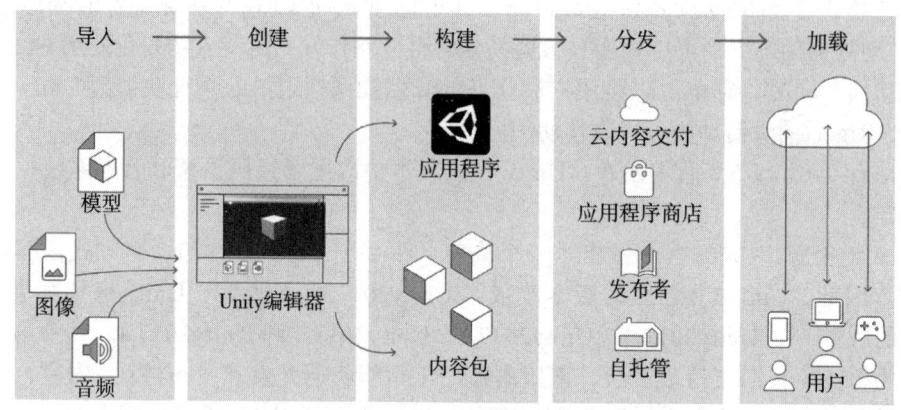

图 7-1　Unity 中使用资源的典型工作流程

2. 输入

Unity 3D 的输入系统允许用户使用设备、触摸或手势来控制应用程序。用户可以对应用程序内的元素进行编程，如图形用户界面（GUI）或用户头像，以不同的方式响应用户输入。

Unity 支持来自多种输入设备的输入，包括键盘和鼠标、游戏杆、控制器、触摸屏、加速计或陀螺仪等移动设备的运动感应功能，以及 VR 和 AR 控制器。

Unity 通过以下两个独立的系统提供输入支持。

- 输入管理器（input manager）是 Unity 核心平台的一部分，默认情况下可用。
- 输入系统（input system）是一个包，必须先通过包管理器进行安装后才能使用。它需要 .NET 4 运行时，并且不能在使用旧版 .NET 3.5 运行时的项目中使用。

3. 图形系统

Unity 的图形功能可控制应用程序的外观并且高度可自定义。用户可以使用 Unity 的图形功能在各种平台（从移动设备到高端游戏机和桌面）创建精美、优化的图形。

在 Unity 中，用户可以选择不同的渲染管线。Unity 提供了三个具有不同功能和性能特征的预构建渲染管线，用户也可以创建自己的渲染管线。

Unity 提供以下渲染管线。

- 内置渲染管线是 Unity 的默认渲染管线。这是通用的渲染管线，它的自定义选项有限。
- 通用渲染管线（URP）是一种可快速轻松自定义的可编程渲染管线，允许用户在各种平台上创建优化的图形。
- 高清渲染管线（HDRP）是一种可编程渲染管线，可让用户在高端平台上创建出色的高保真图形。

此外，还可以使用 Unity 的可编程渲染管线 API 来创建自己的自定义渲染管线。

4. 物理系统

Unity 可帮助用户在项目中模拟物理系统，以确保对象正确加速并对碰撞、重力和各种其他力做出响应。Unity 提供了以下不同的物理引擎实现方案，用户可以根据自己的项目需求选用 3D、2D、面向对象或面向数据。

如果是面向对象的项目，则使用符合需求的 Unity 内置物理引擎：

- 内置 3D 物理系统（集成 NVIDIA PhysX 引擎）。
- 内置 2D 物理系统（集成 Box2D 引擎）。

如果项目使用 Unity 的面向数据的技术堆栈（DOTS），则需要安装专用的 DOTS 物理包。可用的包如下：

- Unity Physics 包。它是默认需要安装的 DOTS 物理引擎，用于在任何面向数据的项目中模拟物理系统。
- Havok Physics for Unity 包。它是适用于 Unity 的 Havok 物理引擎的实现方案，用作 Unity Physics 包的扩展。请注意，此包受制于特定的许可方案。

5. 脚本系统

脚本是使用 Unity 开发的所有应用程序中必不可少的组成部分。大多数应用程序都需要脚本来响应玩家的输入并安排游戏过程中应发生的事件。除此之外，脚本还可用于创建图形效果、控制对象的物理行为，甚至为游戏中的角色实现自定义的 AI 系统。

Unity 对脚本使用标准 Mono 运行时的实现方案。同时，在从脚本访问引擎方面，Unity 仍然有自己的惯例和技术。Unity 本身支持 C# 编程语言。C# 是一种类似于 Java 或 C++ 的行业标准语言。

除此之外，许多其他 .NET 语言，只要能编译兼容的 DLL，都可以用于 Unity。

6. 动画系统

Unity 的动画功能包括可重定向动画、运行时对动画权重的完全控制、动画播放中的事件调用、复杂的状态机层级视图和过渡、面部动画的混合形状等。

Unity 有一个丰富而复杂的动画系统（有时称为 Mecanim）。该系统具有以下功能：

- 为 Unity 的所有元素（包括对象、角色和属性）提供简单的工作流程和动画设置。
- 支持导入的动画剪辑以及 Unity 内创建的动画。
- 人形动画重定向能够将动画从一个角色模型应用到另一角色模型。
- 对齐动画剪辑的简化工作流程。
- 方便预览动画剪辑以及它们之间的过渡和交互。（因此，动画师与工程师之间的工作更加独立，使动画师能够在挂入游戏代码之前为动画构建原型并进行预览。）
- 提供可视化编程工具来管理动画之间的复杂交互。
- 以不同逻辑对不同身体部位进行动画化。
- 分层与遮罩功能。

7. UI 系统

Unity 提供了三个 UI 系统，用户可以使用它们为 Unity 编辑器和在 Unity 编辑器中创建的应用程序创建 UI。

(1)UI 工具包

UI 工具包是 Unity 中最新的 UI 系统，旨在优化跨平台的性能，它基于标准 Web 技术。用户可以使用 UI 工具包为 Unity 编辑器创建扩展，并为游戏和应用程序创建运行时 UI（如果已安装了 UI 工具包软件包）。

UI 工具包包括：

- 一个保留模式 UI 系统，包含创建用户界面所需的核心特性和功能。
- UI 资源类型，受标准 Web 格式（如 HTML、XML 和 CSS）启发，可使用它们来实现 UI 的构建和风格。
- 工具和资源，用于学习使用 UI 工具包创建和调试界面。

Unity 希望使用 UI 工具包作为新 UI 开发项目的推荐 UI 系统，但它仍然缺少 Unity UI（UGUI）和 IMGUI 中的一些功能。

(2)Unity UI 软件包（UGUI）

Unity UI 软件包（也称为 UGUI）是一个较旧的、基于游戏对象的 UI 系统，用户可以使用它为游戏和应用程序开发运行时 UI。在 Unity UI 中，可使用组件和 Game 视图来排列和定位用户界面并设置其样式。它支持高级渲染和文本功能。

(3)IMGUI

立即模式图形用户界面（IMGUI）是一个代码驱动的 UI 工具包，它使用 OnGUI 函数以及实现它的脚本来绘制和管理用户界面。用户可以使用 IMGUI 来创建脚本组件的自定义 Inspector、Unity 编辑器的扩展以及游戏内调试显示。但不推荐将它用于构建运行时 UI。

7.1.3　Unity 3D 的虚拟现实支持

Unity 3D 是全球最受欢迎的跨平台游戏引擎之一，其虚拟现实支持也是其核心竞争力之一。近年来，Unity 逐步加强了对虚拟现实的支持，尤其是对 OpenXR 的全面集成，使得开发者能够更加高效地面向多平台、多硬件设备进行开发。

OpenXR 是由 Khronos Group 推动的开放标准，旨在简化 XR 开发的复杂性。它提供了一个通用的 API 层，允许开发者在不依赖于特定硬件的情况下编写 XR 应用。Unity 从 2019 年起就开始支持 OpenXR，现如今已经实现了对该标准的广泛兼容。通过 Unity 的 XR 插件，开发者可以轻松使用 OpenXR 框架，适配不同品牌和类型的设备，而无须为每个硬件单独优化。这种统一的开发环境大幅降低了跨平台开发的难度，特别是在需要兼容多个 XR 硬件时显得尤为重要。

在硬件层面，Unity 不仅支持 Meta（原 Oculus）旗下的设备，如 Meta Quest 系列，还对苹果的 Vision Pro 等高端设备提供了良好的支持。通过 OpenXR，开发者可以更方便地接入这些硬件设备的特性，例如 Meta 的手部追踪、苹果设备的空间音频等。与此同时，Unity 还兼容其他主流 XR 设备，如 HTC Vive、Microsoft HoloLens 等。

从技术框架上看，Unity 的 XR 支持模块采用了模块化设计，开发者可以根据项目需求启用或禁用不同的 XR 插件。这样不仅提升了应用的灵活性，还优化了项目的性能表现。Unity 的 XR Interaction Toolkit 则为开发者提供了一套高层级的工具包，帮助快速构建复杂的交互系统，从而加快了 XR 项目的开发流程。

Unity XR 插件框架结构图如图 7-2 所示。

```
                    Unity XR 技术栈
    ┌──────────────┐    ┌──────┐    ┌──────┐
    │ 混合与增强现实工作室 │───▶│  AR  │    │  VR  │
    │    (MARS)    │    │ 应用 │    │ 应用 │
    └──────────────┘    └──────┘    └──────┘
                           ▲           ▲
    ┌──────────────┐    ┌──────────────┐
    │ AR Foundation│◀───│XR Interaction│     开发者工具
    │              │    │   Toolkit    │
    └──────────────┘    └──────────────┘
              ▲            ▲
         ┌────────────────────────────┐
         │         XR 子系统           │
         │ ┌────┐┌────┐┌────┐┌──────┐┌──────┐
         │ │显示││输入││环境││面部识别││光线投影│
         │ └────┘└────┘└────┘└──────┘└──────┘   XR 插件框架
         │ ┌────┐┌──────┐┌──────┐┌──────┐┌──────┐
         │ │摄像头││平面识别││图像追踪││对象追踪││网格处理│
         │ └────┘└──────┘└──────┘└──────┘└──────┘
         └────────────────────────────┘
         ┌────────────────────────────┐
         │       Unity XR SDK         │
         └────────────────────────────┘
```

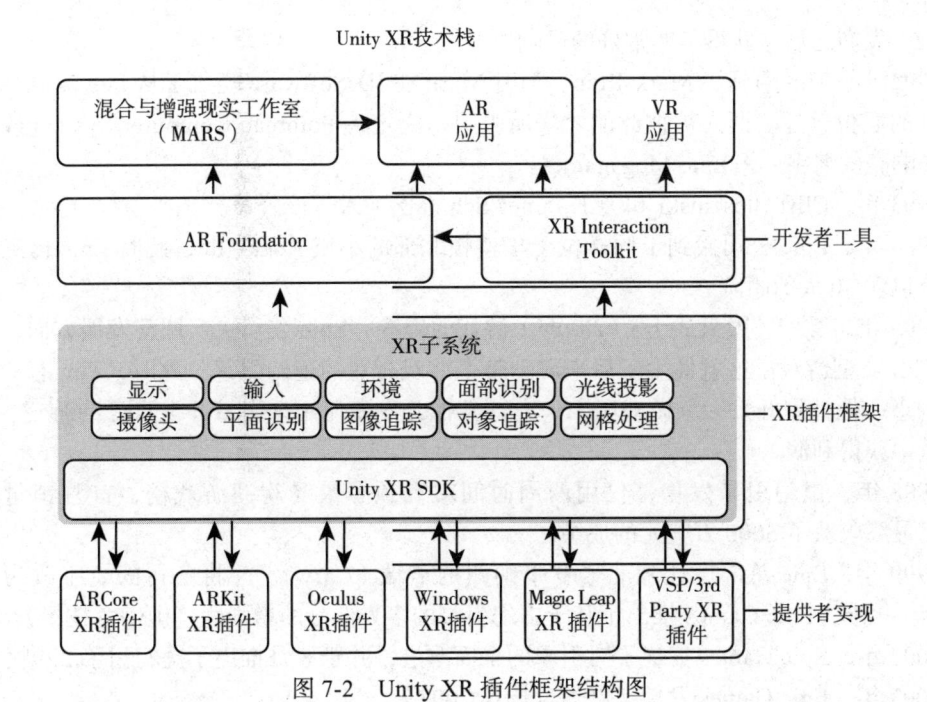

图 7-2 展示了 Unity XR 支持的技术架构，涵盖了从底层到高层的关键组件。底层是 Unity XR SDK，它是与不同平台交互的核心，包括 ARCore、ARKit、Oculus、Windows、Magic Leap 等 XR 插件。这些插件通过标准化接口，允许开发者利用各自的硬件特性进行跨平台开发。

在 XR 插件框架的支持下，XR 子系统管理多个核心功能模块，如显示、输入、摄像头、环境、面部识别、图像追踪、对象追踪和网格处理。这些子系统提供了统一的功能抽象层，确保跨平台一致性。

更高层的是开发者工具，包括 XR Interaction Toolkit 和 AR Foundation，它们分别用于 VR 和 AR 应用的快速开发。这些工具帮助开发者轻松实现复杂的交互和 AR 场景构建。同时，Unity 还提供了混合与增强现实工作室（MARS），用于精细化管理混合现实环境。

7.2 虚幻引擎

虚幻引擎（Unreal Engine，UE）由 Epic 开发，是世界知名授权最广的游戏引擎之一。

7.2.1 虚幻引擎的发展历史

1991 年，在美国首都华盛顿北部的一座名为 Potomac 的小城，一位名叫 Tim Sweeney 的马里兰大学机械工程系学生创办了一家名叫 Potomac Computer System 的咨询公司，公司的主营业务为计算机相关的服务。经过一段时间的经营，生意并不理想，因此 Tim 计划转型。他用了 9 个月左右的时间开发了一款基于 MS-DOS 系统的点阵像素游戏——ZZT。该游戏是第一款用面向对象方法开发的游戏，从严格的意义上说，该游戏更像是一款自由度非常高的工具。它允许玩家通过编辑器制作关卡和编写脚本，制作属于自己的个性化游戏。ZZT 发布之后，获得了非常好的反响。

1992 年，Tim 遇到了 Mark Rein。当时 Mark 在 ID Software 完成了从 bug 测试员到公司经理的职位升迁。两人被彼此的才华所吸引，决定将 Potomac Computer System 改为一个更加响亮的名字——Epic Megagames。

1993 年，Cliff Bleszinski 和美工 James Schmalz 加入了该公司。

1994 年，Epic 公司搬到了同样位于华盛顿北部的小城 Rockville，此时 Epic 已经拥有了一个包含 30 人的团队。

1995 年，受到《毁灭战士》(Doom) 游戏的影响，Epic 公司决定调整发展方向，全力进军 FPS 类型游戏。这就催生了后来震动整个游戏行业的虚幻引擎。此时，Tim 有一个大胆的构想，他计划开发一款游戏引擎，允许其他开发者使用该引擎开发自己的游戏，Epic 可以从中获得利润。

1998 年，虚幻引擎发售，仅用两周时间就登顶了最受欢迎游戏榜，首月销量超过百万，最终收获了 6000 万美元的成绩。

1999 年，Epic 总部搬迁到北卡罗来纳州的卡瑞（Cary），并将公司的名字改为 Epic Games。年末，Epic Games 推出了基于虚幻引擎的多人部分的增强版《虚幻竞技场》。

2002 年，Epic Games 完成了对引擎的全面改进，并于 8 月推出了虚幻引擎 2.0 版本。

2003 年，Epic Games 发售《虚幻竞技场 2003》。

2004 年，Epic Games 推出了虚幻引擎 2.5 版本，并发售《虚幻竞技场 2004》。虚幻引擎 2.5 版本可支持 64 位操作系统，这在当时是革命性的进步。

2006 年，Epic Games 将工作重心逐步转移到主机游戏，于年底发行了 XBOX360 游戏《战争机器》并获得了巨大成功。该游戏的投资为 1200 万美元，最终获得了 1 亿美元的收入。该游戏是第一款应用虚幻引擎 3.0 的游戏。

2007 年，Epic Games 发售了《虚幻竞技场 3》。

2012 年，腾讯公司斥资 3.3 亿美元（当时约合 20.5 亿人民币），收购了 Epic Games 的 48.4% 的已发行股份（相当于总股份的 40%），但 Tim 依然拥有超过 50% 的绝对控制权。

2014 年，虚幻引擎 4 发布。此时虚幻系列已经覆盖了 PC、Mac、主机、手机、VR 等平台。

2021 年，虚幻引擎 5 预览版发布。

7.2.2　虚幻引擎的核心功能概述

虚幻引擎是一套完整的开发工具，面向所有使用实时技术的开发者。它能为各行各业的专业人士提供无限的创作自由和空前的掌控力。无论是前沿娱乐内容、精美的可视化内容还是沉浸式虚拟世界，一切尽在虚幻引擎中。以下为虚幻引擎的主要功能。

1. 管线集成

虚幻引擎可无缝转换数据并自动完成数据准备，能完美融入工作管线。

（1）FBX、USD 和 Alembic 支持

通过对 FBX、USD 和 Alembic 等业界标准的支持，连通媒体生产管道。一流的 USD 使用户能够更好地与团队成员协作。虚幻引擎不需要费时的完整导入过程就可以从磁盘上的任何位置读取 USD 文件，并将更改回写到该文件，覆盖原内容。重新加载 USD 有效负

载，就可立即更新上游其他用户所做的更改。

（2）Python 脚本

将虚幻引擎集成到管道，利用虚幻编辑器中对业界标准 Python 脚本的全面支持，使工作流程自动化。可以构造资源管理管道，自动执行数据准备工作流程，程序性地在关卡中进行内容布局，并创建自定义 UI 来控制虚幻编辑器。

（3）Datasmith

Datasmith 可以将整个场景，包括动画和元数据，从 3ds Max、Revit、SketchUp Pro、Cinema 4D、Rhino、SolidWorks、CATIA 以及其他各种 DCC、CAD 和 BIM 格式进行高保真转换。非破坏性地再导入意味着可以继续在源数据包中进行迭代，而不会损失下游更改。对元数据的访问开启了通过 Python 脚本或 Visual Dataprep 自动进行数据准备的大门。

（4）Visual Dataprep

即使不是程序员，也可以使用 Visual Dataprep 工具轻松实现数据准备工作流程的自动化。该工具允许创建由过滤器和运算符组成的"配方"，并且把它保存下来再次用于其他场景或项目。可以生成 LOD、设置光照贴图 UV、替换材质，以及根据类别、名称、元数据标签或大小等因素删除或合并对象。

（5）ShotGrid 集成

虚幻引擎中的 ShotGrid 集成让美术师在 MAYA 等其他应用程序中创建的上游 3D 资源数据，以及需要由主管和导演在 ShotGrid 中审查的下游图像数据实现流畅的衔接。

（6）LiDAR 点云支持

整合并使用捕获自真实世界的超大数据集，允许直接在虚幻引擎内导入、可视化、编辑和操作来自激光扫描设备的点云数据。点云可用于可视化位置或为新设计的元素添加精确的情景。

2. 世界场景构建

快速创建、编辑并管理梦想中的实时环境。

（1）虚幻编辑器

虚幻引擎包含虚幻编辑器，它是一套集成式的开发环境，可用于在 Linux、macOS 和 Windows 上创作内容或开发游戏关卡。借助对多用户编辑的支持，美术师、设计师和开发人员可以安全而可靠地同时对同一个虚幻引擎项目进行更改。而在 VR 模式下运行完整虚幻编辑器的功能，意味着可以在所见即所得的环境中构建 VR 应用。

（2）可伸缩的植被

使用草地工具，可为大型户外环境自动覆盖不同类型的花草、小块岩石或所选择的网格体。同时，使用模拟森林多年生长过程的程序性植被工具，可创建充满不同种类乔木和灌木的巨大森林。

（3）资产优化

为了改进实时性能而准备和优化复杂模型可能是费时费力的体验，往往需要多轮重复工作。虚幻引擎提供了多种工具，如自动 LOD 生成、消除隐藏表面不必要细节的包壳和特征清除工具，以及将多个网格体及其材质合并为单一网格体和材质的代理几何体工具。

（4）网格体编辑工具

虚幻引擎包含基本的网格体编辑工具，可以纠正几何体中的小问题，而不必在源数据包中修正并重新导入。在静态网格体编辑器中,可以通过各种方式选择表面(直接选择、按材质选择、按元素选择或通过扩大/收缩选择)并创建、删除或翻转选定的表面,或者将它们分离为独立的新静态网格体。此外,也可以统一法线,指定新材质和执行基本的 UV 投射。

(5)地形和地貌工具

使用地形系统可以创建有山脉、峡谷甚至洞穴的超大规模开放世界场景环境和地形。可以添加多个高度图和绘制层,并分别雕刻和绘制它们。用户可以通过一个专为样条保留的图层非破坏性地编辑地形,在蓝图中创建独特的自定义笔刷,并使用它们根据其他元素改造地形。

(6)天空、云彩和环境光照

美术师可以自由编辑和渲染写实或风格化的天空、云彩和其他大气效果。全新的体积云组件可以与天空大气、天空光源和最多两种定向光源交互。相关组件可以动态打光及投射阴影,并可随一天中的时间变化实时更新。

(7)水体系统

使用全新的水体系统可以在地形中创建可信的水体,它允许用样条定义海洋、湖泊、河流和岛屿。内置的流体模拟功能可以让角色、载具和武器与水体进行逼真的交互。水体还会体现地形变化,如岸边的粼粼波光,并对河道流量图做出反馈。

3. 动画

内置高级绑定、角色动画、表演捕捉流送等功能,可以实现在背景中制作动画。

(1)角色动画工具

使用虚幻引擎的网格体和动画编辑工具可以全面定制角色并打造令人信服的动作。这些工具包含强大的功能,如状态机、混合空间、正向和逆向运动学(Inverse Kinematics,IK)、物理驱动的布娃娃效果动画,以及同步预览动画的功能。可编制脚本的骨架绑定系统提供实现程序性骨架绑定、引擎内动画或者设置自定义再定位或全身 IK 解决方案的方法。

(2)动画蓝图

使用动画蓝图可以创建和控制复杂的动画行为。动画蓝图是专用蓝图,它控制骨架网格体的动画。用户可在动画蓝图编辑器中编辑动画蓝图图表,可以在这里执行动画混合、直接控制骨架的骨骼,以及设置逻辑来定义每一帧要使用的骨架网格体的最终动画姿势。

(3)Live Link 数据流送

Live Link 插件能够将来自外部源的实时数据流连接到虚幻引擎。用户可以从 MAYA 或 Motionbuilder 等 DCC 工具流送角色动画、摄像机、光源和其他数据,也可以从包括 iOS ARKit 面部跟踪系统在内的动作捕捉或表演捕捉系统流送,从而用 iPhone 捕捉面部表演。Live Link 的设计确保了它能够通过虚幻插件扩展,从而使第三方能够为新的源添加支持。

(4)Take Recorder

Take Recorder 能够实现从链接到场景中角色的动作捕捉录制动画,也可从 Live Link 数据录制动画,供以后播放。因此,用户可以快速对表演录像进行迭代,并轻松审查先前的镜头。通过将 Actor 录制到子序列中并按镜头元数据组织它们，可以更方便地管理复杂的制片。

（5）Sequencer

由影视行业专家设计的 Sequencer 是一款完整的非线性、实时动画编辑工具，专为多人协同工作而生，能够释放用户的创作潜能。它能让用户以镜头为单位逐一定义和修改光照、镜头遮挡、角色以及布景。整个美术团队能够以前所未有的方式同时加工整个序列。

4. 渲染、光照和材质

虚幻引擎以出人意料的速度和掌控力获取开箱即用的、好莱坞级别的视觉效果。

（1）实时进行逼真的光栅化和光线追踪

通过虚幻引擎基于物理的光栅化器和光线追踪器，即可立等可取地实现好莱坞级别的视觉效果。用户可以自由选择光线追踪反光、阴影、半透明、环境光遮蔽、基于图像的光照和全局光照，同时继续对其他通道进行光栅化处理，从而以用户需要的性能获得精细、准确的效果。这些效果包括来自范围光源的动态柔和阴影，以及来自 HDRI 天空光照的光线追踪光源。

（2）路径追踪器

路径追踪器是一种经过 DXR 加速的、物理准确的先进渲染模式，不需要任何额外设置就能直接开启。它能产生通常只有离线渲染才能实现的最终像素输出，具有包括物理准确且确保质量的全局光照、物理准确的折射、在反射和折射中特征齐全的材质，以及超采样抗锯齿等特点。

（3）精细光照

通过种类繁多的先进光照工具，可以在保持实时性能的同时创建逼真的室内和室外光照效果。这些工具包括大气层太阳和天空环境、体积雾、体积光照贴图、预计算的光照情境和网格体距离场。

（4）灵活的材质编辑器

虚幻引擎 4 的材质编辑器采用基于物理的着色技术，赋予用户对角色、物体外观和感觉的空前掌控力。使用以节点为基础的直观工作流程可快速创建多种经得起近距离检验的表面。像素级别的图层材质和可微调的值能使用户创作出任何想要的风格。

（5）虚拟纹理

虚幻引擎提供了两种方法，能够将超大纹理分成小块并仅加载可见的图块，从而实现对这类纹理的支持。流送虚拟纹理处理使用来自磁盘上转换后纹理的纹素数据，以减少用于光照贴图和精细的 UDIM UV 美术创建纹理的纹理内存开销。运行时虚拟纹理处理由 GPU 在运行时生成纹素数据，改进程序性和图层材质的渲染性能。

（6）后期处理和屏幕空间效果

用户可以选择多种电影品质的后期处理效果来调整场景的整体外观和感觉，包括 HDR 泛光、色调映射、镜头眩光、景深、色差、虚光和自动曝光。屏幕空间反光、环境光遮蔽和全局光照能够在实现逼真效果的同时尽量降低成本。

（7）色彩准确的最终输出

虚幻引擎的内置合成器 Composure 可以更方便地实现直接在虚幻引擎中进行实时合成，能够在摄像机中提供最终像素输出。它也可以输出个别通道以便离线合成，并且支持

Composure 中的 OpenColorIO、视口、影片渲染队列和 nDisplay，能够按 ACES 标准输出到 HDR 显示屏，确保整个管道色彩的一致性。

（8）先进的着色模型

虚幻引擎的先进的着色模型包括光照、无光照、透明涂层、次表面散射、皮肤、毛发、双面植被和薄透明，让用户能够在种类繁多的物体和表面上制作出更逼真的效果。

（9）影片渲染队列

可用累进抗锯齿、动态模糊渲染影片和静态图片，直接在虚幻引擎中为电影、营销素材和线性娱乐创建不带后期处理效果的高品质多媒体内容。虚幻引擎支持分块渲染，可让用户创建极高分辨率的图像，如用于打印输出的内容。此外，它还可以为下游合成输出渲染通道。

（10）前向渲染

前向着色渲染器可提供更快的基线和渲染通道，这可以在 VR 平台和以任天堂 Switch 为代表的某些主机上实现更好的性能。对多重采样抗锯齿的支持也会给 VR 应用程序带来帮助，因为在这类应用程序中如果使用临时抗锯齿，头部跟踪引入的持续亚像素运动会产生令人讨厌的模糊现象。

5. 模拟和效果

虚拟引擎可创建可信的人类和动物角色、大型响应式环境，以及影视级的 VFX。

（1）Niagara 粒子和视觉效果

在内置的 Niagara 视觉效果编辑器中，通过可全面自定义的粒子系统创建电影品质的实时 VFX 特效，能够表现火焰、烟雾、尘土和流水等效果；通过粒子光源可影响用户场景，使用向量场创建复杂的粒子运动；使用粒子间通信可创建集群和连锁式效果；使用音频波形数据界面可以让粒子对音乐或其他音频源做出反应。

（2）布料工具

通过 Chaos 物理解算器能够模拟布料和其他织物。直接在虚幻编辑器中设置布料参数，即可立刻看到结果，从而快速且方便地进行迭代。使用 Paint Cloth Tool 能够直观地选择网格体中哪些部分的行为类似于布料，以及它们受到物理影响的程度。

（3）Chaos 纹理和破坏系统

Chaos 是虚幻引擎的次世代高性能物理系统。使用 Chaos 的破坏功能，用户可以获得前所未有的美术掌控力，使超大规模场景以电影品质发生断裂、破碎和爆破。Chaos 还支持静态网格体交互，用于悬空物体（如马尾辫）的布料、毛发和刚体动画。它还可以与 Niagara 集成，从而实现尘土和烟雾等次级效果。

（4）基于发束的毛发

利用 DCC 包中创建的皮毛，可以获得高达实时水平的速度模拟和渲染数以十万计的逼真毛发，从而实现更令人信服的人类角色和毛绒生物。发束可以根据皮肤变形，从而表现出逼真的绒毛和面部毛发。该系统拥有先进的毛发着色器和渲染系统，并通过 Chaos 集成了 Niagara 的物理模拟。

6. 游戏性和交互性编写

虚幻引擎可以制作出能够响应玩家和观看者行为的迷人游戏和精美体验。

（1）稳健的多人框架

历经20多年的发展，虚幻引擎的多人框架已通过众多平台以及不同游戏类型的考验，且已制作过众多业内顶尖的多人游戏体验。虚幻引擎推出的"开箱即用"型客户端/服务器端结构不但具有扩展性，而且久经考验，能够使任何项目的多人组件"立等可用"。

（2）先进的AI

使用虚幻引擎的玩法框架和AI系统，通过蓝图或行为树的控制，可以使AI控制的角色对其周边场景有更好的空间意识，并进行更聪明的运动。动态的寻路网格体会在用户移动对象时实时更新，始终能找到最佳路线。

（3）虚幻示意图形UI设计器

使用虚幻示意图形（Unreal Motion Graphics，UMG）可视化UI创作工具可以创建各种UI元素，如游戏或应用程序内的HUD、菜单或希望向用户显示的其他界面相关图形。利用可编辑的蓝图控件构造界面，实现按钮、复选框、滑动块和进度条等预制功能。

（4）变体管理器

有了变体管理器，用户可以创建和编辑包含可视性、变换和材质分配选项的资源变体，并在虚幻编辑器中或运行时激活或停用它们。这是进行设计审核和营销可配置产品时的理想选择，如一种商用飞机可以有不同的座舱布局、家具和装饰。可以通过Python API自动生成变体。

（5）蓝图可视化脚本编制系统

借助对设计师更友好的蓝图可视化脚本，用户可以快速地制作原型和交付交互式内容，而不需要任何代码。使用蓝图可以构建对象行为和交互、修改用户界面、调整输入控制等。在测试作品时，可使用强大的内置调试器使游戏性流程可视化并检查属性。

7. 集成的媒体支持

（1）专业的视频I/O支持和播放

虚幻引擎在多种AJA视频系统和Blackmagic卡上支持高位深度和高帧率的4K UHD视频与音频I/O，从而可将AR和CG图形集成到实时广播传输中。对时间码和同步锁相的全面支持确保了在多种不同的视频馈送和信号处理设备之间实现同步。

（2）虚幻音频引擎

使用丰富的音频功能集能够提升项目的音频水平，包括实时合成、动态DSP效果、物理音频传播建模、OSC支持、多层声音并发，以及用于副路混合的频谱分析器、烘焙频谱分析曲线和包线的功能。最近新增的功能包括卷积混响处理和声场渲染。

（3）媒体框架

媒体框架可以在虚幻引擎内部实现视频播放。它允许在媒体播放器资源中快进、暂停或倒放视频，还允许通过C++或蓝图可视化脚本控制视频。支持的格式包括Windows上的Apple ProRes格式，以及使用HAP编码解码器编码的视频。

8. 开发者工具

项目不可能是千篇一律的，自定义虚幻引擎并扩展其功能，可以满足用户的特殊需求。

（1）完全访问C++源代码

通过对完整C++源代码的自由访问，用户可以学习、自定义、扩展和调试整个虚幻引擎，从而毫无阻碍地完成项目。它在 GitHub 上的源代码库会随其自主研发的主线功能而不断更新。因此，用户甚至不必等待下一个产品版本发行，就能获得最新的代码。

（2）无缝集成 Perforce

虚幻引擎可深度兼容 Perforce，将诸多版本控制命令直接加入内容浏览器。用户可以使用编辑器内置的图标及操作管理项目并密切监控资源状态，同时与其他团队成员合作编写代码，并随时将改动回滚到早期版本。

（3）分析和性能工具

虚幻引擎包含大量工具来帮助用户发现和消除瓶颈，从而分析和优化项目，以实现实时性能。最新增加的工具是 Unreal Insights 系统，它可以收集、分析和可视化关于 UE4 行为的数据，帮助用户从实时或预先录制的会话中了解引擎性能。

（4）C++ API

借助强大的 C++ API，用户可以添加新类来扩展虚幻引擎的功能。然后设计师可以使用蓝图，从这些构件创建自定义玩法或交互。Live Coding 能够实现在不关闭虚幻编辑器的情况下进行编译和更改，从而快速测试进度。

（5）Oodle 和 Bink

由 Epic Games 旗下的 RAD Game Tools 开发的 Oodle 压缩套件和 Bink Video 解码器是目前业内最快、最高效且最受欢迎的压缩和解码工具之一。Oodle 包含游戏数据压缩工具、区块压缩的 BC1-BC7 纹理以及网络流量，而 Bink 则是性能导向的视频解码器。

7.2.3 虚幻引擎的虚拟现实支持

虚幻引擎目前支持大多数的虚拟现实平台，以下是具体说明。

- ARCore。ARCore 是由 Google 提供并受虚幻引擎支持的手持增强现实平台。
- ARKit。ARKit 是苹果公司在 2017 年 WWDC 推出的 AR 开发平台。开发人员可以使用这套工具为 iPhone 和 iPad 创建增强现实应用程序。
- Hololens。HoloLens 是由 Microsoft 提供并可通过 OpenXR API 在虚幻引擎中受支持的头戴式增强现实设备。
- Oculus。Oculus 是由 Meta 提供并受虚幻引擎支持的头戴式虚拟现实平台。Oculus 同时提供移动和台式机 VR 设备，因此用户可以使用 OpenXR 或 Oculus VR 插件针对平台进行开发。
- PSVR。PSVR 是由 Sony 提供并在虚幻引擎中受支持的头戴式虚拟现实设备。
- SteamVR。SteamVR 是由 Valve 提供并可通过 OpenXR API 在虚幻引擎中受支持的头戴式虚拟现实平台。
- Windows Mixed Reality。Windows Mixed Reality 是由 Microsoft 提供并可通过 OpenXR API 在虚幻引擎中受支持的头戴式虚拟现实平台。

7.3 CRYENGINE

CRYENGINE 是由独立游戏开发商、发行商和技术提供商 Crytek 开发的一款游戏引擎。

7.3.1 CRYENGINE 的发展历史

Crytek 在 1999 年由 Yerli 兄弟在科堡创立，于 2000 年的 ECTS 欧洲计算机贸易展的 NVIDIA 展台首次露面，展示了其初期的 mod——X-Isle。在当时，如此真实的光影效果令参展的各大出版商和游戏开发商惊讶万分。

2002 年 5 月 2 日，Crytek 发布了他们自主开发的 CRYENGINE 游戏引擎。

2003 年，Crytek 在 GDC 游戏开发者大会上向业界展示了自己最新的 CRYENGINE 开发套件，开发者在使用时会充分体验到这套引擎的开发便利性。

在 2005 年 9 月召开的微软的 PDC 大会上，Crytek 展示了一段使用 DirectX 10 API 的 CRYENGINE 2 引擎的视频。视频包括了动态的日夜循环、阳光透射、实时软阴影、软粒子以及完全互交可毁坏的环境、容积云和高级着色器技术等特性。这段支持 DirectX 10 技术的视频预示着《孤岛危机》有可能是第一款 DirectX 10 的游戏。

2006 年 1 月 23 日，Crytek 宣布了《孤岛危机》的开发并表示这将是一款具有新玩法的崭新的第一人称射击游戏。该游戏在 E3 和 Games Convention（GC）获得了许多奖项。三个月后，Crytek 的办公室从科堡搬至法兰克福。1 月 23 日，Crytek 展示了 CRYENGINE 2 的功能，并与许多公司签约来开发产品或游戏。

2007 年 5 月 11 日，Crytek 宣布其旗下位于基辅的工作室成为一个新的开发工作室，着重于开发一个基于 Crytek 智慧财产下的新游戏。接着，Crytek 又宣布了在布达佩斯的工作室，这个工作室将着重于 CRYENGINE 2 引擎的开发。

2009 年，Crytek 正式发布了 Crytek Engine 2 的升级版——Crytek Engine 3，刚发布的《孤岛危机 2》采用了该引擎。最新的 CRYENGINE 3 引擎版本为 3.4 版。CRYENGINE 3 引擎是业界上唯一最为先进和大量授权的应用引擎，它不仅授权游戏工作室开发游戏，还大量授权给了学校、建筑公司、医院和一些视觉公司和个人使用等。其中，高等教育机构可以获得免费授权。而个人则可以登录专门的网站注册，然后签署并提交保密协议，即可获得相应的软件授权拷贝。

最新的 CRYENGINE 3 引擎加入了更多的图形功能、更强大的物理破坏效果、动画技术以及多个游戏技术的增强功能，如大范围开放的环境、建筑内部丰富的细节、高级任务表情以及动作、新的改进版 SandBOX 编辑器、多种不同平台实时所见即所得的开发、引擎内色彩等级、程序破坏与物理效果等高级先进技术。CRYENGINE 3 引擎在 PC 平台上也支持 DirectX 9、10、11，并且支持多核心技术来获得对称多处理和超线程，同时也支持 32 位和 64 位版本。

2012 年 3 月 29 日，Crytek 将开发扩展到 Apple 的 iOS 上，推出了首款物理战略手游《逃离地球》(Fibble)，分别包括 iPhone 版和 iPad 版。该游戏采用了最新的 CRYENGINE 3 引擎开发，讲述了外星人 Fibble 的故事。人类空间站乱丢废弃物，导致外星人 Fibble 的飞碟坠毁在地球上，并且与他的伙伴失散了。玩家需要帮助 Fibble 重新找到他的伙伴，助他重回自己的家园。这是一款高品质的解谜游戏，结合了策略和物理谜题，游戏的画面生动鲜明且细节丰富，颇受广大玩家喜爱。

在 2013 年德国科隆游戏展期间，Crytek 宣布了新一代 CRYENGINE 4 图形引擎，面向当前及未来的主机和 PC 平台。

在 2016 年的 GDC2016 上，Creytek 工作室发布了 CE5 引擎，同时还宣布将引擎开源。

目前，最新的 CRYENGINE 版本是 5.7 版。

7.3.2　CRYENGINE 的核心功能概述

以下为 CRYENGINE 的核心功能。
- 功能齐全的编辑器：CRYENGINE 的沙盒编辑器是一套完整的工具，该一体化平台可以让用户触手可及地创造令人惊叹的体验。
- 全平台支持：CRYENGINE 支持当今所有的高端平台，可为 PC、Xbox、Playstation、Oculus 等平台开发。
- 动画：CRYENGINE 将最具扩展性、技术最先进的动画和渲染系统结合起来，实施交付逼真的效果。
- 实时照明：通过关卡设计的完全简化流程，在巨大的开放世界环境中实现照片级真实感。
- 动态破坏：CRYENGINE 打包了开箱即用的完整物理解决方案，让用户的世界和游戏变得栩栩如生。
- 粒子效果：CRYENGINE 能够轻松地处理复杂而昂贵的效果。其无与伦比的性能可以为游戏玩家构建出令人惊叹的世界。

7.3.3　CRYENGINE 的虚拟现实支持

Basemark 和 Crytek 合作推出了一款名为 VRScore 的 VR 平台测试工具，它能够兼容 Oculus Rift、HTC Vive 以及开源虚拟现实眼镜，旨在成为 VR 业界的标准化评估工具。

VRScore 主要能够测试互动 VR（如游戏）、360° VR 空间（360°视频）、VR 空间音频三个方面的内容。VRScore 测试工具的技术支持主要来自 Crytek 公司的 CRYENGINE 引擎和 Basemark 的性能评估系统。

VRScore 测试工具不仅是一个软件测试程序，它还包括一个 VRScore Trek 硬件测试工具，用于测量虚拟眼镜设备的左右眼延迟时间。

思考题

1. Unity 3D、虚幻引擎和 CRYENGINE 是目前业内较为成熟的商业开发引擎，请聊一聊这三款引擎各自的特点。
2. 如果让你打造一款类似电影《头号玩家》中的虚拟世界绿洲（oasis），你会选择使用哪款引擎进行开发？

第 8 章 虚拟现实技术扩展

扩展现实（eXtended Reality，XR）技术是一系列沉浸式和交互式技术的统称，包含了增强现实（Augmented Reality，AR）技术、虚拟现实（Virtual Reality，VR）技术和混合现实（Mixed Reality，MR）技术。XR 通过计算机将真实与虚拟相结合，借助沉浸式三维体验提供了精确的深度和空间感知，打造了一个可人机交互的虚拟环境。

作为虚拟现实技术的扩展应用，增强现实技术近年来发展迅速，并被广泛运用于制造业、医疗健康等领域。与虚拟现实技术提供的全沉浸式虚拟体验不同，增强现实提供的是一种"虚实结合"的交互方式：用户看到的是叠加在现实世界中的叠加影像，周围所处环境并不全是虚拟场景。虚拟现实技术与增强现实技术在与现实世界的关联上截然相反。虚拟现实技术尽可能多地隔绝现实，虚拟现实头显会使用海绵等材料将眼睛和屏幕封闭起来，将用户的视野与外界隔绝。增强现实技术则尽可能多地引入显示，并采用透光率高的镜片和广角摄像头，尽量减少用户与周围环境的隔离。

作为增强现实技术的一种变体，混合现实技术比上述两种技术起步要稍晚一些，但发展势头也十分迅猛。混合现实技术与增强现实技术都是对现实的增强，且都强调现场感，因此从基础上来说，两种技术是一致的。混合现实技术的三维融合不仅仅将虚拟图像覆盖在真实图像上，还要求虚拟图像中的物体具有三维坐标和景深（物体有远近感），虚拟物体和真实场景中的物体需要能够相互遮挡，具有真实空间感。

与虚拟现实技术、增强现实技术不同，全息投影技术在 1948 年由匈牙利物理学家丹尼斯·加博尔（Dennis Gabor）发明，就此开启了全息现实的序幕。全息现实主要基于全息投影技术（也称为虚拟成像技术），该技术利用干涉和衍射原理记录并再现物体真实的三维图像。全息现实与混合现实的区别在于成像方面：在全息现实场景中，用户不需要依赖可穿戴式设备或显示器等显示设备，通过裸眼即可观看到三维成像效果，在清晰度足够的情况下，其体验效果比增强现实与虚拟现实更优。

综上所述，扩展现实是虚拟现实、增强现实及混合现实的集合体。虚拟现实和增强现实是平行关系，虚拟现实和增强现实中有相同的部分，也有截然不同的部分，而且这些截然不同的部分才是区分虚拟现实和增强现实的重点，因此它们之间无法互相包含。增强现实和混合现实都是对现实的增强，因此它们有最大的共同点。增强现实对虚拟图像的真实感不做严格要求，但越真实越好，而混合现实对虚拟图像具有严格的真实感要求。因此，增强现实的定义比混合现实更加宽泛，混合现实比增强现实更加严格，混合现实和增强现实实际上是被包含关系，混合现实是增强现实的子集（即高真实感的增强现实）。扩展现实、虚拟现实、增强现实及混合现实的关系如图 8-1 所示。全息现实相比于虚拟现

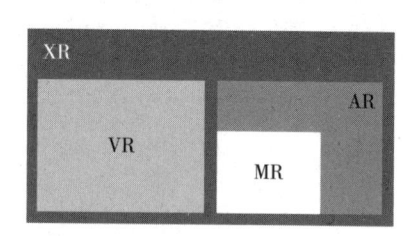

图 8-1　扩展现实、虚拟现实、增强现实及混合现实的关系

实和增强现实技术起步较早。在全息现实应用场景中，用户裸眼就可以看到三维立体成像，相比于虚拟现实、增强现实，它拥有更加自然的用户交互方式。

8.1 增强现实技术

增强现实技术是在虚拟现实技术基础上发展起来的一项新兴技术。它借助计算机视觉、传感器和可视化、人机交互等技术，将计算机生成的虚拟图像或其他信息有机地叠加到用户所看到的真实世界的场景中。早在 20 世纪 60 年代，已有学者提出了对增强现实的形式的构想。随着硬件与计算机视觉等技术的不断发展，增强现实技术从构思变成了现实。相比于虚拟现实技术，增强现实技术并未将使用者与真实世界的周围环境进行隔离，而是将计算机渲染生成的虚拟物体和场景叠加到了真实场景中，使用者看到的是虚拟物体和真实世界的共存。该技术在医疗研究、精密仪器制造与维修、军事和娱乐等领域都有着广泛的应用前景。

8.1.1 增强现实的定义

AR 是一种基于 VR 技术，结合计算机视觉、计算机图形学、传感器技术、显示技术的人机交互技术，具有三维注册和实时互动的特性。AR 能够实时地计算摄影机影像的位置及角度并将虚拟内容叠加到相应图像上，使用户可以与虚拟内容进行互动。

AR 将计算机产生的虚拟信息实时、准确地叠加到真实世界中，将真实环境与虚拟对象结合起来，构造出一种虚实结合的虚拟空间。增强现实技术不仅可以展示真实世界的信息，而且可以将虚拟的信息同时显示出来，两种信息相互补充、叠加。

增强现实技术主要有以下三个特征。

1. 虚实结合

增强现实技术将虚拟对象叠加到真实世界的环境中，并将这些计算机产生的虚拟对象与用户所处的真实环境完全融合，从而实现对现实世界的增强，使用户体验到虚拟和现实的融合所带来的视觉冲击。增强现实旨在为用户提供虚拟物体，呈现时空与真实世界一致的体验，做到虚中有实、实中有虚。

"虚实结合"中的"虚"是指用于增强的信息。它可以是融合后的场景中与真实环境共存的虚拟影像，也可以是真实物体的非集合信息，如标注信息和提示等。如图 8-2 所示，增强现实技术对汽车进行了增强，它在汽车表面叠加了一层虚拟的喷漆，实现了对汽车喷漆的实时替换和汽车漆面贴画功能。

图 8-2 使用增强现实技术的汽车展示应用示例

2. 实时交互

实时交互指的是实现用户与真实世界中的虚拟信息间的自然交互。增强现实中的虚拟元素可以通过计算机的控制来实现与真实场景的互动融合。虚拟对象可以随着真实场景中物理属性的变化而变化。增强的内容并不独立地存在于虚拟场景中，而是与用户当前的状态融为一体。另外，实时交互是用户与虚拟元素的实时互动，即无论用户身处何地，增强现实都能够迅速识别出现实世界中的物理实体，在设备上进行合成，并通过传感技术将可视化的信息反馈给用户。

实时交互要求用户能在真实环境中借助交互工具与"增强信息"进行互动。

3. 三维注册

三维注册是指计算机观察者确定视点位置，从而把虚拟信息合理叠加到真实环境中，以保证用户可以得到精确的增强信息。

三维注册的原理是根据用户在真实三维空间中的时空关系，实时创建和调整计算机生成的增强信息。信息的精确性则取决于传感器在真实世界获取的信息，它借助三维注册技术实时显示在终端正确的位置上，从而增强用户的视觉感受。

简单来说，增强现实的三维注册就是根据真实场景实时生成增强信息，然后将增强后的信息显示在终端。增强现实不仅包括对用户视觉上的增强，还包括对听觉、嗅觉、触觉等全方位感官上的增强。

8.1.2 增强现实与虚拟现实

增强现实是由虚拟现实发展起来的，两者联系非常密切，均涉及计算机视觉、图形学、图像处理、多传感器技术、显示技术、人机交互技术等。两者有很多相似点，具体体现在如下三个方面。

（1）两者都需要计算机生成相应的虚拟信息

在虚拟现实应用中，用户所看到的场景与任务皆为虚拟场景。用户被带入一个虚拟的世界，并完全沉浸在虚构的数字环境中。在增强现实应用中，用户所看到的场景和任务一部分是虚拟的，一部分是真实的。增强现实应用把虚拟的信息叠加到现实世界中。因此，两者都需要计算机生成相应的虚拟信息。

（2）两者都需要依赖于显示设备

虚拟现实和增强现实都需要通过相应的显示设备或头盔显示器才能将计算机生成的虚拟信息呈现在用户眼前。

（3）用户都需要与虚拟信息进行实时交互

不管是虚拟现实技术还是增强现实技术，用户都可以通过控制器、触摸屏等与虚拟信息进行实时交互。

尽管增强现实技术与虚拟现实技术具有不可分割的联系，但是两者之间的区别也显而易见，主要体现在以下四个方面。

（1）对于沉浸感的要求不同

虚拟现实系统强调将用户的感官与现实世界隔离，从而使用户完全沉浸在一个由计算机构建的虚拟环境中。虚拟现实系统通常采用的显示设备是沉浸式头盔显示器，如图8-3所示。

与虚拟现实不同，增强现实系统不仅不与现实环境隔离，而且强调用户在现实世界的存在性，致力于将计算机产生的虚拟环境与真实环境融为一体，从而增强用户对真实环境的理解。它通常采用透视式头盔显示器，如图 8-4 所示。

图 8-3　沉浸式头盔显示器 Oculus Rift S　　图 8-4　透视式头盔显示器 Epson BT-300

（2）对于"注册"的意义与精度要求不同

在虚拟现实系统中，注册是指呈现给用户的虚拟环境与用户的各种感官匹配，主要是消除以视觉为主的多感知方式与用户本身感觉之间的冲突。

而在增强现实系统中，注册主要是指将计算机产生的虚拟物体与真实物体合理对准，并且要求用户在真实环境的运动过程中维持正确的对准关系。

（3）对于系统计算能力的要求不同

在虚拟现实系统中，为了为用户提供沉浸式体验，计算机需要构建整个虚拟场景。用户需要与虚拟场景进行实时交互，因此系统的计算开销非常大。而在增强现实系统中，计算开销主要来自对现实环境的识别、虚拟物体与真实环境的配准，以及虚拟物体的渲染处理，而不需要过多地对虚拟场景进行处理，因此大大降低了增强现实应用的计算量。

（4）侧重的应用领域不同

虚拟现实为用户提供了全沉浸的体验，用户所看到的场景都由计算机渲染生成。通过虚拟现实技术可以对高风险、高成本的环境进行模拟，并带给用户现实世界中难以获得的感官体验。因此，虚拟现实技术侧重于娱乐、飞行模拟、虚拟教育、军事仿真、数据模型可视化等方面。图 8-5 所示为虚拟现实技术在化学实验模拟仿真中的应用。这种方式规避了实验风险，用户可以无限地重复实验而不需要担心器材与药品损耗。

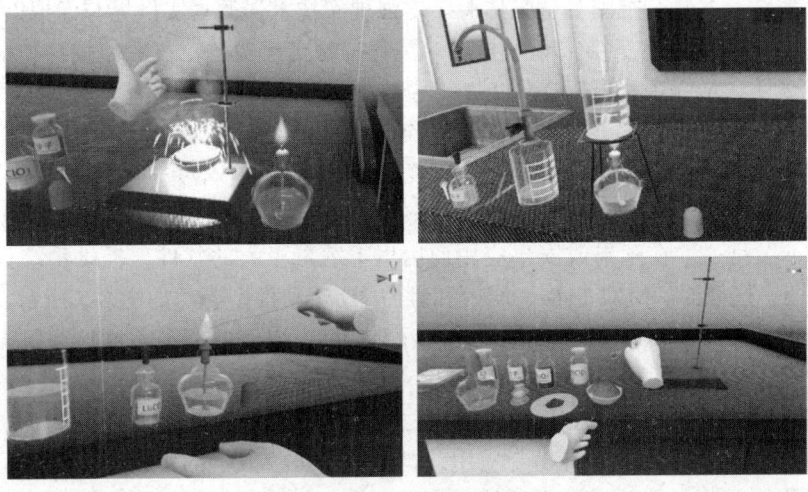

图 8-5　虚拟现实化学实验室

增强现实为用户提供了虚实结合的体验，用户可以看到叠加在现实环境中的虚拟影像。用户可以借助虚拟影像提供的信息来辅助现实操作，并对现实环境中的物体产生影响。相比于虚拟现实技术，增强现实技术可以与真实环境产生互动并具有更高的实操性，因此增强现实技术更适用于仪器制造与维修、医疗研究与解剖训练、教学辅助与培训等需要结合实物的应用场景。图 8-6 是增强现实技术运用在装配说明中的案例，通过对现实实物识别并将虚拟零件位点叠加在现实事物上，用户可以直观地对硬件进行操作。

图 8-6　增强现实汽车说明书

8.1.3　增强现实的应用领域

增强现实的应用领域包括医疗健康、工业制造和教育教学。

1. 医疗健康

近年来，增强现实技术在医疗领域的应用越来越广泛，国内外已有不少机构开展了增强现实技术在医疗领域的应用研究。增强现实技术主要运用于医疗领域的医学教育与培训、手术规划与导航等方面。AR 医疗教育与培训使医学生对医学知识及手术过程有更好的理解；AR 使手术规划更加直观且具有较好的交互性；而 AR 手术导航则能够减少外科手术创伤、缩短手术时间，并提高手术质量。

（1）医疗教育与培训

医学生除了要掌握理论知识，还要不断提升实践能力，特别是要掌握各种专业、复杂的医学技能。在没有实验室、训练室和手术室等教学环境支持的背景下，开展医疗实训教学的难度很大。

增强现实技术能够将虚拟对象实时地叠加到现实世界中，通过增强现实或移动设备给用户提供虚实结合的复合视图和增强体验。增强现实技术强调真实世界与虚拟世界的融合，使真实世界与虚拟世界在三维空间上叠加，具有实时交互功能，在医疗教育与培训中大有可为。研究表明，增强现实可以提供更加沉浸式的学习环境，使学生注意力持续时间更长，从而提高医疗教育与培训的教学效率。2018 年 8 月发布的第九版医学人卫教材采用了"纸质书本 + 智能终端 +AR 应用"的立体出版形式。学生翻开书本并打开 AR 应用进行扫描，即可将原本平面、静态的知识变成立体、动态、可交互的 AR 课件。人体解剖图谱（human anatomy atlas）是一款在苹果或安卓应用商店里下载量极大的软件，提供系统且全面的人体 3D 解剖图、横截面、MRI 扫描、肌肉和骨骼 3D 运动模型等。如图 8-7 所示，此软件支持 AR 操作，使用者可以在上课的同时进行解剖训练，以直观、多角度地理解人体结构与生理机能。

由于安全性、场地成本等方面的限制，医疗实训教学有时难以开展。基于增强现实技术的医疗实训教学解决方案的提出与应用，既丰富了医疗教学的手段，也提高了学生的学习兴趣、增强了学生的体验感和参与感，有助于学生更好地理解并掌握临床专业知识和手术操作技能。随着5G时代的到来以及在线教育的发展，增强现实技术在医疗教育领域必将有更广阔的应用前景。

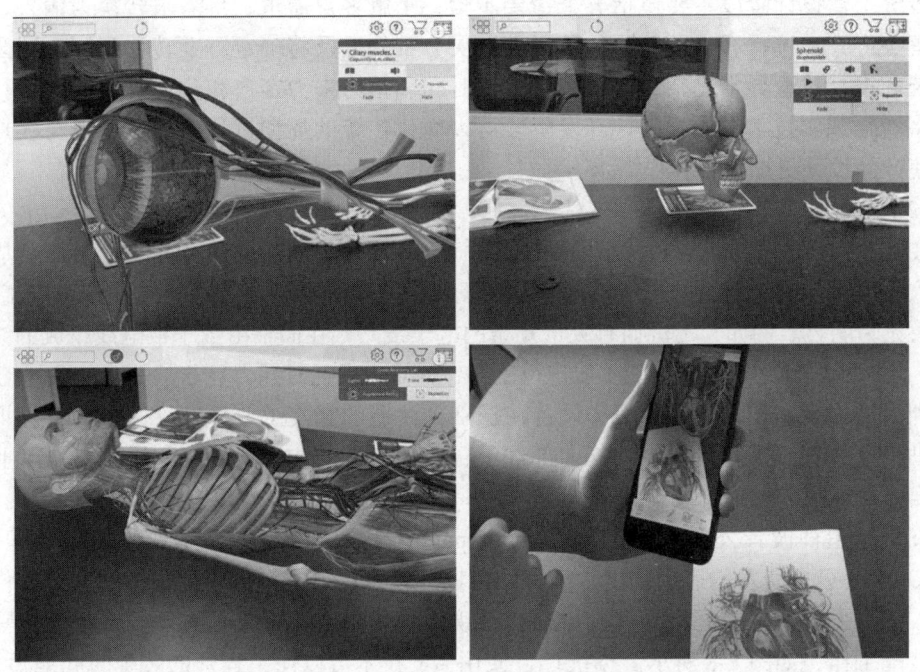

图 8-7　human anatomy atlas 使用增强现实技术进行人体解剖教学

（2）手术规划与导航

传统手术规划方法需要医生先根据患者的 CT 医学图像数据判定病灶区域及术中需要避开的重要组织结构等，然后确定手术入口及手术路径。在这一过程中，医生只能在脑海中将医学图像中的二维坐标信息转换为三维坐标信息，手术规划的合理性很大程度依赖于医生的临床经验。传统手术规划方法不够直观，且不利于医生之间的交流。使用增强现实技术将患者的关键信息注册到增强现实人体模型中，可以直观地确定手术入口及路径。叠加内容能在不同医生之间进行共享并实时调整，从而节省了医生在手术规划中的沟通成本。在增强现实环境下进行手术规划，可以显著地降低手术规划中的误差、时间成本及医生的思想负担。

目前已有大量研究者将增强现实技术应用于手术导航系统中，并积极探寻更加精确、便捷的 AR 辅助手术导航系统。借助增强现实技术，可将术前拍摄并重建的患者三维模型数据进行注册，并将虚拟的病灶组织叠加到患者的实际躯体上。这种形式可以更加直观地显示病灶区组织等信息，避免医生在导航屏幕与病灶区之间的视野转换，从而解决在基于传统导航系统的手术中手眼不协调的问题，并能更加直观地展示深度信息。

2. 工业制造

近年来，在大多数工业4.0和智能制造的规划文件中，增强现实作为最热门的技术之一，被屡次提及。随着增强现实技术硬件和软件的起步，以及数据处理能力的大幅提升，越来越多的制造公司开始使用该技术，以提升生产与管理效率。增强现实技术在工业制造领域有着巨大的潜力，从设计到生产，从质量控制再到后期维护和员工培训，增强现实技术正在有力推动现代制造业的变革,并为工业 4.0 的实现增添动力。

(1)工业设计

传统工业设计阶段主要包括五个主要步骤:了解客户需求、将需求转换为输入、提供多种解决方案、选择客户可接受的可行性解决方案,以及将确定方案转移到制造团队。这种传统的设计过程异常复杂,需要花费大量时间和精力来为客户和公司确定最佳可行的产品。将增强现实技术集成到设计开发阶段可以简化传统的烦琐过程,并且增强与客户的互动,使产品设计更加符合客户需求。

(2)装配制造

在工业生产过程中有大量环节需要工人手动操作,特别是在装配过程中,装配的周期时间很大程度上取决于工人的技能熟练度。在飞机、汽车等复杂的大型机械设备制造流程中,该现象尤为明显。例如,飞机拥有大量复杂的电子线路,在面临由数千根电线组成的线束组建中,装配工程师必须遵循功能手册进行工作,这是一项耗时耗力且非常影响工期的工程。

利用增强现实技术,增强现实设备在识别到注册的真实工业部件后,可以将虚拟的装配辅助信息叠加至现实世界中的工业部件上,避免工人的注意力在装配说明书与工业部件上切换,从而显著地提升装配效率。

飞机制造商波音公司(The Boeing Company)利用谷歌的 AR 眼镜来简化装配流程。利用 Upskill 公司研发的应用程序,工程师可以通过 AR 眼镜扫描装配现场的某个部件的二维码,该部件的线束装配指导就会自动在眼镜上显示出来,工人只需要按照指导步骤即可完成装配工作,如图 8-8 所示。据统计,使用 AR 技术可以使工程师的装配时间缩短 25%,且出错率降低 50%。

图 8-8 波音公司利用谷歌 AR 眼镜来简化装配流程

美国最大的军用飞机制造商洛克希德·马丁公司(Lockheed Martin Space Systems Company,LMT)也在尝试将 AR 技术应用到飞机制造过程中。公司借助爱普生 Moverio 的 AR 眼镜,让生产人员更方便地了解零部件的编号和操作流程,从而实现准确且快速的装配生产。在安装起落架的部件时,工程师通过 AR 眼镜显示的安装手册和操作步骤,可以详细了解每根线缆、螺栓以及需要安装的位置和编号等信息,从而完成安装,如图 8-9 所示。据统计,通过使用 AR 眼镜,工程师的装配速度能够提高 30%,准确率可达到 96%。

此外，通过 AR 技术，还可以将安装指导手册和质量要求显示在 AR 眼镜上，从而大量缩短工人的培训时间。

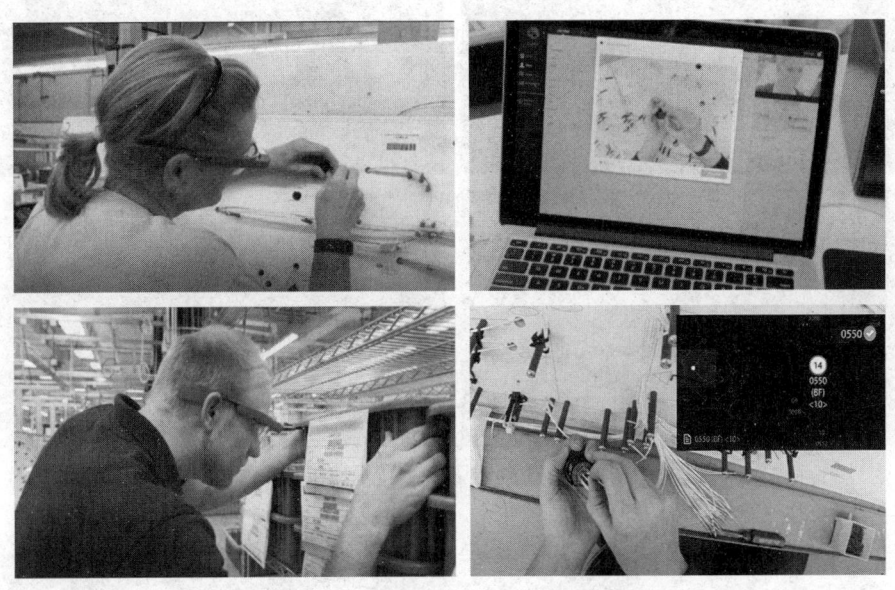

图 8-9 LMT 利用 AR 技术来简化装配流程

（3）质量检验与维修售后

质量检验与维修售后是确保出厂产品符合所有要求的重要环节。在传统生产中，质量检验需要大量检查点的清单才能完成，而质检人员需要对最终产品的交付负责。同样，制造业的相关设备维护十分复杂，对维修人员的技术要求也非常高。维修人员必须全面熟悉设备的结构和功能，并且需要参考大量的技术图标以及数百页的服务手册。

增强现实技术通过为质量控制与维修售后流程提供交互式的平台，可以查看实时显示的产品尺寸精度、公差和表面光洁度等详细信息，方便质检人员与维修人员轻松执行复杂的任务。此外，通过增强现实技术，可以实现无纸化质量工作流。增强现实应用接入云端数据库后，可以快速上传检验与维修售后结果。

目前，许多制造行业已将增强现实运用在维修售后工作流中。重型设备制造商卡特彼勒（Caterpillar，CAT）正在利用增强现实技术辅助维护和维修工作，如图 8-10 所示。利用公司开发的 AR APP，维修人员可以在智能手机、平板计算机甚至 AR 眼镜上查看设备问题，通过交互式可视化操作，完成维修工作。三菱公司（Mitsubishi）使用 AR 系统进行各种维护工作，包括检查水处理厂和建筑电气系统。

增强现实技术已在制造行业的质量检验任务中落地。保时捷公司（Porsche AG）正在使用 AR 技术进行汽车质量检测，如图 8-11 所示。在德国莱比锡（Leipzig）的保时捷装配厂，技术人员使用增强现实技术作为质量保证流程的工具。AR 系统可以对供应商的零部件进行扫描，并将数据上传到云端数据库。在生产车间中，质检人员使用 AR 设备对汽车的问题部分进行拍照，然后自动加载该部件的确切尺寸进行比较。保时捷还计划将超高精度摄像头和云端数据库相连接，以实现对零部件和组装部件的实时分析，从而帮助质检人员节省大量时间。此外，美国保时捷经销商的技术人员已开始使用 AR 眼镜来诊断和维修车辆，通过远程实时视频交流，将维修服务时间缩短了 40%。

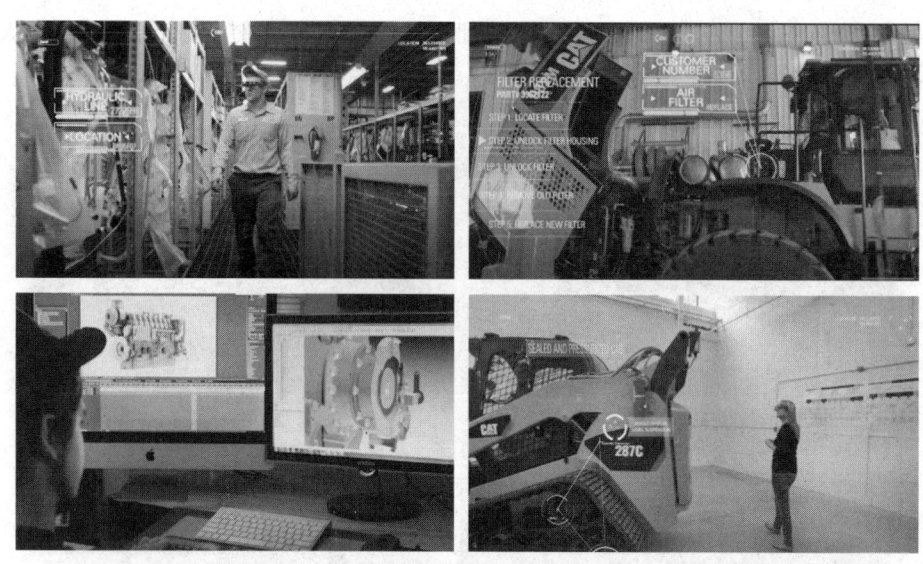

图 8-10　CAT 使用增强现实技术协助质量检验

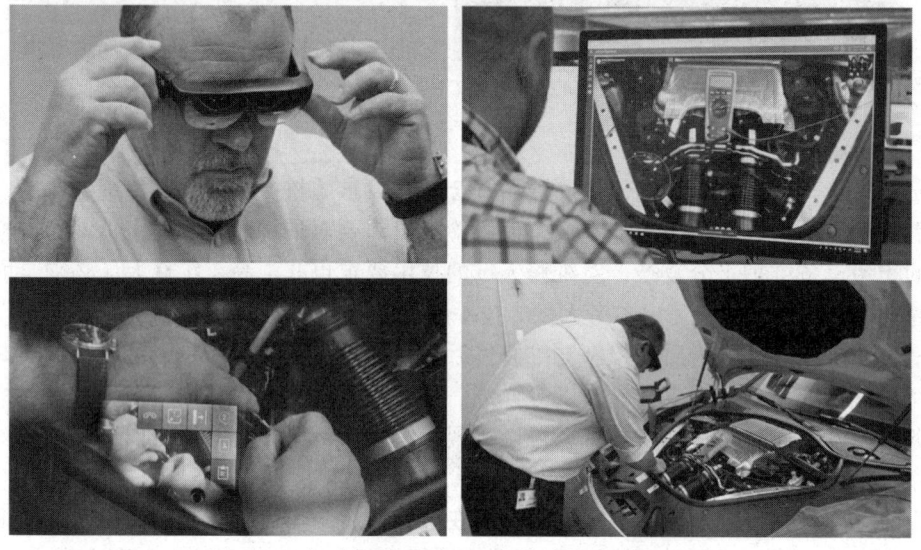

图 8-11　保时捷使用增强现实技术协助质量检验

3. 教育教学

借助增强现实技术，通过艺术化手段建立相应的教学体系和教学机制，能够在一定程度上完成教学类型和空间的转换，从而进一步为学生提供更加多元化的课堂，提高个性化教学的时效性。另外，增强现实技术引入教育教学中后，所建立的新媒体框架结构能够以多元的形式对影像风格和文学结构进行展示。教师需要在应用增强现实技术的过程中构建不同视觉效果的教育教学模式，为学生营造更加真实的课堂体验，从而促进学生进一步建立牢固的知识框架体系。

此外，在教育教学中应用增强现实技术，也是差异化教育表现形态、提高课堂教学效果的根本。它能在应用人工智能技术和三维立体技术的同时，完善教学流程和教育体系，确保学生能在互动中获得更多的学习体验，真正实现教育教学的信息化。

增强现实技术具备较为突出的教学优势。
- 能为学生自主学习创设空间。增强现实技术建立的基本教学框架能利用差异化教学设备有效整合教学资源，并且保证网络运营平台和设备运行的完整性。学生的学习过程不需要受到空间和时间的限制，确保学生能随时随地完成相关内容的学习，并且可以随时复习，全面提升学生对于知识的巩固和理解。需要注意的是，在增强现实技术逐步开展的过程中，翻转课堂、微课导学体系等也逐渐成为课堂中的重要主体，实现了教学方式的全面创新。
- 能为学生深入践行情境化教学。传统教学的媒介一般只有文字和图片，即使将计算技术融入课堂，也只是增加了视频或音频，学生只能通过观看进行知识点的识记。而在增强现实技术中，教师能将知识点以三维立体的效果展示给学生，使学生能直观感受相关情境内容，也为后续教学工作的开展奠定了坚实基础。
- 能有效激发学生的学习兴趣。在课堂教学中，要想保证学生有效内化相关知识点，就要积极制定完整的兴趣教学引导策略。在传统教学中，教师要对教学方法予以整合；而在利用增强现实技术后，可以借助情境体验和动感交互来激发学生的学习兴趣。在增强现实技术的辅助下，学生能感受到新颖的学习方式，生动的学习场景也能有效调动学生的积极性。
- 能完善资源的均衡管理。不同学校存在资源分配不均衡的问题，尤其是经济落后地区或偏僻地区。基于此，各级政府将教育的均衡发展作为目标，将增强现实技术作为重要手段，能在一定程度上缓解资源分配不均衡的问题，扩大教育资源的共享范围。

8.2 混合现实技术

混合现实技术是继大型计算机、个人计算机及智能手机之后的又一项颠覆性技术。随着新一代混合现实硬件的出现和5G时代带来的计算效率、数据存储能力与传输速度的提升，混合现实技术正在逐渐走入消费者与企业者的视野。与传统技术不同，混合现实技术将用户从显示屏的束缚中解放出来，为用户提供与周围现实世界更加自然的交互方式。

8.2.1 混合现实的定义

混合现实将现实世界和虚拟世界进行融合，提供了一种自然且直观的人、计算机与环境之间的3D交互方式。混合现实技术的出现得益于计算机视觉、图形处理、显示技术及输入系统的发展。1994年，"混合现实"一词首次在保罗·米格拉姆（Paul Migram）和岸野文雄（Fumio Kishino）发表的论文"A Taxonomy of Mixed Reality Visual Display"中使用，论文中探讨了"虚拟连续体"的概念以及视觉显示的分类法。目前，混合现实的应用早已不局限于论文中所阐述的显示技术，包括但不限于：环境理解（空间映射及空间定位）、人类行为理解（手势识别、眼球追踪及语音输入）、空间音效、虚实结合的混合现实空间定位、混合现实空间中的三维内容交互。

混合现实是一种使真实世界和虚拟物体在同一视觉空间中显示和交互的计算机虚拟现实技术。混合现实技术将现实和虚拟世界结合而产生新的可视化环境，即利用空间识别、光线识别、传感器识别和图像特征点识别等方法实时感知和传输现实物体的特征数据，提取有价值的内容，在多维坐标系中进行反向建模，通过与其他系统的对接、运算和对数据的二次处理，最终显示在用户面前。混合现实在新的可视化环境里，物理和数字对象共存，并实时互动，是增强现实和虚拟现实技术的阶段性终极形态。该技术通过在虚拟环境中引入现实场景信息，在虚拟世界、现实世界和用户之间搭起一个交互反馈的信息回路，以增强用户体验的真实感。在实现层面，它包括虚拟环境的高效构建、现实环境空间结构的恢复、虚实环境的自然融合以及混合现实支撑软件平台等。目前，混合现实技术得到了长足的发展。相较于虚拟现实技术和增强现实技术，混合现实技术具备让用户和虚拟对象实时保持与现实空间联系的特点：

- 用户在保持混合现实沉浸式体验和交互的同时，可以接收到现实空间的信息；
- 虚拟对象可以以现实空间为依靠，与现实空间进行交互。

混合现实技术在虚实结合的应用场景中有着独特的优势，它融合了增强现实和虚拟现实的特点，通过在现实场景呈现虚拟场景信息，在现实世界、虚拟世界和用户之间搭起一个交互反馈的信息回路，以增强用户体验的真实感。

由此可见，混合现实技术和增强现实技术都具备虚实融合的特性。相比于增强现实技术单纯将虚拟增强信息叠加到现实实体上的形式，混合现实技术更加注重使用者、计算机和环境之间的实时交互性。混合现实技术涉及各种可能的用户体验，因此它附带一组完全独特的交互类型。这些交互类型包括但不限于：

- 环境输入，如捕捉用户在空间中的位置，绘制出该区域的表面和边界；
- 空间化声音，是指在虚拟空间中具有位置和深度的3D声音，就像在现实世界中一样；
- 位置和持久性，是指实际空间和虚拟空间中对象的位置和持久性。

这些功能是人类和计算机输入之间关系的一部分，被称为人机交互。人类输入涵盖了人们比较熟悉的与技术互动的方式，如使用键盘、鼠标、触摸屏或自己的声音。随着计算机中传感器处理能力的提高，环境中的计算机输入这一新领域也得到了发展。计算机与环境之间的交互被称为"感知"。

微软公司作为增强现实行业的"领军者"和混合现实领域的"布道者"，陆续推出基于Windows 10系统的多种混合现实平台。HoloLens 1.0于2015年1月被发布，它主要应用于制造、医疗、教育领域且支持二次开发部署。自发布以来，它引起了社会的广泛关注，在互联网时代进入白热化阶段的背景下，各行业发展迅速，远程协助系统的开发成为目前发展需求之一。随后，HoloLens 2.0于2019年被发布，它带来了更加精细化的硬件及功能。基于增强现实设备的远程协助以及AR标注等关键技术被推入研发的热潮中。

8.2.2 混合现实与虚拟现实

作为增强现实的一种变体，混合现实与增强现实有着大量相同的特性。为了提升虚实结合的融合沉浸感，混合现实在技术上提出了更高的要求。上一节已对虚拟现实技术和增强现实技术进行了较为详尽的对比，因此在阐述虚拟现实与混合现实技术的关系时，本节将省略已介绍过的内容，着重阐述混合现实与虚拟现实不同的技术特点。读者在阅读时可以参考增强现实与虚拟现实的相关内容。

虚拟现实将用户与真实世界隔绝开来，用户看到的完全是计算机生成的虚拟世界。而混合现实和增强现实都是真实环境与虚拟世界的融合。混合现实技术可以借助深度相机和 SLAM 技术，对真实环境进行构建并实现对真实场景的理解。进行场景注册后，可以将虚拟信息更加真实地叠加至真实场景中，实现高度真实的虚实融合。

1. 场景构建

场景构建是虚拟现实与混合现实共有的基础技术。虚拟现实中的场景都由计算机生成，一般使用三维建模技术或者场景重建技术来实现场景构建。虚拟现实场景中的几何模型及其材质需要高度精确，以保证场景的真实感与用户沉浸感。开发者需要耗费大量的时间精力来进行场景调整，因此虚拟现实中的场景一般是离线构建的。在混合现实中，用户所观察到的是真实的自然场景，用户可以与真实环境进行实时交互。空间中的虚拟物体会与真实场景产生关联，为避免空间上的冲突以使虚拟物体具有合理的行为，混合现实技术要求对周围环境进行持续感知和实时重建。

2. 场景注册

场景注册是混合现实中非常重要的环节。该环节旨在确定虚拟空间坐标系与现实空间坐标系之间的映射关系。在混合现实中，用户的头部姿态追踪极为重要。为了获得完美的沉浸感，混合现实头戴式显示器跟踪定位的高精度和低时延是虚实空间一致性的保障，以保证虚拟物体如同嵌入现实空间中。目前，场景注册技术一般基于对视频图像的分析和理解，视频通过混合现实可穿戴设备的前置摄像头捕获，而深度传感器采集的深度信息可以极大提升基于图像传感器定位技术的鲁棒性，使得基于图像的场景注册技术日益成熟。目前，混合现实设备都配备有前置摄像头，并选择性地配备深度摄像头。相比于基于激光扫描的场景注册，这大大降低了硬件成本。虚拟现实技术由于不存在虚实结合的要求，一般虚拟现实头显不需要配备摄像头，也不需要采用场景注册技术。

3. 高度真实感的虚实融合

在虚拟现实中，用户所看到的一切都是通过计算机渲染生成的，并没有与现实世界产生关联。在混合现实中，用户处于一个虚拟世界与现实世界相互交互影响的空间中。场景注册虽然解决了虚拟空间坐标系与观察者空间坐标系的转换，但是并不能保证虚拟物体在现实中的合理性。与增强现实不同的是，混合现实中的虚实融合并不只是简单的叠加，还需要解决光照一致性、几何一致性、前后遮挡等问题，从而提升虚实融合的真实度。

8.2.3 混合现实的应用领域

混合现实技术融合了真实世界和虚拟世界，将用户从传统的屏幕交互中解放出来，根本上改变了人们的工作、学习和娱乐的方式。自 1994 年混合现实的概念提出以来，混合现实已经从仅存在于科幻作品中的未来高科技产物发展成了一个蓬勃发展的解决方案生态系统，并开始在各大领域产生重大和可量化的影响。目前，混合现实技术在三大重要领域有广泛应用：制造领域、零售领域和医疗健康领域。

1. 制造领域

（1）任务指南和任务管理

任务指南和任务管理是混合现实技术在制造领域的主要用途。通过混合现实头戴式显示设备，可以将完成复杂制造任务所需要的详细指南、工作任务的安全信息及制造任务的冗长文档等重要资源以全息影像的形式叠加到空间中。目前，已有将近一半的制造领域的集团将混合现实技术用于任务指南和任务管理流程中。

美国航空航天制造商 LMT 是将混合现实技术与工业制造结合应用的引领者。LMT 与 NASA 签约，负责承担猎户座飞船的制造和组装任务。在制造和组装过程中，传统方法使用纸质说明书或平板计算机进行辅助的方式十分烦琐，非常容易出现人为错误，而对于航天飞船来说，装配正确与否是生死攸关的。为了提升装配的准确性及装配工人的作业效率，LMT 采用了混合现实技术进行装配辅助，为装配工人在装配工作中配备了 HoloLens 2 混合现实设备，并将其应用于任务指南和任务管理当中。借助混合现实技术，技术人员可以对装配工人进行远程指导，通过混合现实叠加，装配工人可以清楚地看到具体的装配位置以及技术人员提供的提示位点。此外，HoloLens 2 提供的语音指令输入将装配工人的双手从平板计算机、纸质说明书中解放出来，工人可以专心致志地完成装配任务，并实时从叠加的全息装配辅助指令上获取帮助信息。

在制造领域，成本、生产时间及质量的权衡是各大企业遇到的难点。混合现实技术帮助 LMT 实现了这三大因素的同时提升。引入混合现实技术后，LMT 成功地将装配任务中出现的人为错误减少了约 30%。自 2017 年，该公司首次使用 Hololens 进行辅助装配后，从未出现过人为错误或返工需求，如图 8-12 所示。由于打造航天飞船任务的复杂性，且各项环节都不容有失，混合现实技术带来的装配质量提升为 LMT 带来的效益无疑是巨大的。

除了对装配质量有大幅提升之外，混合现实技术在航天飞船装配过

图 8-12 LMT 使用 HoloLens 2 进行航空飞船装配

程的任务指南和任务管理中的应用，也对 LMT 的盈亏效益产生了深远影响。在成本方面，LMT 在每个部件的生产拼装上平均可以节省约 38 美元，而一艘航天飞船上要使用超过 57 000 个部件，这为 LMT 节省了一大笔资金。在生产时间方面，HoloLens 2 节省了 90% 的装配人力工作时间：原先需要 8 个小时（1 个班次）完成的任务，如今只需要 45 分钟即可完成。由此可见，通过混合现实技术，LMT 在更短的时间内以更低的成本实现了更高品质的飞船装配绩效。

（2）产品设计及原型搭建

与任务指南和任务管理一样，产品设计和原型搭建也是混合现实在制造业的主要应用之一。在混合现实应用的场景中，通过三维建模技术，可以将二维的设计建模文件转换为数字三维模型，并以全息影像的形式叠加在空间中。使用者可以与设计模型进行交互，多位设计者可以实时共享设计模型的状态。这种直观、交互式的设计形式方便团队对新产品设计进行迭代，并可以对设计是否适合工业化进行快速评估。目前，有近一半的制造行业部门将混合现实技术运用到产品设计及原型搭建的任务中。

和 LMT 一样，空客公司（Airbus）也是较早意识到混合现实技术在制造行业潜力的公司之一。Airbus 在产品设计及原型搭建中率先使用了混合现实技术，在混合现实和航空领

域处于行业领先地位。Airbus 计划在未来 20 年制造超过 20 000 架飞机。为了实现这一目标，该公司不断尝试使用新的工具与技术来实现加快生产并寻找新的工作方式。Airbus 将微软蔚蓝（Microsoft Azure）混合现实、蔚蓝空间锚（Azure Spatial Anchor）和蔚蓝远程渲染（Azure Remote Rendering）等服务与 HoloLens 2 结合使用，加快了飞机的设计与制造流程。通过混合现实技术，飞行器设计师们能够直观地传达复杂理念，从而促进设计师们的合作并加快飞机的设计和制造流程，如图 8-13 所示。

（3）远程辅助

除了提高现场工作人员的效率外，制造业开始利用混合现实技术来实现员工突破时空限制的高效协同。

图 8-13 Airbus 员工借助混合现实技术进行原型设计

依托混合现实技术，远程协助过程中无论是受助方还是协助方都可以进行基于三维空间的直播，双方可以轻松获取对方正在操作的部件等关键信息。相比于传统方法，结合混合现实技术的远程协助可以将工作人员更加紧密地联系在一起，显著提高协作任务的效率。来自世界各地的专家不需要亲临现场，即可开展例行监测和审核等重要工作。目前，制造业中将混合现实技术用于远程辅助的用例尚不普遍，但许多企业已经对其应用展示出强烈的兴趣与关注。

欧莱雅集团是制造业中将混合现实技术运用于制造业远程协助的模范，它通过 HoloLens 2 混合现实设备并充分利用 Dynamic 365 远程助手功能，将远程专家与散布在各地制造工厂现场的技术人员联系起来。当制造工厂中的机器发生零件故障时，需要对其进行检查并替换新的部件。该检修过程较为复杂，并很难通过视频或者电话来清楚阐释问题所在，专家很可能需要奔赴现场来解决问题，企业就要耗费大量时间和资源进行人员调度。通过集成混合现实的远程协助技术，专家可以在远程开展操作并分享专业知识。混合现实的远程协助技术在保证精度的同时，实现了跨空间和时间的知识分享，并提供一个轻松的调试环境，让员工更加舒适地工作，从而提升了员工的绩效和士气。远程协助的优势不仅仅限于节约时间和便捷性，在减少出差频率的同时，该项技术也避免了员工差旅疲劳并减少了二氧化碳的排放，如图 8-14 所示。通过远程协助，欧莱雅集团减少了高达约 50% 诊断和解决问题的耗时，企业在员工绩效、士气及生产任务能力上都有了明显提升。

2. 零售领域

（1）销售人员培训与模拟

零售业是一个面向客户的行业，要求员工上任后即可胜任关键任务。然而实际情况是，传统培训机制难以取得上述效果。为了解决这一问题，

图 8-14 远程协助中专家可以看到求助端的全息影像及实时画面

许多零售企业开始采用混合现实技术对员工进行实践教育与培训。各大零售机构利用混合现实技术创建基于真实场景的全息模拟，并运用于教育和培训各层次的员工，包括执行常规任务或关键任务的销售人员。

药物销售巨头沃尔格林（Walgreens）是零售行业中使用混合现实技术的引领者。2020 年年初，Walgreens 在克罗格（Kroger）门店引进了 2500 种新食品货物。Walgreens 希望找到快速且有效的方式培训销售人员，让他们能快速掌握并熟悉这些新型商品。除了熟悉新型商品和新的店面布局外，员工还需要接受客户协助、货物质检等技能培训。为此，Walgreens 与 Microsoft 合作，基于 HoloLens 2 混合现实设备，将门店场景进行三维建模并进行多种销售场景的模拟（如产品补货、优惠券兑换等），以此训练员工应对不同情况的能力，如图 8-15 所示。

借助混合现实技术，Walgreens 得到了至少 15% 的投资收益率，员工的培训时间平均缩短了约 16%。借助混合现实设备，销售人员可就地完成所有培训内容，从而减少了差旅费用。除了节约时间和费用外，统计结果表明，通过混合现实技术辅助培训的 Walgreens 员工在完成新任务时犯错的概率更低。零售行业的门店会不断更换店面布局，以提供给消费者新鲜感，这也为销售人员的培训带来了挑战。通过数字三维模型与混合现实技术的结合，在店面布局切换前即可对销售人员进行预先培训，以熟悉新的门店布局，如图 8-16 所示。

图 8-15　Walgreens 借助混合现实技术进行员工培训

（2）原型设计及布局优化

混合现实技术在原型设计与布局优化中也有亮眼的表现。将二维设计建模文件转换为高品质的数字三维模

图 8-16　Walgreens 员工通过 HoloLens 查看模拟店面布局

型，利用混合现实技术实现虚实融合后，可以随心所欲地操纵真实场景中叠加的全息三维数字模型，并进行设计与布局，从而实现产品的快速迭代。

德国家具建材公司 Küchen Quelle 率先将该技术用于原型设计及布局优化，展示了混合现实如何为室内设计打造革命性的新景象。为了提升公司市场份额并保持竞争力，该公司不断寻找创新方式，以与客户紧密和高效地合作。Küchen Quelle 最终采用了基于混合现实设备 HoloLens 2 的室内解决方案，方便销售顾问和建筑师针对客户的具体需求来设计室内空间，并在沉浸式的环境中携手合作，推动客户做出购买决策。混合现实技术帮助 Küchen Quelle 将压力重重的高风险工作转化为愉悦的体验，也帮助客户在购买过程中建立了信心，效果如图 8-17 所示。

Küchen Quelle 的成功故事并非个例，目前有约三分之二的零售商已采用混合现实技术。Küchen Quelle 负责人安德烈亚斯·罗德（Andreas Rode）表示，混合现实解决方案有望将

KüchenQuelle 的客户转化率提升至 50% 以上。与客户合作进行交互式的定制设计和产品迭代，有助于销售顾问帮助客户对产品建立信心并最终购买。KüchenQuelle 将混合现实技术用于原型设计和布局优化，为零售业的其他公司树立了榜样，该技术可以加快销售周期并提高客户满意度。混合现实技术示意图如图 8-18 所示。

零售机构的成功在很大程度上取决于销售阶段客户对于产品的认知。与原型设计和布局优化的用例场景类似，混合现实销售辅助可以提供给用户虚实结合的产品演示体验，并提供交互式的产品配置与定制服务，从而提升客户与销售人员之间的合作，最终推动用户实施购买决策，图 8-19 为萨尔瓦托·菲拉格慕（Salvatore Ferragamo）利用混合现实技术进行销售的示例。

图 8-17 KüchenQuelle 通过混合现实技术进行家装布局设计

意大利奢侈品牌 Salvatore Ferragamo 将混合现实技术运用在交互、引导和定制购物体验中，引领了混合现实销售辅助的潮流趋势。Ferragamo 采用 HoloLens 2 混合现实设备搭配 Hevolus 的定制解决方案，针对公司产品 Tramezza 男鞋系列推出了沉浸式定制和销售辅助平台，并对店内和线上的使用场景都进行了设计。通过混合现实销售辅助，客户可以从多种颜色、材质、款式中进行选择，定制属于自己的专属鞋款。通过搭建鞋类产品的数字孪生体，客户可以与鞋履的数字三维模型进行实时交互，720°地对鞋款进行观察，并浏览叠加在孪生体上的细节说明。针对线上购物的客户，基于混合现实技术，Ferragamo 提供了销售人员与客户的虚拟购物会话服务，该服务实现了与亲临实体店不相上下的挑选和销售支持，如图 8-20 所示。

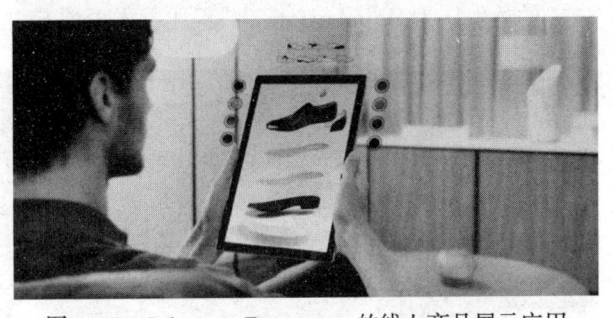

图 8-18 混合现实技术实现的全息与现实的无缝融合

图 8-19 Salvatore Ferragamo 的线上商品展示应用

通过使用混合现实技术进行销售辅助，Ferragamo 在短短几个月内就在销售转换上有了实质性的提升。

图 8-20 基于混合现实技术的销售辅助

将混合现实技术运用在销售辅助领域,不仅可以全方位地优化客户的购买体验,还能提升实体店的空间利用率,在简化购买方式的同时,也提升了客户的转化率。随着零售产业趋于碎片化和数字化,混合现实技术带来的全新体验有望提升客户的忠诚度,增强品牌的影响力。

3. 医疗健康领域

(1)培训和模拟

医疗培训要求受训者亲自动手进行技能训练。在真实环境下的检查诊断、手术等培训场景中,受训者由于技能不熟练造成的失误可能给患者带来不良影响甚至是永久性的伤害,这给医疗健康培训带来了巨大的挑战。目前,市面上已有许多针对医疗培训需求、基于实体模拟的解决方案,但由于其成本过高和重复使用率较低,未能得到广泛普及。混合现实技术可以将全息影像叠加到现实空间中并与周围环境交互,是医疗健康机构培训模拟的理想解决方案。混合现实技术可以创建尽可能接近真实医疗场景而又低风险的模拟环境。在该环境中开展培训模拟,工作人员可以对患者进行检查、诊断和治疗,并练习手术技能,而不用担心操作失误带来的后果,示例如图 8-21 所示。

凯斯西储大学(Case Western Reserve University,CWRU)医学系是将混合现实技术运用在医疗培训模拟技术的先锋。CWRU 医学系将 HoloLens 2 混合现实设备运用在解剖学的授课中,并使用混合现实技术为学生提供实践培训,如图 8-22 所示。在不给患者带来任何风险的前提下,实现了解剖课程的高效教学。CWRU 使用了 HoloLens 上的全息解剖(HoloAnatomy)软件,在高度可视化环境下让学生在交互式三维场景中练习解剖技能。除了辅助传统教学任务以外,混合现实技术在远程授课中也发挥了更加突出的作用:CWRU 医学系采用 HoloAnatomy 进行了远程的解剖课程讲授。美国医学会的调查数据表明,约 81% 的学生认为 HoloAnatomy 课程比真人授课有更好的教学效果。

图 8-21 基于混合现实技术的人体器官全息展示　　图 8-22 CWRU 使用混合现实技术进行解剖课程教学

混合现实技术为 CWRU 的教学效果带来了显著提升:在一年的学习周期中,使用 HoloLens 2 和 HoloAnatomy 的医学生与接受传统授课的学生相比,掌握的知识要多约 120%,且课程分数提高了约 50%。这些结果表明,将混合现实技术引入解剖课程教学,学生可以对医学三维模型进行全方位查看,这可以帮助学生建立肢体构造的三维认知。此外,学生还可以与全息影像进行实时互动,这有助于学生加深学习印象,牢固知识体系。随着混合现实技术在解剖教学上取得巨大的成功,CWRU 计划在其他课程中也实施基于

HoloLens 的教学解决方案。

（2）远程诊疗

混合现实技术能够突破空间、时间的限制，将患者和从业人员紧密联系起来。借助用于远程辅助的混合现实技术，工作人员可以将对于所治疗患者的三维影像传输给异地的同事或者专家，然后专家再根据患者情况远程分享知识和专业技能。通过远程诊疗，医生与患者不需要共处一室，甚至在不同地点也可以进行医疗护理。

混合现实技术被广泛地运用在远程诊疗场景中。帝国理工学院医疗团队（Imperial College Healthcare）使用了 HoloLens 2 的 Dynamics 365 远程助手来协助医生进行远程诊疗，通过对患者的实时视屏传输，医疗团队可以安全地查看患者详情。通过这种解决方案，帝国理工医疗团队在减少医患接触和降低医生接触病毒可能性的同时，为更多患者提供了诊断护理服务。

据统计分析，混合现实技术远程诊疗能够有效地降低医生接触患者的次数。该解决方案在确保每位患者享受同等品质的护理和专业技能的同时，突破了医患需要同处一室开展诊疗的空间限制，效果如图 8-23 所示。除了显著提高医护人员的安全性外，基于混合现实的远程诊疗方案还能减少个人防护设备的需求量，在医疗物资紧缺的关键时期具有重要意义。

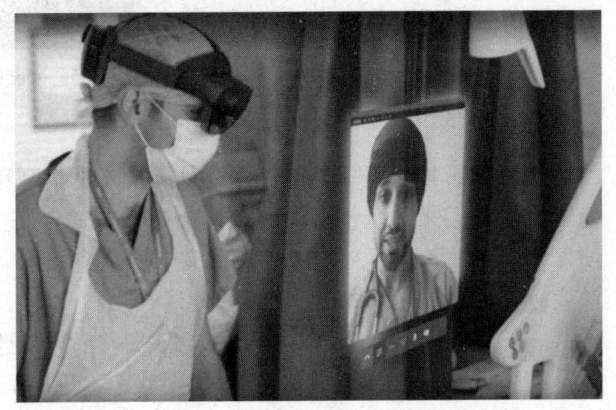

图 8-23　通过混合现实技术实现医疗专家远程指导

（3）背景数据叠加

混合现实技术除了为医疗团队的诊断、治疗过程带来了革新外，还有望改变医生手术治疗的方式。使用 MRI 或者 CT 对患者的组织进行扫描后，可以重建为数字三维模型，并借助背景数据叠加技术将虚拟组织叠加覆盖到患者肢体上，从而实现诊断或手术辅助。借助手势识别技术，医生可以通过手势进行诊断或手术指导。通过这种交互方式，医生可以在手术过程中更快地做出正确决定。AR 手术平台 Medivis 在外科手术中使用混合现实技术进行背景数据叠加方面处于领先地位，为该应用场景进行了数据集成并构建了可视化工具。

传统的手术辅助一般采用二维医学影像，这种辅助方式可能导致医生判断错误。为了解决这一痛点，Medivis 与 Microsoft 合作并开发了混合现实手术导航产品——Surgical AR for HoloLens。该产品为用户提供自定义的上下文数据叠加，从而提升外科医生的手术准确性，为患者带来更好、更安全的治疗效果，示例如图 8-24 所示。

基于混合现实技术的背景数据叠

图 8-24　借助混合现实技术将内部构造全息图叠加在患者头部以辅助手术

加可以提升手术精度并保证患者的安全。通过将高精度的病灶三维模型直接叠加在患者的肢体上，医生可以在术前、术中看到病灶相对于肢体的准确位置，从而制订更为明智的手术计划，示例如图 8-25 所示。此外，通过背景数据叠加，可以减少患者暴露于辐射中的次数，从而提升患者的安全性。目前，使用 HoloLens 2 进行的混合现实辅助手术已超过 200 场。

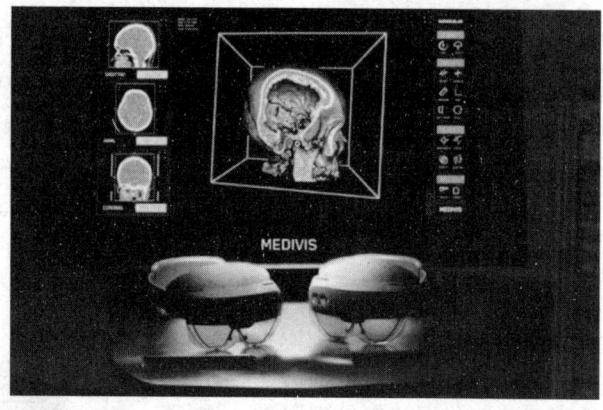

图 8-25　Medivis 使用 HoloLens 2 设备开发的手术辅助应用

8.3　全息投影技术

8.3.1　全息投影技术的定义

全息投影技术是 3D 技术的一种，原来是指利用干涉原理记录并再现物体真实三维图像的技术，后来全息投影的概念逐渐延伸至舞台表演、展览展示等商用活动中。我们平时所了解到的"全息"，并非严格意义上的全息投影，而是使用佩珀尔幻象、边缘消隐等方法实现 3D 效果的一种类全息投影技术。

"全息"来自希腊字"holo"，含义是"完全的信息"，即包含光波中的振幅和相位信息。普通的摄影技术仅能记录光的强度信息（振幅），深度信息（相位）则会丢失。而在全息技术的干涉过程中，波峰与波峰的叠加会增高，波峰与波谷叠加会削平，因此会产生一系列不规则、明暗相间的条纹，从而把相位信息转换为强度信息记录在感光材料上。

当前已实现的 3D 技术主要包括以下几种。

（1）空气投影和交互技术

美国麻省的一位名叫查德·戴恩（Chad Dyne）的 29 岁理工研究生发明了一种空气投影和交互技术，这是显示技术上的一个里程碑。它可以在气流形成的墙上投影出具有交互功能的图像。此技术源于海市蜃楼的原理，将图像投射在水蒸气液化形成的小水珠上，由于分子震动的不均衡，可以形成层次感和立体感很强的图像。

（2）激光束投射实体的 3D 影像

这种技术是利用氮气和氧气在空气中散开时，混合成的气体变成灼热的浆状物质在空气中形成一个短暂的 3D 图像。这种方法主要是通过不断在空气中进行小型爆破来实现的。

（3）360 度全息显示屏

这种技术是将图像投影在一种高速旋转的镜子上，从而实现三维图像。

（4）边缘消隐技术

将画面投射或反射到"全息"膜上，再利用暗场来隐藏全息膜，从而形成图像悬浮在空中的效果。我们在春晚、演唱会、舞台上看到的"全息"技术基本就是此类技术。

（5）旋转 LED 显示技术

这种技术利用了视觉暂留原理，通过 LED 的高速旋转来实现平面成像。但由于 LED 灯条在旋转时并非密不透风，观察者依然可以看到灯条后的物体，从而让观察者感觉画面悬浮在空中，实现类似 3D 的效果。

8.3.2 全息投影技术的应用领域

全息投影技术的应用领域包括展览展示、舞台特效等。

1. 展览展示

针对展览展示行业，实时推出了 360°虚拟成像系统。该系统将三维画面悬浮在实景的半空中成像，营造了亦幻亦真的氛围，效果奇特，科技感十足，示例如图 8-26 所示。这一技术的出现为展览展示行业开辟了新的营销方向。

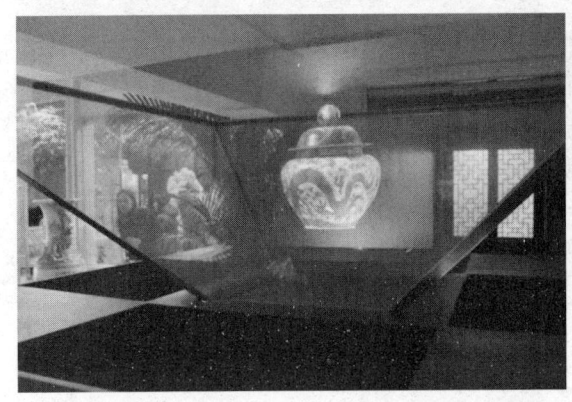

图 8-26 "全息"三维模型展示

2. 舞台特效

全息技术作为一种结合虚拟特效影像、全息投影及图像采集智能互动技术而诞生的新型演艺形式，可以通过主演绎舞台及折幕互动，形成包围式的视觉冲击，营造独特的视觉体验。通过后期图像处理系统及视觉设计，还可以加入真实舞台无法实现的特效场景，让观众看到一场完整的现场表演。观众不再置身于舞台之外，全息投影技术的出现打破了虚拟世界与现实世界的阻隔，让人们体验到前所未有的视觉冲击。

2010 年，日本著名的虚拟偶像初音未来在演唱会上使用全息投影技术亮相，如图 8-27 所示。虽然当时的技术水平较低，初音未来形象仅仅是停留在屏幕上，但却被立体化了。这种从二次元转变为三次元载歌载舞的效果，为观众带来了强烈的视觉冲击。2016 年 G20 杭州峰会文艺演出中，真实舞者和虚拟影像配合表演《天鹅湖》。全息投影技术已逐渐被小规模地运用于各类演出中。

8.4 扩展现实技术

图 8-27 2010 年日本虚拟偶像初音未来全息演唱会

虚拟现实技术将用户与外界环境阻隔开来，带来全沉浸的交互体验。与之相对的增强现实技术则借助计算机视觉技术捕获物理空间信息，并将虚拟信息叠加在物理空间当中。

虚拟现实虽可以在计算机中模拟出现实世界不存在的场景，并可以提供给用户强沉浸感，但缺少与真实世界的交互性。而增强现实技术虽能将真实世界与虚拟环境连接起来，却又缺乏表现张力与想象力。

随着显示硬件、计算机视觉与计算机渲染技术的不断发展，虚拟现实、增强现实及混合现实为用户带来的新奇体验日新月异。人们开始展望未来人机交互的可能形式，而扩展现实作为虚拟现实、增强现实与混合现实的超集，也吸引了越来越多关注者的目光。

8.4.1 扩展现实技术的定义

扩展现实（XR）技术指的是基于计算机技术与可穿戴设备，为用户提供虚实结合体验的一种人机交互方式。扩展现实可视为虚拟现实、增强现实与混合现实的集合，囊括了这三种人机交互环境的中间状态。在 XR 中，字母 X 也可以被看作一个变量，这意味着扩展现实也包括未来沉浸式交互技术的其他展现形式。为了克服虚拟现实与增强现实各自的局限性，研究者与各大开发商对上述技术进行了融合与创新，力求打破用户沉浸感与虚实结合交互之间的壁垒。由于前部分已对虚拟现实、增强现实等各项技术进行了详细阐述，因此本节将着重介绍这些技术的交叉与融合应用。

8.4.2 扩展现实技术的应用领域

扩展现实技术的应用领域包括手势交互、视觉穿透和空间感知与场景扫描等。

1. 手势交互

在传统的虚拟现实应用中，用户一般采用手柄设备来进行交互。手柄上附带有陀螺仪、力传感器及各种扳机按钮，用户通过操作手柄来与虚拟环境进行交互，如图 8-28 所示。随着虚拟现实技术的不断发展，VR 应用为用户提供了更丰富的交互模式。为了满足交互的多样性需求，虚拟现实手柄的按键越来越多，如 HTC Vive 的单个手柄按键就多达九个，无形中给用户带来了较多的学习成本负担。

手势交互技术是最基础也是最自然的交互方式。为了解决手柄交互的

图 8-28 传统虚拟现实设备的手柄交互方式

不足，国内外厂商如 Manus、Noitom 推出了不同型号的数据手套。数据手套通过搭载内置传感器来捕获人体手部各个关节点的位置和姿态，并将这些位姿信号传入 VR 系统作为交互输入。相比于游戏手柄，数据手套能够更精确地捕获手势信息，如图 8-29 所示。随着数据手套硬件技术的不断完善，目前数据手套的研究热点集中在手套的力反馈方面，即在数据手套中添加触觉制动器，将虚拟场景中的触觉信息通过制动器反馈给用户。通过该种交互方式，用户可以感受到虚拟物体的外形和材质，甚至是温度与重量。

一方面，由于受制于硬件成本，数据手套未得到广泛普及。另一方面，数据手套由于自身重量，并不适合长时间穿戴，这影响了用户交互的舒适性。随着计算机视觉的发展，手部姿态估计技术愈发成熟，并被广泛应用于混合现实应用场景中。基于视觉的手势识别方案可以从头戴显示器前置摄像头捕获的图像帧中获取用户的手部姿态信息，具有不需要依赖外部硬件的优点。借鉴混合现实技术的手势交互方法，Meta 公司的 Oculus 于 2020 年 9 月率先推出了搭载自然手势交互的虚拟现实设备——Oculus Quest 2，如图 8-30 所示。

图 8-29 数据手套交互方式　　　　　图 8-30 基于视觉的手势交互方式

2. 视觉穿透

目前的 VR 头显根据定位方式分为内向外（inside-out）与外向内（outside-in）两种。传统的 VR 设备一般基于外向内的定位方式，即用户需要架设追踪器并摆放在游玩区域。定位器会发射出激光、红外线、可见光等，来覆盖两个定位器之间的空间，并建立三维位置信息，通过三角定位的方法确定佩戴者的位置和移动方向。然而，内向外的定位技术将用户的体验区域限制在定位器能够追踪的范围内，这使 VR 体验的准备工作变得异常烦琐。

为了解决这一痛点，虚拟现实硬件厂商投入了大量人力和物力，力图通过简化 VR 硬件的部署难度来提升设备的普及性。得益于计算机视觉领域的发展，同时定位和地图构建（Simultaneous Localization and Mapping，SLAM）从军事领域逐步走向千家万户。借助该技术，内向外的 VR 头显应运而生。内向外追踪定位最大的特点就是不需要架设额外的定位装置，仅依靠 VR 头显内的摄像头来进行定位。其原理主要依靠光学追踪，通过在 VR 头显上安装摄像头，让设备自己检测外部环境的变化，最后经过 SLAM 算法计算出摄像头的空间位置。

基于上述光学方案，一些 VR 头显进一步增加了视觉穿透（pass-through）功能。如 Meta 公司发布的 Oculus Quest 2 一体式 VR 设备，其头显前方配备有 4 颗环境摄像头。通过将摄像头捕获的图像处理后呈现在用户视野中，用户可以看到外部真实世界的情况。该项功能的推出，最典型的使用场景就是建立一个游戏安全区。如图 8-31 所示，图片中黑白部分为真实世界环境，用户可以根据周围环境的情况安全并高效地确认游玩位置。除此之外，外部的环境摄像头还可以帮助 VR 头显解锁 AR 模式，即基于捕获的图像结合视觉定位算法实现 VR 头显上虚实结合的体验。图 8-32 所示为 Meta 提供的一个基于 Oculus Quest 2

在穿透模式下的应用案例。用户通过将手柄放置在真实钢琴键盘的不同位置完成定位后，应用根据选定的乐曲，在用户视野中前方叠加飞向键盘的特效粒子。用户遵循粒子的节奏并按下正确按键即可奏响美妙的乐曲。

随着 Oculus Quest 2 固件更新至 V34 版本，视觉穿透功能的 API 也开放给了开发者。可以预见的是，越来越多基于 VR 头显的虚实结合内容将会陆续发布，VR 与 AR 共同赋能的 XR 领域也将更加精彩。

图 8-31　穿透模式下高效建立安全区域

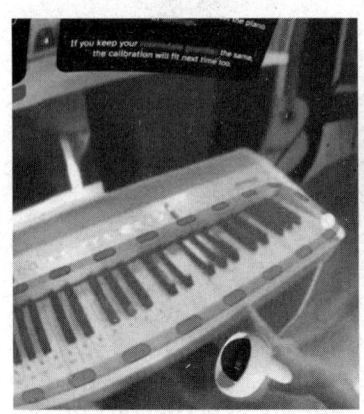

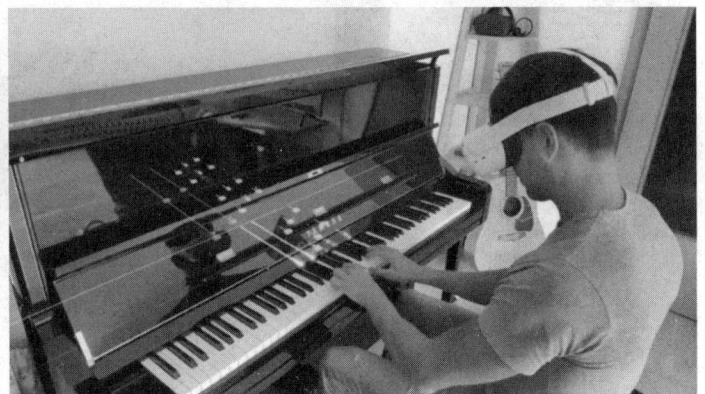

图 8-32　基于 VR 头显的 AR 钢琴音乐游戏体验

3. 空间感知与场景扫描

如前所述，随着计算机视觉技术在 XR 领域应用的日益成熟，虚拟现实技术正与真实世界结合得愈发紧密，显著提升了用户的安全性及沉浸体验感。除了手势识别功能与视觉穿透功能外，空间感知（space sense）是虚拟现实向真实世界迈进的又一坚实步伐。

空间感知即利用 SLAM 等技术，通过 VR 头显的多个摄像机捕获的图像，对周围真实环境进行实时建模，并映射到虚拟场景中。该功能首先被应用在 VR 的安全系统当中。传统 VR 中的防护边界只能预先划定游玩区域，当用户靠近边界区域时给予用户报警提示。而空间感知技术则通过对周围环境的实时感应，能够对闯入游玩空间的活物进行实时检测并发出警示。如图 8-33 所示，佩戴 VR 头显的用户可以看到叠加在视野中真实环境的轮廓。空间感知最初进入大众视野是在混合现实领域，随着该技术在虚拟现实头显上的不断完善，有望打破虚拟现实与混合现实的壁垒，形成良好的 XR 生态。

场景扫描（playspace scan）是虚拟现实与现实世界相连的又一项重大创新。该功能可以对现实场景进行静态建模，并通过视觉算法将建模场景与真实世界建立稳定映射。用户需要通过手柄确定游玩场景中的物体，并对物体进行划分。这些物体通常采用立方体表示，如图 8-34 所示。在划分过程中，用户甚至可以指定这些物体的语义信息，如赋予物体桌面、椅子属性，最终在虚拟世界中建立房间的数字孪生体。

图 8-33 结合空间感知的用户安全提示

目前，该项功能已被广泛应用于游戏领域。其中较为典型的应用案例为《房屋保卫者》VR射击游戏。该游戏基于Oculus Quest 2头显，在用户进入应用后，头显首先会进入穿透视野模式。用户需要根据步骤引导依次扫描并量定房间的墙和家具。扫描完成后，系统将根据用户划定的扫描结果自动生成游戏场景。如图 8-35 所示，该场景将近视于真实游玩区域的 1∶1 还原。用户可以借助真实

图 8-34 VR 的场景扫描功能示意图

环境中的物体进行躲闪并朝怪物射击，而不需要过分担心游玩时碰撞到障碍物，从而保卫真正"属于自己"的房屋。目前，该游戏还属于演示阶段，与之一同发布的还有一个面向场景扫描功能的 House Scale VR SDK 开发工具包。相信在不久的将来，随着 VR 技术的愈发成熟，像虚实结合版本的 VR《植物大战僵尸》等游戏将掀起一场风暴。

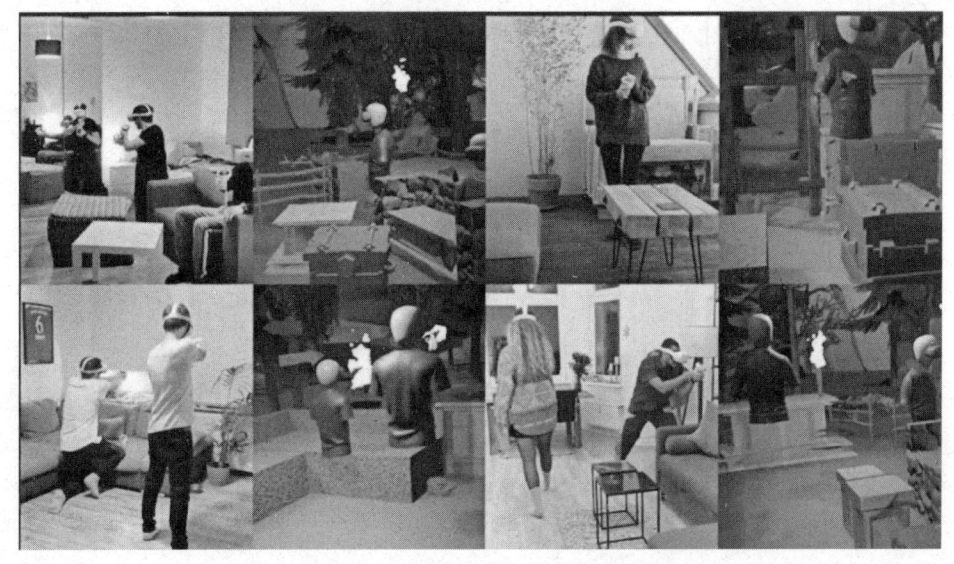

图 8-35 VR 的场景扫描功能示意图

8.5 本章小结

虚拟现实技术是扩展现实中的一个子集，而增强现实和混合现实则是与虚拟现实相生相伴的两种重要技术。具体来说，增强现实和混合现实是虚拟现实扩展出的两种重要形式。本章首先对增强现实技术和混合现实技术的定义进行了阐述。增强现实通过计算机视觉技术对场景进行理解，并将计算机渲染生成的虚拟物体有机地叠加到真实世界场景中。混合现实则是增强现实的一个子集，它对虚实结合的沉浸感有更高的要求。其次，本章介绍了这两种扩展技术与虚拟现实的关系。与虚拟现实技术相同，这两种技术都需要通过计算机渲染虚拟物体，并提供用户实时交互的功能。然而，这两种技术与虚拟现实技术最大的不同点在于：在混合现实与增强现实中，用户不仅能看到虚拟物体，还能与真实世界进行交互，即用户处于一个虚实结合的环境中。最后，本章结合具体运用案例介绍了增强现实和混合现实的应用领域。目前，增强现实与混合现实已广泛被应用到教育培训、医疗健康、工业制造等领域，并改变了人们的工作方式。相比于虚拟现实，增强现实和混合现实与现实的结合更加密切，未来这种虚实结合的交互方式将成为主要的发展方向。值得一提的是，全息现实较增强现实与虚拟现实起步较早。它借助全息投影技术，使用干涉和衍射原理记录并再现物体真实的三维图像，用户裸眼即可观看三维呈现效果。目前，全息现实的应用场景主要集中于文娱、展览方面，被广泛应用于科技馆、企业展厅、博物馆等展厅中。

参考文献

[1] MACY B. IDC: top 10 worldwide IT predictions for 2020 [EB/OL]. (2020-01-01) [2024-09-18]. https://www.techrepublic.com/.

[2] ALHAIJA H A, MUSTIKOVELA S K, MESCHEDER L, et al. Augmented reality meets computer vision: efficient data generation for urban driving scenes [J]. International Journal of Computer Vision, 2017, 123 (2): 1-12.

[3] CHANDRAMOULI M, ZAHRAEE M, WINER C. A fun-learning approach to programming: an adaptive Virtual Reality (VR) platform to teach programming to engineering students [C]// IEEE International Conference on Electro/information Technology. IEEE, 2018: 581-586.

[4] SEO J H, SMITH B, COOK M, et al. Anatomy builder VR: applying a constructive learning method in the virtual reality canine skeletal system [C]// Virtual Reality. IEEE, 2019: 245-252.

[5] CHIN N, GUPTE A, NGUYEN J, et al. Using virtual reality for an immersive experience in the water cycle [C]// 2017 IEEE MIT Undergraduate Research Technology Conference (URTC). IEEE, 2017: 1-4.

[6] SHUMAKER R. Virtual reality: second international conference, ICVR 2007, held as part of HCI international 2007, Beijing, China, July 22-27, 2007: proceedings [J]. Lecture Notes in Computer Science, 2007, 4563.

[7] 陈宝权. 秦学英. 混合现实中的虚实融合与人机智能交融 [J]. 中国科学: 信息科学. 2016, 46 (12): 1-11.

[8] BEHRINGER R, CHRISTIAN J, KRIEGER H, et al. Interaction design of augmented education environments-augmented and mixed reality for performance and training support of aviation / Automotive Technicians [C]//Cal Conference, 2011.

[9] CONSTANZA E, KUNZ A, FJELD M. Mixed reality: a survey [J]. Human Machine Interaction, 2009, 5440: 47.

[10] HUGHES C E, STAPLETON C B, HUGHES D E, et al. Mixed reality in education, entertainment, and training [J]. IEEE Compt. Graph. & App, 2005, 25 (6): 24-30.

[11] P Z, D C A A, Y H A, Z J A, S J A. Virtual reality and mixed reality for virtual learning environments [J]. Computers & Graphics, 2006, 30 (1): 20-28.

[12] KIRKLEY S E, KIRKLEY J R. Creating next generation blended learning environments using mixed reality, video games and simulations [J]. Techtrends, 2005, 49 (3): 42-53.

[13] WISOTZKY E L, et al. Interactive and multimodal-based augmented reality for remote assistance using a digital surgical microscope [C]// 2019 IEEE Conference on Virtual Reality and 3D User Interfaces (VR). IEEE, 2019: 1477-1484.

[14] AZUMA R T. A survey of augmented reality [J]. Presence: Teleoperators & Virtual Environments, 1997, 6 (4): 355-385.

[15] 陈潇潇. 浅谈混合现实技术的发展趋势 [J]. 大众文艺: 学术版. 2016.

[16] CARMIGNIANI J, FURHT B, ANISETTI M, et al. Augmented reality technologies, systems and applications [J]. Multimedia Tools and Applications, 2011, 51 (1): 341-377.

[17] SCHMALSTIEG D, FUHRMANN A, HESINA G, et al. The studierstube augmented reality project [J]. Presence: Teleoperators & Virtual Environments, 2002, 11 (1): 33-54.
[18] SPEICHER M, HALL B D, NEBELING M. What is mixed reality? [C]// Proceedings of the 2019 CHI Conference on Human Factors in Computing Systems. 2019: 1-15.
[19] HUGHES C E, STAPLETON C B, HUGHES D E, et al. Mixed reality in education, entertainment, and training [J]. IEEE Computer Graphics and Applications, 2005, 25 (6): 24-30.
[20] PAN Z, CHEOK A D, YANG H, et al. Virtual reality and mixed reality for virtual learning environments [J]. Computers & Graphics, 2006, 30 (1): 20-28.
[21] COUTRIX C, NIGAY L. Mixed reality: a model of mixed interaction [C]// Proceedings of the Working Conference on Advanced Visual Interfaces. ACM Press, 2006: 43-50.

思考题

1. 本章指出，虚拟现实技术为用户提供了全沉浸的体验，用户所见均由计算机渲染，但却与真实世界完全隔离开来。而增强现实为用户提供了虚实结合的体验，用户看到的是叠加在现实环境中的虚拟影像，如 2016 年大热的 *Pokemon Go*。请根据你的理解，谈一谈虚拟现实技术与增强现实技术分别适用于哪些领域及场景。
2. 目前，混合现实技术实现了环境理解、人类行为理解、空间音效、虚实结合的混合现实空间定位以及混合现实空间中的三维内容互动等交互方式。请你想象一下，随着计算机视觉等支撑技术与硬件设备的发展，未来的混合现实技术会给用户带来怎样的交互体验。
3. 近年来，运行于手机平台上的 AR 软件与游戏逐渐增加，如 *special delivery*、《一起来捉妖》等。请结合具体事例，谈一谈 AR 软件与传统手机软件的决定性区别，并根据这一决定性区别谈一谈怎样发挥 AR 特色进行交互设计。
4. 基于混合现实的交互方式往往加入了传统软件中使用较少的软硬件技术，如陀螺仪、深度相机、姿态估计等，这也让用户的交互方式更为丰富，包括移动、旋转等。对于这些新的交互方式，请谈一谈在软件开发中需要注意哪些方面，并尝试基于这些交互方式，设计一个或几个软件功能。
5. 目前的增强现实交互一般只具有影像和声音的效果。但在展览馆等环境下，我们或许可以给用户提供更多的交互方式。请结合力反馈数字手套等设备，尝试给用户设计一些更加多元化的观看体验。
6. 全息投影技术依然处于发展阶段，且大多都应用在观赏展览等文娱视觉应用上。请试设想一下，全息投影技术在未来能够在哪些领域得到广泛应用。
7. 全息投影技术和增强现实技术、混合现实技术一样做到了虚实结合，但全息投影技术和另外两种技术有很大的区别。请谈一谈全息投影技术和增强现实、混合现实技术的不同之处。
8. 增强现实技术由于可以在智能手机上体验，因此市面上有很多增强现实的手机应用。同时，市面上也存在装载智能手机的头戴式设备，将手机变为 VR 设备，如暴风魔镜。请尝试构想一下，如果让装载智能手机的头戴式设备以更低廉的价格去替代昂贵的混合现实技术的头戴式设备，则大致需要哪些硬件与软件的支持，并谈一谈你的设计。

第 9 章 虚拟现实开发案例

9.1 项目准备

9.1.1 Unity 3D 引擎

Unity 是一种跨平台的 2D 和 3D 游戏引擎，由 Unity Technologies 研发。它可以用于开发跨平台的视频游戏，并延伸至基于 WebGL 技术的 HTML5 网页平台，以及 tvOS、Oculus Rift、ARKit 等新一代多媒体平台。除了可以用于研发电子游戏外，Unity 还广泛用作建筑可视化、实时三维动画等类型互动内容的综合型创作工具。它提供了层级式的综合开发环境，包括视觉化编辑、详细的属性编辑器和动态的游戏预览。Unity 也被用来快速地制作游戏或者开发游戏原型。利用 Unity，可开发 Microsoft Windows 和 Mac OS X 的可执行文件，以及在线内容（通过 Unity Web Player 插件支持 Internet Explorer、Firefox、Safari、Mozilla、Netscape、Opera 和 Camino 浏览器）。此外，还可以开发 Mac OS X 的 Dashboard 工具、Wii 程序和 iPhone 应用程序。Unity 具有项目自动资源导入功能：项目中的资源会被自动导入，并根据资源的改动自动更新。其图形引擎使用的是 Direct3D（Windows）、OpenGL（Mac，Windows）和自有的 API（Wii）。Shaders 的编写使用 ShaderLab 语言，同时支持自有工作流中的编程方式或 Cg、GLSL 语言编写的 Shader。Unity 还内置对 NVIDIA PhysX 物理引擎的支持。

1. Unity Hub

Unity Hub 是一个独立应用程序，旨在简化查找、下载和管理 Unity 项目和安装内容的方式。此外，用户还可以手动将已安装在计算机上的 Editor 版本添加到 Hub 中。Unity Hub 可以管理 Unity 账户和编辑器（editor）许可证、创建项目、将默认版本的 Unity 编辑器与项目关联、管理安装的多个编辑器版本、从项目视图中启动不同版本的 Unity、在不启动编辑器的情况下管理和选择项目构建目标，以及将组件添加到目前已安装的编辑器中。通过 Unity Hub 下载编辑器版本时，用户可以在初始安装期间或以后的日期查找和添加其他组件（如特定的平台支持、Visual Studio、脱机文档和标准资源）。Unity 还提供了使用项目模板来快速启动常见项目类型的创建过程的功能。在创建新项目时，Unity 的项目模板提供了常用设置的默认值，使得用户可批量预设目标游戏类型或视觉保真度级别。

2. Visual Studio 2022

Microsoft Visual Studio（简称 VS）是美国微软公司的开发工具包系列产品。VS 是一个基本完整的开发工具集，它包括整个软件生命周期中所需要的大部分工具，如 UML 工具、代码管控工具、集成开发环境（IDE）等。所写的目标代码适用于微软支持的所有平台，包括 Microsoft Windows、Windows Mobile、Windows CE、.NET Framework、.NET Compact Framework、Microsoft Silverlight 以及 Windows Phone。

Visual Studio 是 Windows 平台最流行的应用程序集成开发环境。Visual Studio 2022 基于 .NET Framework 4.8，使用 64 位 IDE 缩放以处理任何大小和复杂性的项目。它配备了新的 Razor 编辑器进行编码，可以跨文件进行重构。此外，它还可以诊断与异步操作和自动分析器可视化效果相关的问题，并支持 .NET MAUI 开发跨平台的移动版和桌面版应用。使用 Blazor，用户可以生成采用 C# 的响应式 Web UI。VS2022 还允许在 Linux 环境中生成、调试、测试 .NET 和 C++ 应用程序，并跨 .NET 和 C++ 应用使用热重载功能。在 Web 设计器视图中，用户可以编辑正在运行的 ASP.NET 页面。此外，VS2022 还加入了由 AI 提供支持的代码完成功能，以及使用共享编码会话实时协同工作的功能。用户还可以克隆存储库、导航工作项以及暂存单行以进行提交。同时，它还能自动设置可部署到 Azure 的 CI/CD 工作流。

3. 创建工程

进入 Unity Hub 首页（见图 9-1），选择项目模块，单击右上角的"新项目"按钮。在项目上方，用户可以选择编辑器版本。

图 9-1　Unity Hub 首页界面图

如果需要安装指定版本的编辑器，用户可以在左侧安装选项中进行选择。然后会弹出新建项目的窗口，用户可以选择自己需要的模板，也可以使用默认设置进行创建（见图 9-2）。按需求不同，用户可以选择是否启用 Unity 项目版本控制工具（PlasticSCM），入门级开发者可以暂时不勾选此选项。

勾选"启用 PlasticSCM 并同意政策条款"（见图 9-3）后，项目创建就成功了。

9.1.2　外部硬件配置

对于 VR 项目开发，不同的 VR 运行设备需要不同的 VR 运行环境。本章以依赖 SteamVR 系列的 VR 设备为例，如 HTC Vive、Oculus Quest、Steam Index 等，进行介绍。

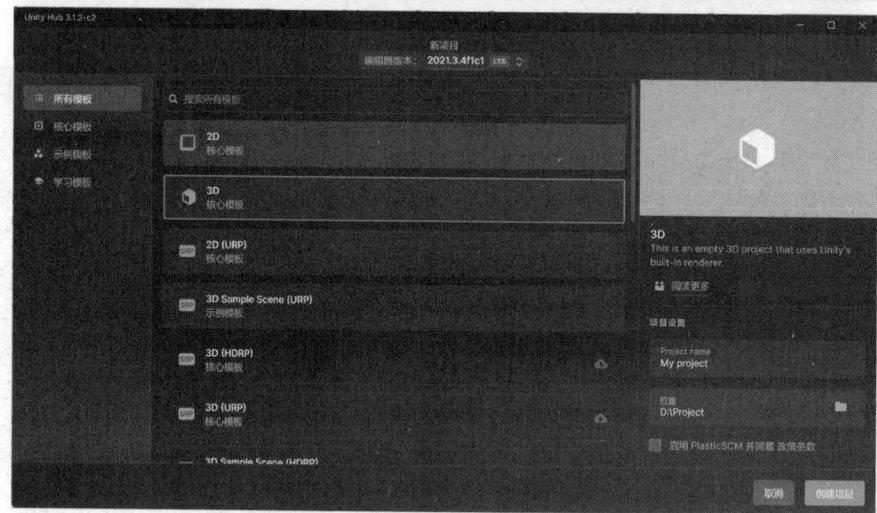

图 9-2　安装 Unity 编辑器及模板选择界面图

图 9-3　勾选 "启用 PlasticSCM 并同意政策条款" 创建项目

1. 安装 SteamVR

想要使用 SteamVR，请先安装 Steam 平台客户端，注册后即可享有 Steam 平台的使用权（见图 9-4）。

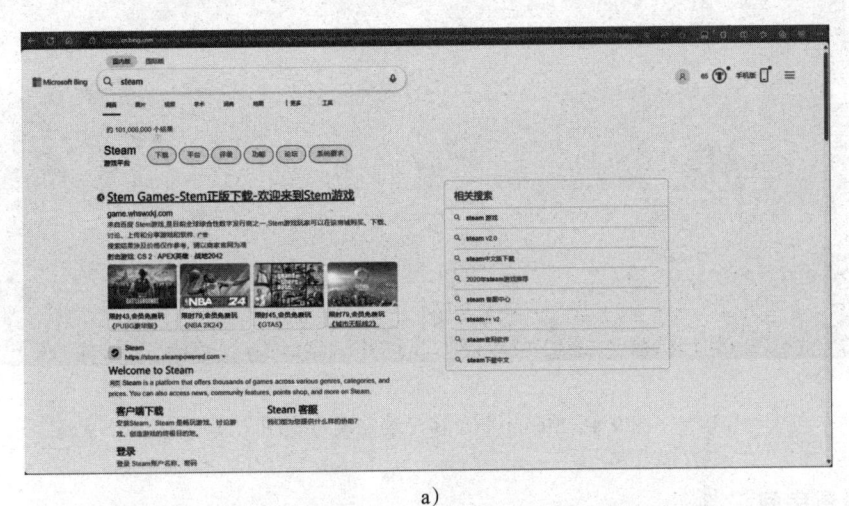

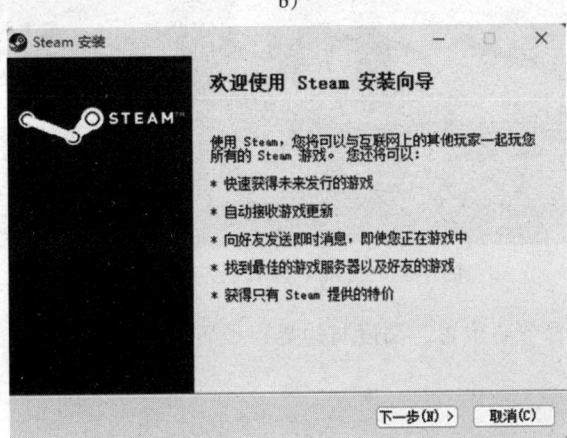

a)

b)

c)

图 9-4　Steam 平台客户端安装步骤图

d)

图 9-4　Steam 平台客户端安装步骤图（续）

2. 设置房间

进入 SteamVR 后，在右键菜单中选择"房间设置"，其中包含两个选项："房间规模"与"仅站立"（见图 9-5）。其中，"房间规模"允许用户利用手柄与显示头盔自主标定一个区域，以避开物理空间中的障碍，如沙发、茶几等；"仅站立"则默认以用户设置时为初始中心的 3 平方米范围为游玩区域。

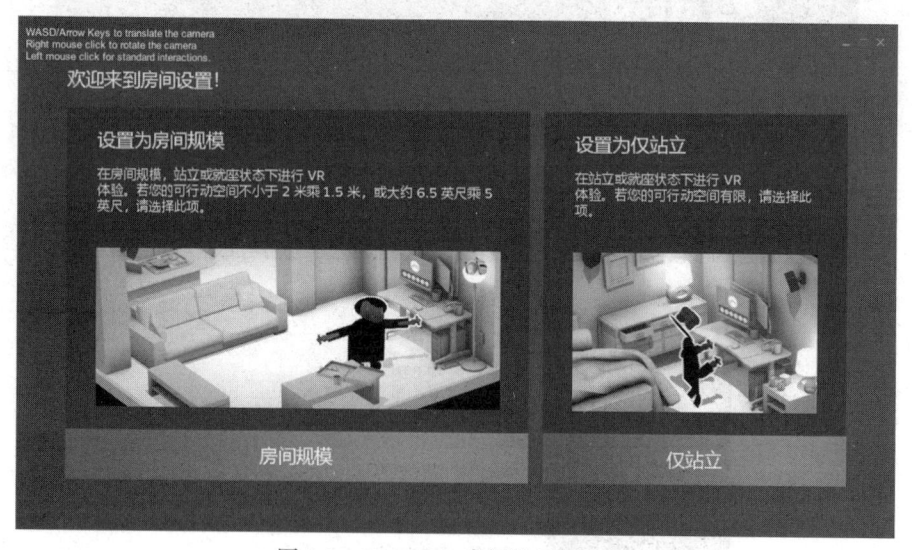

图 9-5　SteamVR 房间设置界面图

根据提示依次设置中心位置、高度与边界，设置完成后即完成了 VR 设备相关的基本配置。

9.1.3 SteamVR 插件的获取

1. 插件获取

在 Unity 商店（asset store）中加载 SteamVR 插件，在 Package Manager 中选择下载并导入引擎中（见图 9-6）。

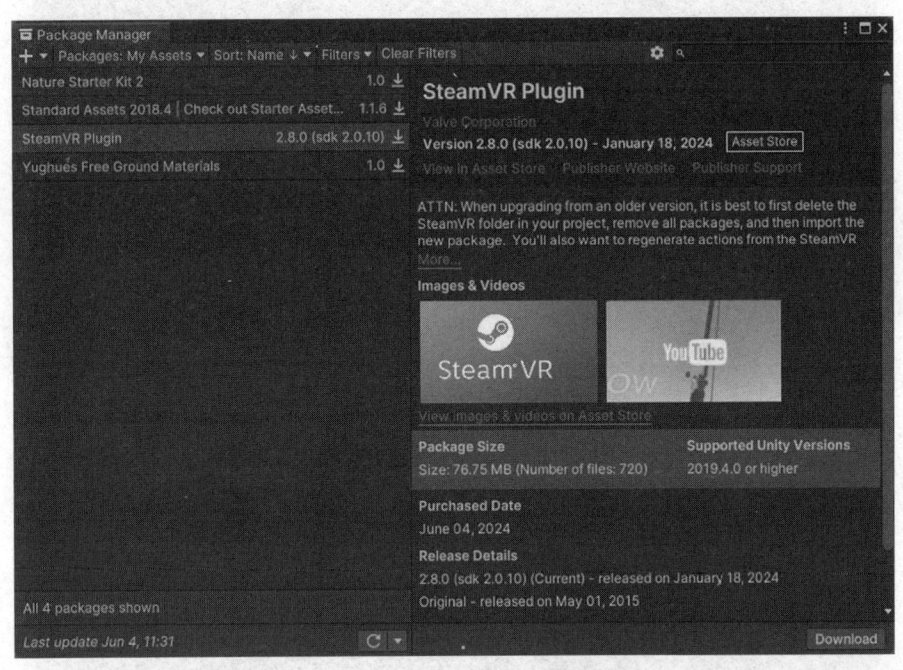

图 9-6　SteamVR 插件加载界面图

导入完成后，进入 SteamVR 设置界面，设置选项分别为是否允许打开分辨率选择界面、是否可以缩放窗口以及色彩空间。可以应用默认设置（见图 9-7）。

2. SteamVR 2.x 版本

相比于早期版本的 SteamVR，SteamVR 2.x 版本改进了交互模式，并引入了新的 VR 输入系统使开发变得更为高效。

打开输入设置面板，需要依次单击"Window" > "SteamVR Input"，然后单击"确定"，并单击"Save and generate"进行初步设置（见图 9-8）。详细用法会在后文提到。

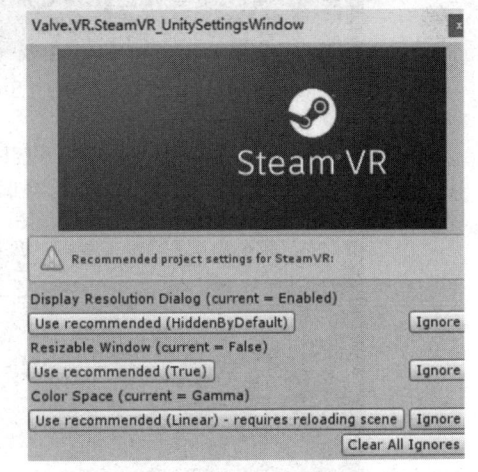

图 9-7　SteamVR 设置界面

3. QuickStart

导入完成后，可以看到 SteamVR 插件文件目录，其中包含了多个控制器类型以及一套交互案例（见图 9-9）。

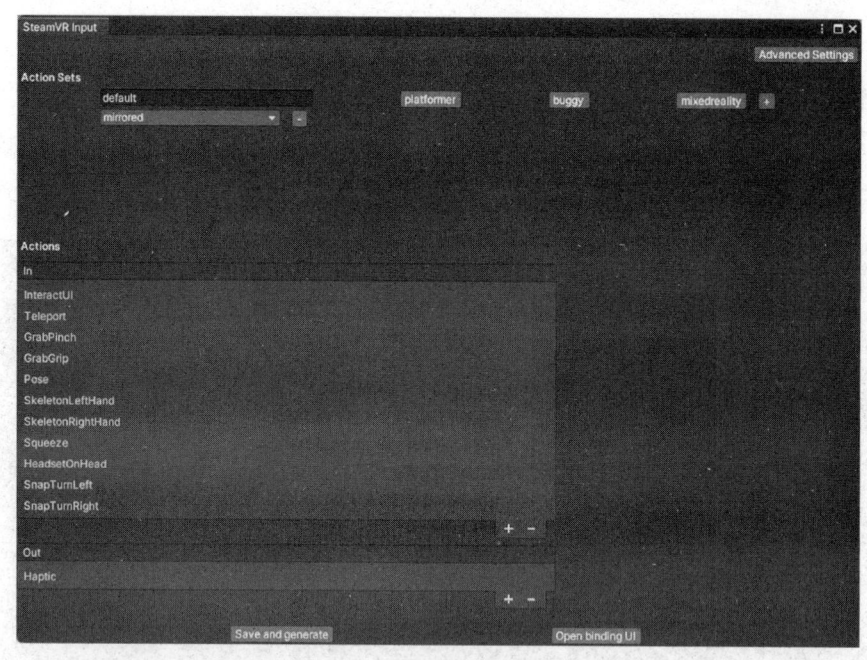

图 9-8　SteamVR 导入界面

图 9-9　SteamVR 插件文件目录

选择 Prefabs 文件夹中的 Player Prefab 并将其拖拽至场景中。至此，就完成了在 Unity 中 SteamVR 的快速启用。单击运行，即可在设备中看到 VR 运行效果（见图 9-10）。

图 9-10　VR 运行效果图

9.2 SteamVR 插件的具体操作

9.2.1 Skeleton

Skeleton 是 SteamVR 2.x 中用来描述手部模型各个关节信息的数据类。它会根据用户的设置，在抓取物体时使手的模型更加贴合待抓取物体，从而增加沉浸感（见图 9-11）。

首先，我们先创建一个空场景，拖入 VR 预制体 Player。然后，创建一个模型，如胶囊体，用来进行测试（见图 9-12）。

首先，我们为其添加组件 Interactable 和 Throwable，并自动生成刚体。然后，我们为模型添加碰撞器（collider），这里添加了 MeshCollider 并勾选了"convex"。此时运行程序，触碰物体时会有高亮显示，并且已经可以抓取物体。

图 9-11 Skeleton 实现效果图

图 9-12 测试模型胶囊体

下面为待抓取模型添加 Steam VR_Skeleton_Poser 组件（见图 9-13），并使用"Create"创建一个 Pose（见图 9-14）。

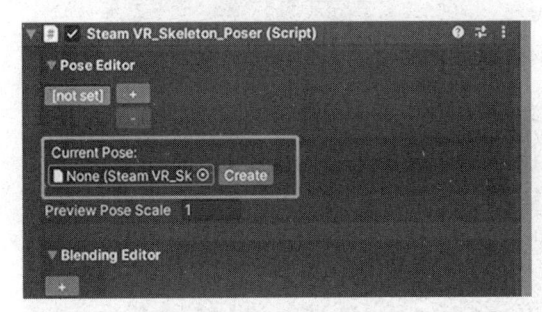

图 9-13 添加 Steam VR_Skeleton_Poser 组件

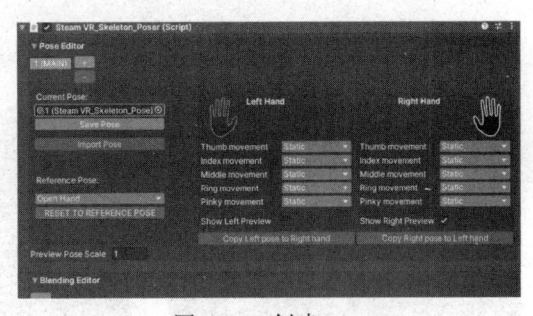

图 9-14 创建 Pose

添加组件后，默认会显示右手的模型（见图 9-15）。

在图 9-14 中，可以看见右侧"Right Hand"部分，下面的"Show Right Preview"已经勾选。

在待抓取模型下，也会生成一个手部模型的克隆体。我们可以手动拉动这个生成的克隆体的骨骼，调节其骨骼位置到我们想要的位置（直接拉动骨骼关节进行旋转调节即可）。示例如图 9-16 所示。

当调节满意后，勾选"Show Left Preview"，此时左手也会显示出来。单击"Copy Right Pose To Left Hand"，将右手已经做好的手势复制给左手。在开始运行前，挂接的 Interactable 上需要取消勾选"Hide Hand On Attach"。图

图 9-15 添加组件成功效果图

9-17 为示意图。

除此之外，我们还可以通过 Blending Editor 实现不同动作绑定不同的手势。例如，使用"Grib"实现抓取的手势，以及使用扳机按键实现"捏"的手势。要实现多个手势，首先需要在 Pose Editor 中添加对应的手势。下面先创建一个"捏"的手势，如图 9-18 所示。

图 9-16　克隆体骨骼示意图

图 9-17　双手抓取效果示意图

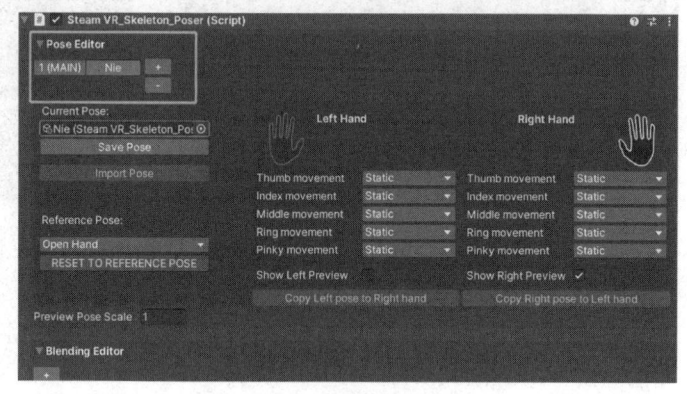

图 9-18　创建"捏"手势

然后编辑手势，效果如图 9-19 所示。

接下来，在 Blending Editor 中单击加号添加事件（如图 9-20 所示）。

设置参数如下（见图 9-21）。

选择 Pose 为 Pose Editor 中的 MAIN 手势，即"握住"手势。下面的 Type 为 Action 类型，我们选择"Boolean"。然后，在 Action_bool 中可以选择要绑定此手势的动作，这里选择"Grib"。

接下来，我们按照相同的方法为扳机动作进行绑定（见图 9-22）。

图 9-19 "捏"手势效果图

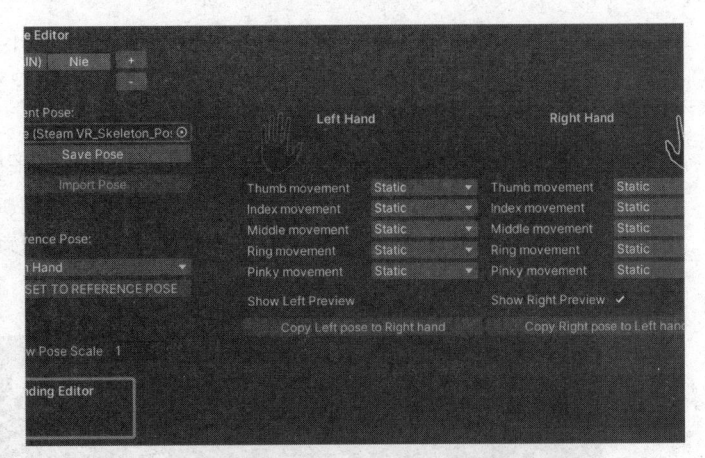

图 9-20 Blending Editor 界面

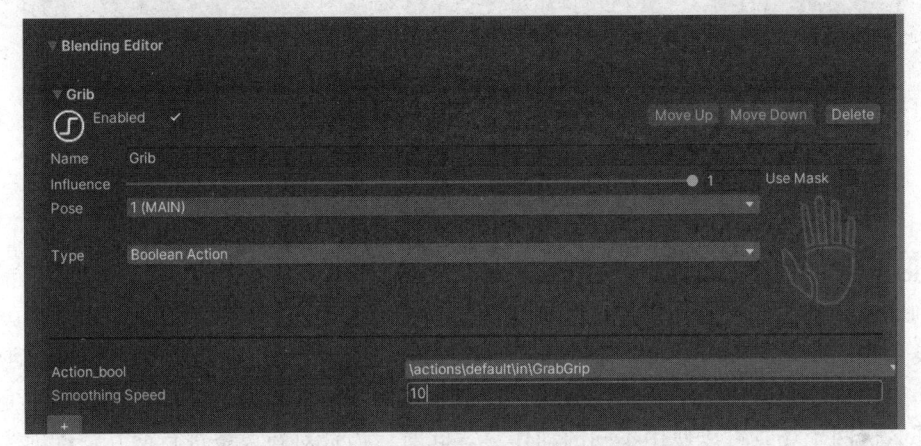

图 9-21 Blending Editor 参数设置界面

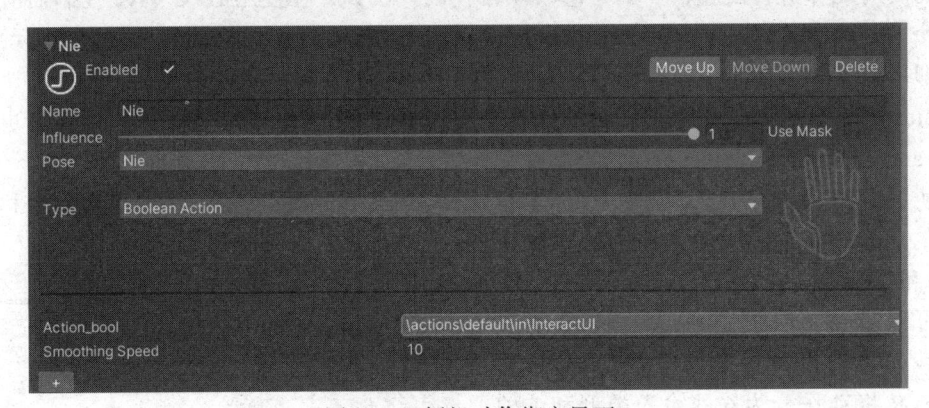

图 9-22 扳机动作绑定界面

9.2.2 SteamVR 输入

确认之后，系统会生成默认与输入相关的 json 配置文件，可以看到它们分为动作（action）和绑定（binding），这是 SteamVR 新版输入系统的核心。动作就是程序中定义的一些用户行为，如瞬移、左转、右转等。我们可以将这些动作和不同设备手柄的按键进行绑定。新版交互系统解决了旧版本中针对不同设备需要实现不同交互逻辑的问题。现在，我们只需要在程序中定义好用户可执行的动作，不同设备的用户只需要在 SteamVR 的手柄设置面板中自定义动作与按键的绑定，即可使用我们开发的程序。如果用户想把某个按键的操作换到别的按键上，我们不需要修改代码重新打包，只需要直接在面板中更改动作的绑定即可。

json 文件生成后，SteamVR Input 窗口就会读取并显示文件信息。我们还需要进行一步操作，即单击"Save and generate"，然后在资源目录里就可以看到生成了图 9-23 中的文件，这样我们才能在编辑器和代码中访问到这些动作。

图 9-23 资源目录文件示意图

9.2.3 绑定 UI

SteamVR 中的动作组件分为动作集（action set）和动作（action），每个动作集都包含一系列动作。动作通过动作集进行逻辑上的分组，以方便进行组织和管理。在 Unity 中对应的类为 Steam VR_ActionSet。在不同的场景或应用程序之间可以切换使用不同的动作集。例如，应用程序中有一个场景是在地球上拾取并投掷物体，而另一个场景则是在太空中飞行，那么这两个场景可以使用不同的动作集。同时，当针对新设备进行交互适配时，开发者只需要对动作进行配置，而不必修改项目代码。例如，在使用 HTC Vive 控制器时定义了一个 fire 动作，当需要支持 Rift Touch 时，只需要配置 Touch 控制器上符合 fire 动作的键值即可。

SteamVR 插件默认包含了三套动作集——default、platformer、buggy，开发者也可以在 SteamVR Input 窗口中自行添加或删除动作集。

使用组件 Steam VR_Activate Action Set On Load（Script）可以在场景中自动激活和停用指定的动作集。对应激活和停用的方法在 Start() 和 OnDestroy() 中实现，如图 9-24 所示。

可以看到，针对程序中不同的动作集，我们可以设置特定动作与按键绑定。SteamVR 将动作分为 6 种输入类型和 1 种输出类型。

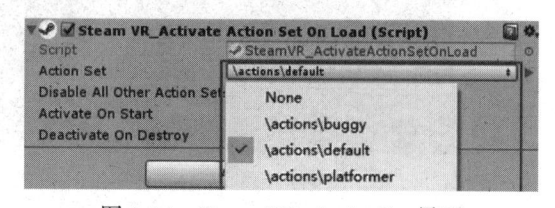

图 9-24 Steam VR_ActionSet 界面

- Boolean：真或假，该类型动作只有两种结果，要么触发，要么没触发。例如，默认的 Grab 动作就是一个 Boolean 类型的动作。触发该动作时，HTC Vive 手柄需要将扳机键拉到 75%，而 Oculus Touch 则只需要拉到 25%，但它们最终返回给该动作的结果都是真或假。如果没有动作的概念，那么我们就要针对两种手柄编写不同的代码。

- Single：0~1 的模拟值。
- Vector2：两个模拟值的组合。
- Vector3：三个模拟值的组合，这种组合很少用到。
- Pose：姿势，用于表示 3D 空间中的位置和旋转，这用来跟踪我们的 VR 控制器。
- Skeleton：骨骼，使用 SteamVR Skeleton Input 来模拟手指关节在控制器上的位置方向。
- Vibration：震动，用于触发 VR 设备（手柄、手套、座椅等）的触觉反馈。

请注意，在 SteamVR Input 窗口中添加动作后，需要单击"Save and generate"才能够在编辑器和代码中获取动作。

9.2.4 使用动作

我们可以在脚本中直接定义对应类型的动作（见图 9-25）。

对应类型的动作可以在 Inspector 中进行赋值（见图 9-26）。

同时，我们也可以通过脚本直接获取（见图 9-27）。

完成编辑后，打开"SteamVR Input Live View"窗口，然后运行测试，在面板中就可以看到动作的触发情况了（见图 9-28）。

图 9-25 在脚本中定义动作

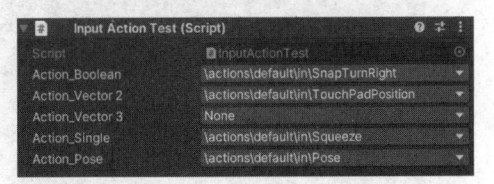

图 9-26 在 Inspector 中赋值

图 9-27 通过脚本获取

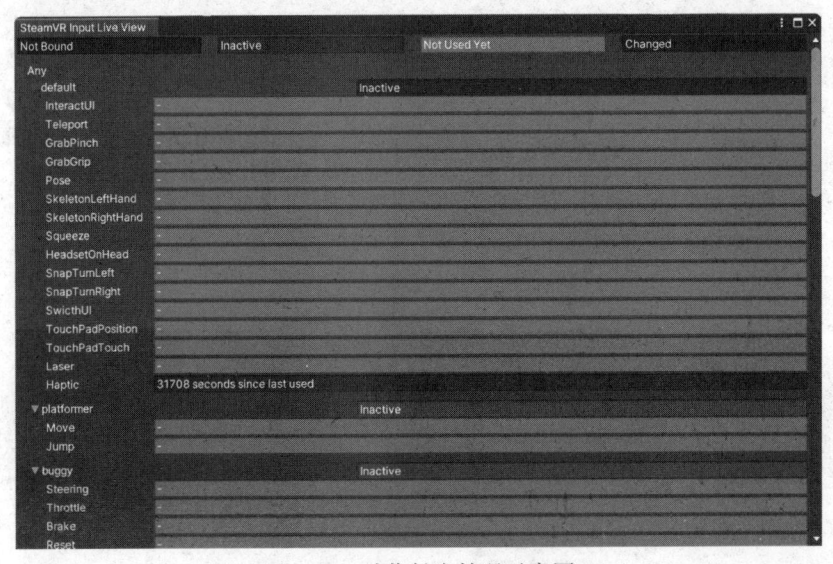

图 9-28 动作触发情况示意图

9.3 交互系统

9.3.1 玩家与移动

1. Player

在场景中删除"Main Camera",从"SteamVR/Prefabs"目录中将"[CameraRig]"预设拖入到场景中,这样便可以搭建起最基础的 VR 场景(见图 9-29)。

图 9-29 [CameraRig] 预设的位置

在"Project"窗口中,路径"SteamVR\InteractionSystem\Samples"下,找到场景文件"Interactions_Example"。这是交互系统提供的用于演示其部分功能的示例场景。双击将其打开,初次导入插件后可以运行该场景进行体验,效果如图 9-30 所示。同时,在后续的开发过程中,用户可以通过测试示例场景能否运行来初步排除由硬件连接问题引起的项目运行异常。

图 9-30 示例场景

2. Teleporting

在 Assets\SteamVR\InteractionSystem\Core\Prefabs\ 目录下，找到预制体 Player 后添加到场景中（见图 9-31）。

图 9-31　预制体 Player 的位置

接着，在 Assets\SteamVR\InteractionSystem\Telepot\Prefabs\ 目录下找到"Teleporting"预制体，将其添加到"Hierarchy"面板中，该预制体用于实现移动功能（见图 9-32）。

图 9-32　Teleporting 预制体的位置

在需要移动的地面上添加 TeleportArea 脚本或者将 Prefab 中的 TeleportPoint 拖入场景中，即完成了传送的设置。运行后，按下 VR 手柄中对应的按键即可测试传送（见图 9-33）。

图 9-33　传送测试图

9.3.2 简单物体交互

1. 简单交互

简单交互是最为基础的交互方式。如图 9-34 所示，为实现的简单交互，当手触碰到物体时，物体会呈现黄色轮廓框。然后按下扳机键，即可移动物体。该交互方式只需要添加核心交互组件 Interactable 到父物体上，子物体中如果有带碰撞体，就可以实现交互。

实现逻辑的步骤如下。第一步，手在激活时会不断重复调用 UpdateHovering 方法，该方法用于处理手悬浮在带有 Interactable 组件的物体上的情况。

第二步，在 UpdateHovering 方法中判断哪个 Interactable 物体和手最近。判断的方法为 CheckHoveringForTransform，在这个方法中会遍历子物体中的所有碰撞器，然后获取该碰撞器的父物体上的 Interactable 组件。如果不为空值，则比较与手的距离，找到最近的那一个，并将其 Interactable 的实例化对象赋值给手中的 hoveringInteractable。

第三步，在手中的 hoveringInteractable 为 Interactable 类型的属性。当该属性被赋值时，会进行广播消息处理。所有继承了 MonoBehaviour 的脚本中，定义了 OnHandHoverBegin 和 OnHandHoverEnd 的方法都将被执行。

最后，在该案例的脚本 InteractableExample 中实现了 OnHandHoverBegin 和 OnHandHoverEnd 方法。

2. 线性驱动

线性驱动（linear drive）即手握住操作的物体保持姿势不动，移动手柄，手握住的物体跟随运动，但是只保持在横向的线性位置移动，手握住的物体不会超过该线性区域。这种方式通常用于制作固定方向运动的机关等场景（见图 9-35）。

图 9-34　简单交互示意图　　　　图 9-35　线性驱动示意图

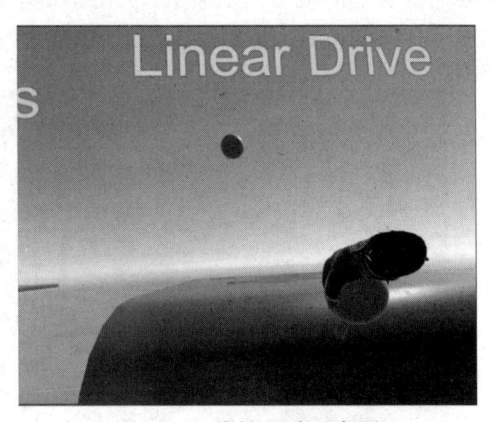

使用方式步骤如下。第一步，核心组件 Interactable 当然必不可少，然后实现 HandHoverUpdate 和 HandAttachedUpdate 以及 OnDetachedFromHand 方法，并编辑握住物体所需的手势。

第二步，获取手部握住物体之后手移动的参数。计算方法为：获取手现在的位置和线性起点的位置组成的向量 A 和终点到起点的向量 B，得到向量 A 和 B 的点积，然后将这个值作为线性插值的变化因子。

3. 环形驱动

如图 9-36 所示，环形驱动（circular drive）的处理逻辑和线性驱动类似，只是在计算物体旋转上有所差别。

4. Hover Button

如图 9-37 所示，当手悬浮在按钮上时，向下压物体可以实现物体按下的效果。实现的逻辑和前面的简单交互类似。

图 9-36　环形驱动示意图　　　图 9-37　Hover Button 示意图

9.3.3　特殊物体交互

图 9-38 为手抓取物体然后进行抛射的过程，当手抓取物体时，会变换为手刚好握住物体的姿态且手指都为静态。当手释放掉物体时，又恢复到原来的状态，并且在物体抛出去后具有一定的速度。

实现逻辑的步骤如下。第一步，同样需要添加核心交互组件 Interactable，并且需要添加 SteamVR_Skeleton_Poser、Rigidbody 以及 Throwable（或子类）。

第二步，编辑 SteamVR_Skeleton_Poser 中所需要的手部姿势。

图 9-38　抓取或抛射物体

1）如图 9-39 所示，单击"Create"创建一个新的姿势。所有姿势都是 SteamVR_Skeleton_Poser 的 ScriptableObject，保存为以 .asset 为后缀的文件。这些文件可以通过 Resources.Load 方法直接加载或者直接拖到面板上使用。

2）如图 9-40 所示，勾选"Show Right Preview"即可对手势进行编辑。此时可以看到在物体的附近有一个手的模型。如果想在模板的基础上编辑，可以选择"Reference Pose"。选择之后，手即可变成模板的样子。该手部编辑模型会作为子物体出现，但仅仅是在编辑模式下出现，供编辑使用。在编辑完之后，需要取消"Show Right Preview"的勾选方可正常显示和使用。

224 第 9 章

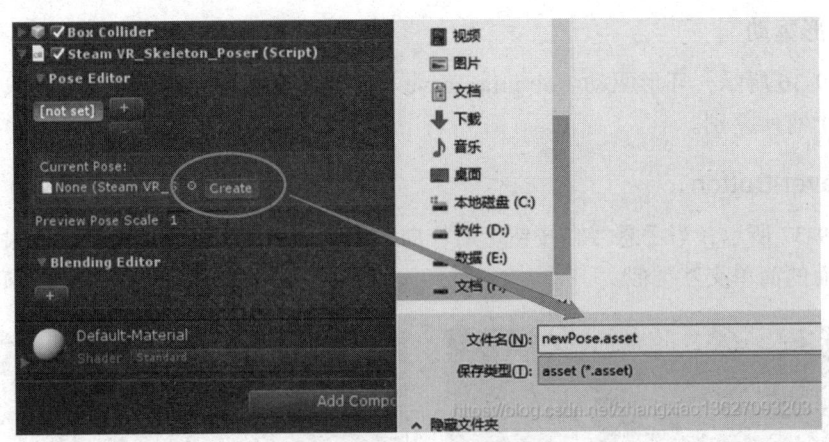

图 9-39 创建手部姿势

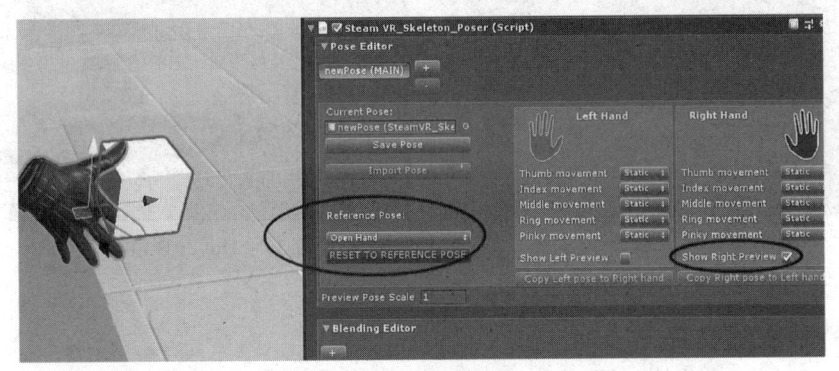

图 9-40 编辑手势

直接调整手的位置和关键点，使其呈现握住物体的样子即可。然后勾选"Show Left Preview"此时下面的"Copy Left pose to Right Hand"和"Copy Right pose to Right Hand"会被激活。需要注意的是，因为刚刚编辑的是右手的手势，所以单击右边的"Copy Left pose to Right Hand"按钮，将右边的手势镜像处理得到左边的数据，并覆盖当前左边的数据。单击之后即可看到两只手都以同样的姿势握住物体。这里一定要点对，不然前面的工作会被覆盖而导致重新做。最后，单击"Save Pose"即可保存手势。

3）Throwable 编辑。在 Throwable 脚本中同样实现了 OnHandHoverBegin 和 OnHandHoverEnd 方法，用于处理握住物体的逻辑，还实现了 HandHoverUpdate 方法（见图 9-41）。在该方法中，首先判断当前手的按键类型，只要不是抓取的按键触发，就握住物体。该方法在 Hand 的 Update 中被广播（见图 9-42）。

```
protected virtual void HandHoverUpdate( Hand hand )
{
    GrabTypes startingGrabType = hand.GetGrabStarting();

    if (startingGrabType != GrabTypes.None)
    {
        hand.AttachObject( gameObject, startingGrabType, attachmentFlags, attachmentOffset );
        hand.HideGrabHint();
    }
}
```

图 9-41 HandHoverUpdate 方法

```
protected virtual void Update()
{
    UpdateNoSteamVRFallback();

    GameObject attachedObject = currentAttachedObject;
    if (attachedObject != null)
    {
        attachedObject.SendMessage("HandAttachedUpdate", this, SendMessageOptions.DontRequireReceiver);
    }

    if (hoveringInteractable)
    {
        hoveringInteractable.SendMessage("HandHoverUpdate", this, SendMessageOptions.DontRequireReceiver);
    }
}
```

图 9-42 Update 方法

另外，还有 HandAttachedUpdate 方法（见图 9-43）。

在 Throwable 脚本中实现 HandAttachedUpdate 方法，该方法每帧都执行，用于判断手的按键是否已经释放掉了该物体。若释放，则执行手放弃物体的操作。

```
protected virtual void HandAttachedUpdate(Hand hand)
{

    if (hand.IsGrabEnding(this.gameObject))
    {
        hand.DetachObject(gameObject, restoreOriginalParent);

        // Uncomment to detach ourselves late in the frame.
        // This is so that any vehicles the player is attached to
        // have a chance to finish updating themselves.
        // If we detach now, our position could be behind what it
        // will be at the end of the frame, and the object may appear
        // to teleport behind the hand when the player releases it.
        //StartCoroutine( LateDetach( hand ) );
    }

    if (onHeldUpdate != null)
        onHeldUpdate.Invoke(hand);
}
```

图 9-43 HandAttachedUpdate 方法

然后 Hand 的 DetachObject 方法中调用广播函数广播 OnDetachedFromHand，最终在 Throwable 脚本中实现了 OnDetacheFromHand（见图 9-44）。

```
public void DetachObject(GameObject objectToDetach, bool restoreOriginalParent = true)
{
    ...
            if (attachedObjects[index].attachedObject != null)
            {
                if (attachedObjects[index].interactable == null ||
                    (attachedObjects[index].interactable != null &&
                    attachedObjects[index].interactable.isDestroying == false))
                    attachedObjects[index].attachedObject.SetActive(true);

                attachedObjects[index].attachedObject.SendMessage("OnDetachedFromHand",
                    this, SendMessageOptions.DontRequireReceiver);
            }
    ...
}
```

图 9-44 DetachObject 方法

9.4 校史馆系统设计与实现案例

9.4.1 系统分析

本项目将以东北大学虚拟校史馆为原型，设计并实现一个采用混合现实技术、依托 Unity 3D 引擎的虚拟校史馆系统。

系统分为两个部分，即虚拟现实端和增强现实端。虚拟现实端使用 HTC Vive 设备，主要包括场景漫游、展品的文字图片和音视频资料展示、小地图导航、语音播报等功能。我们将采用次世代开发技术，完成对东北大学校史馆的还原，涉及的工作包括可视化功能设计、脚本框架编写、交互程序设计、音效制作、3D 美术资源制作、UI 设计等。在渲染方面，采用 Unity 全新光照、多管线前置渲染与延时渲染技术，让用户体验更加真实，有身临其境之感。增强现实端则使用智能移动终端设备，包括文字识别、图片识别、模型识别三大模块。通过扫描实物，将传统的展览资料以崭新的方式呈现，让用户可以更自由和灵活地感受校园历史。

我们将在此项目中实现以下功能。

- 场景和展览品还原功能：利用 3ds Max 软件或照片建模技术，对校史馆展厅和展览品进行建模。然后展开 UV，在 Substance Painter 和 Photoshop 中制作纹理贴图。将所有资源导入 Unity 3D 引擎后，把校史馆搭建起来。最后，设计并添加灯光、反射盒和探针，使用 Unity 的 HDRP 高清晰渲染管线进行渲染，以完成整个场景的还原。
- 展览品相关资料展示功能：在虚拟现实方面，通过与展品交互，分别展示文字、图片和视频资料；在增强现实方面，通过识别文字、图片和模型来展示文字、图片、视频和模型资料，从而让用户更全面、更深入地了解校史文化。
- 场景漫游功能：这个功能主要针对虚拟现实部分。在 VR 场景中，用户通过手柄操作进行跳转移动，从而可在虚拟场景中进行漫游参观。
- 小地图导航功能：属于 VR 部分的功能，包括定位和导航两个子功能。用户可通过小地图查看自己的位置信息，也可以在小地图上选定其他可选择的点位，然后系统会自动引导到达选定位置。
- AR 扫描识别功能：AR 部分既可以识别文字和图片，也可以识别物体。识别固定的文字"东北大学校史馆"后，可出现一座虚拟展馆供用户观赏；识别图片后，可由用户自由地选择出现图片、模型或者视频；识别实际物体后，屏幕上会出现 3D 模型与实物实时拟合，用户可以多角度观察。
- 语音播报功能：在 AR 部分，图片或模型被成功识别后，系统就会显示文字介绍，并且同时播报该介绍的语音朗读。
- 用户界面和音效功能：遵循简洁大方的原则，设计符合 AR 和 VR 风格的用户界面。与界面交互时，系统会播放相对应的音效。

9.4.2 系统设计

1. 系统体系结构设计

校史馆系统分为虚拟现实和增强现实两个部分。硬件设备包括虚拟现实设备（HTC Vive）

和增强现实设备（手机或平板）。两部分的数据资源主要是文字、图片、视频和模型资源。虚拟现实部分是虚拟校史馆系统，为 exe 文件，在 PC 端运行，接入 HTC Vive 设备后，可以进行场景漫游、与展览品交互和定位导航。增强现实部分是校史馆虚拟导览系统，为 APK 文件，支持 Android 平台。通过手机、平板等设备，能够扫描识别文字、图片和模型。根据需求分析，可以将此系统分为硬件设备层、数据层、应用层和展现层四个层次（见图 9-45）。

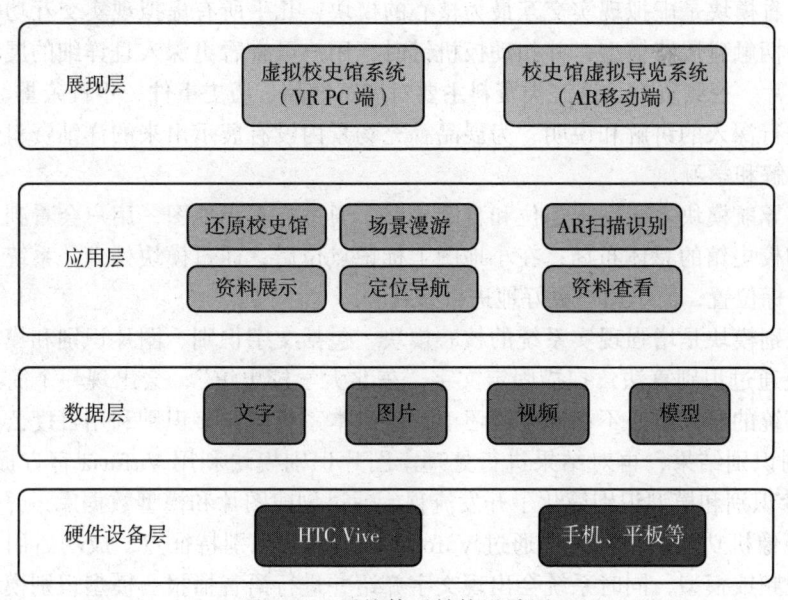

图 9-45 系统体系结构设计图

2. 系统功能模块设计

系统功能模块主要分为虚拟现实交互模块和增强现实交互模块两大部分。虚拟现实交互模块包括场景漫游模块、资料查看模块和小地图导航模块；增强现实交互模块包括目标识别模块和识别结果查看模块（见图 9-46）。

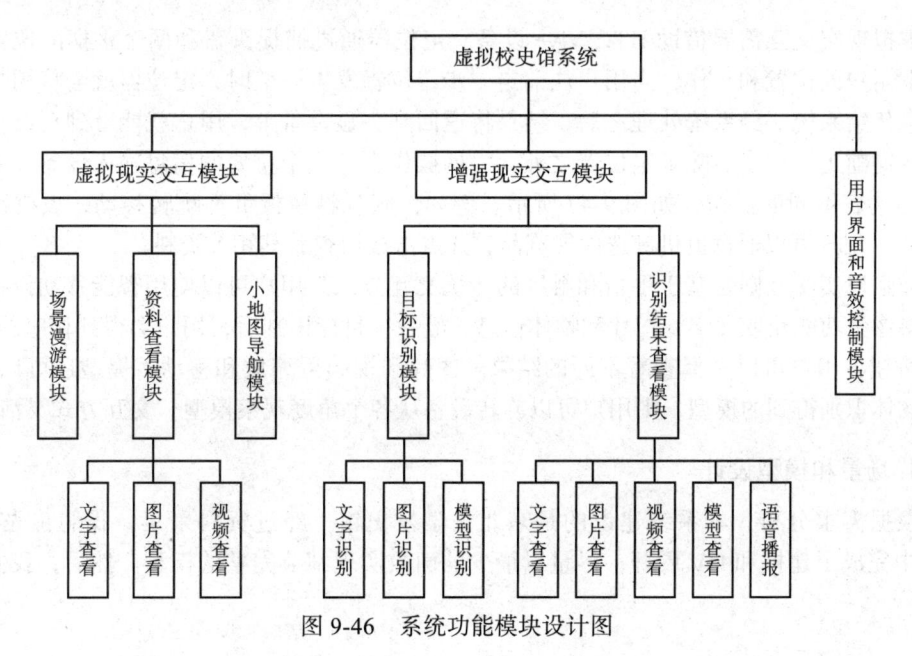

图 9-46 系统功能模块设计图

虚拟现实交互模块主要负责获取 HTC Vive 设备采集到的人体位置、动作、操作等信息，并根据该信息与虚拟场景中的事物进行互动，将结果反馈给用户。

场景漫游模块是虚拟校史馆系统中的一个重要模块。该模块以第一人称视角进行漫游，用户可以通过手柄按键进行跳转移动。当遇到墙壁、展柜等障碍物时，用户会被阻拦，从而不能移动。

资料查看模块是虚拟现实交互最为核心的模块，几乎所有虚拟现实交互功能都集中在这里。当手柄触碰展览模型，并扣动扳机键时，用户可查看更深入且详细的展品资料，包括文字、图片、视频资料。这三类资料主要对展览物品、历史事件、学校荣誉、优秀校友、科研成果进行深入的讲解和说明，为展品补充场景内没有展示出来的详细资料，帮助用户更深入地了解和学习。

小地图导航模块主要用于定位和自动寻路。通过查看小地图，用户会看到当前人物所在的位置和校史馆的总体布局；在小地图上标记点位后，通过模块处理，系统会自动引导人物到达目标位置，便于用户更好地进行参观。

目标识别模块是增强现实系统的核心模块，包括文字识别、图片识别和模型识别。文字识别模块通过识别算法，扫描固定文字"东北大学校史馆"，会出现一个简易的虚拟展厅。但本系统的研究重心不在深度学习上，所以本系统的文字识别利用百度云通用文字识别 API 得到识别结果，再对结果进行处理。图片识别模块利用 Vuforia 官方提供的 Unity SDK 为图片识别和模型识别简化了开发流程。通过创建图片和模型数据库，并利用智能移动设备的摄像机功能扫描图片，通过 Vuforia 识别算法识别特征点，成功后用户可选择查看图片、视频或模型，同时系统会出现文字介绍并进行语音播报。模型识别模块则利用智能移动设备的摄像机功能扫描实际物体，将物体对准识别框，识别成功后可得到该物体的三维模型，并且该模型会与实物实时拟合，用户可从多个角度进行观察。

资料查看模块用于查看目标识别模块识别的结果，包括文字、图片、视频、模型和语音播报。用户可以自由选择种类进行查看，并与之交互。

3. 系统交互设计

虚拟现实交互需要借助 HTC Vive 设备。定位器通过捕捉头盔和两个手柄的位置信息来获取用户的位置和动作，当用户往前走一步，位置发生改变时，定位器就会将用户的位置信息传给系统。经系统处理之后，结果将返回到头显设备上，用户就能看到自己在虚拟场景中向前走了一步。除了定位器之外，手柄操作也是一个重要的信息输入设备，手柄上的按键代表不同的操作，如图 9-47 所示。例如，圆盘触控板负责跳转移动，扳机键代表"选择"。用户可以通过扳机键选中展览品，并点击按钮查看其相关资料。

增强现实交互则是基于手指和触屏的传统交互方式。用户可以使用智能移动设备，利用其摄像头功能获取文字、图片和物体信息。经系统目标识别后，用户会得到相应的结果。点击按钮，用户可以选择查看不同的结果。图片和视频可缩放和移动，模型还可以旋转。若是物体识别得到的模型，则用户可以旋转设备从各个角度观察模型，交互方式灵活多样。

4. 场景和模型设计

根据需求分析，本系统建设的是东北大学校史馆。经过资料采集，我们首先在 3ds Max 中完成了建模和 UV 展开，尽量以最少的面数实现细节完整的模型。然后，我们将模型导入 Substance Painter 进行材质纹理的绘制。最后，将模型和贴图导入 Unity 3D 中进行资源整合和场景搭建。场景和模型风格以写实为主。

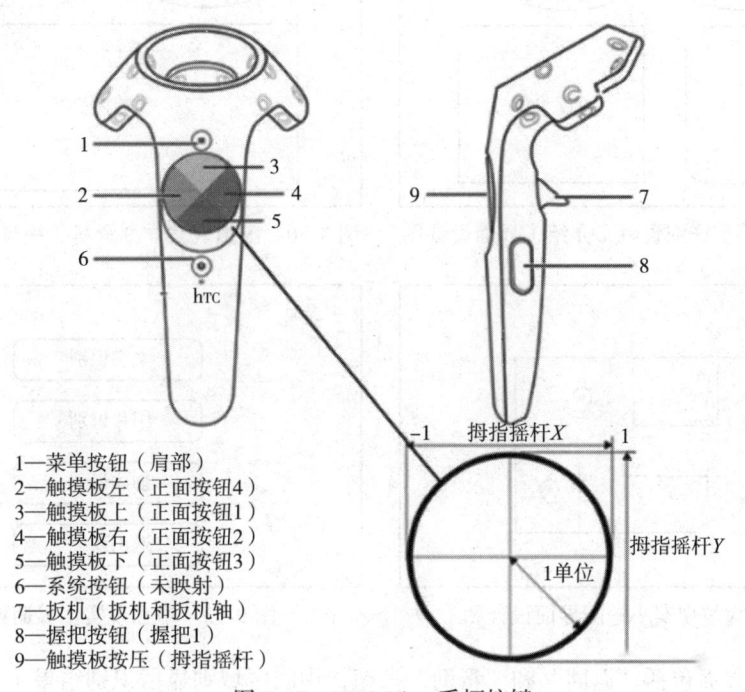

1—菜单按钮（肩部）
2—触摸板左（正面按钮4）
3—触摸板上（正面按钮1）
4—触摸板右（正面按钮2）
5—触摸板下（正面按钮3）
6—系统按钮（未映射）
7—扳机（扳机和扳机轴）
8—握把按钮（握把1）
9—触摸板按压（拇指摇杆）

图 9-47　HTC Vive 手柄按键

系统使用高清渲染管线（HDRP），并添加后处理效果。我们采用实时光照延时渲染技术、基于 PBR 烘焙参数图的去光照技术等对场景进行渲染，最终得到了一个近似真实的校史馆场景。

5. 用户界面设计

由于本系统分为虚拟现实和增强现实两个部分，因此用户界面也采用了两种风格。虚拟现实部分用户的全部视觉功能都沉浸在虚拟世界里，一些操作是超现实的，于是界面采用了微科幻风格。而增强现实部分需要使用摄像机，因此界面采用了简洁大方的风格。

（1）虚拟现实用户界面设计

主菜单包括"重新开始""小地图""退出系统"这三个按钮（见图 9-48）。

详细资料界面包括"介绍""视频"和"退出"按钮。选择"介绍"，将打开图片和文字介绍；选择"视频"，将打开视频播放器（见图 9-49）。

图 9-48　虚拟现实主菜单界面设计图

视频播放面板的详细设计如图 9-50 所示。

小地图界面以简洁的线条绘制而成。墙壁、展柜等以线条表示，将可自动寻路的点用位置图标标记，人物所在位置用点标出（见图 9-51）。

（2）增强现实用户界面设计

主界面包括"文字识别""图片识别""物体识别""退出系统"选项（见图 9-52）。

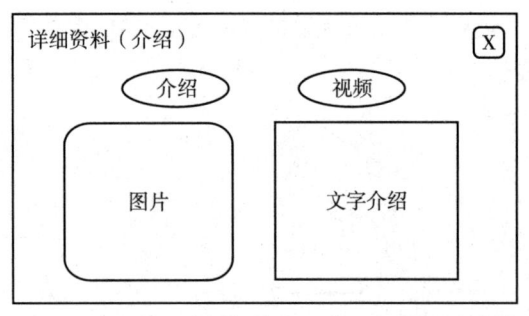

图 9-49　虚拟现实详细资料（介绍）界面设计图

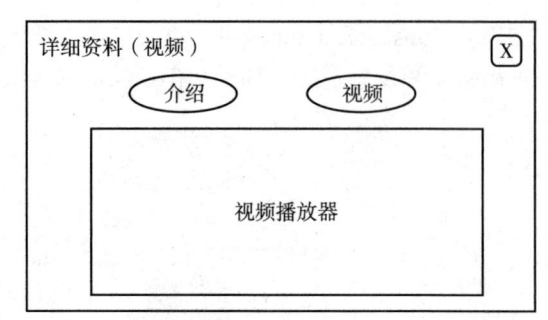

图 9-50　虚拟现实详细资料（视频）界面设计图

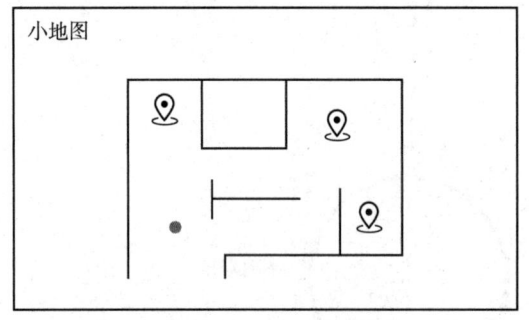

图 9-51　虚拟现实小地图界面设计图

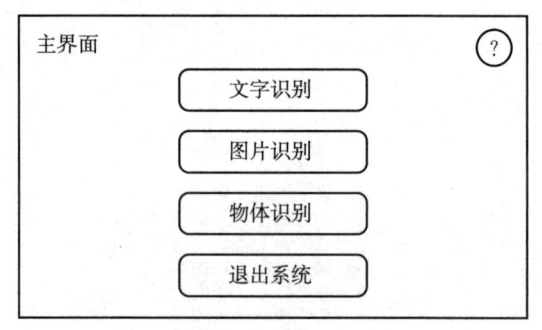

图 9-52　增强现实主界面设计图

文字识别界面包括"返回"和"帮助"按钮，中间区域则显示识别结果（见图 9-53）。

图片识别界面设计包括"返回""帮助""图片""视频""模型"按钮，以选择查看不同种类的结果。左侧显示识别结果，右侧则显示文字介绍（见图 9-54）。

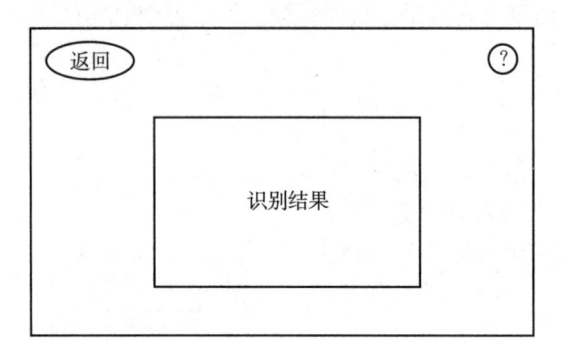

图 9-53　增强现实文字识别界面设计图

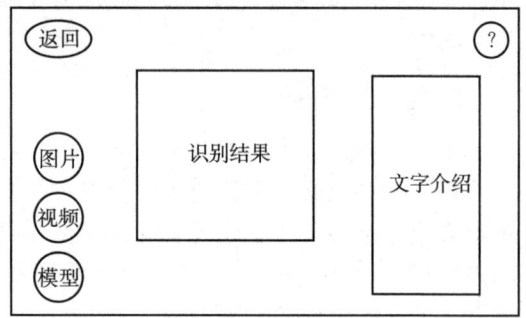

图 9-54　增强现实图片识别界面设计图

物体识别界面设计包括"返回"和"帮助"按钮，左侧显示识别结果，右侧则显示文字介绍（见图 9-55）。

6. 音效设计

虚拟现实场景将东北大学校歌设为背景音乐。校歌同校史馆展览一样，蕴含着校园精神和校园文化，具有重要意义。我们采用简洁且轻快的声音作为用户与展览品和界面

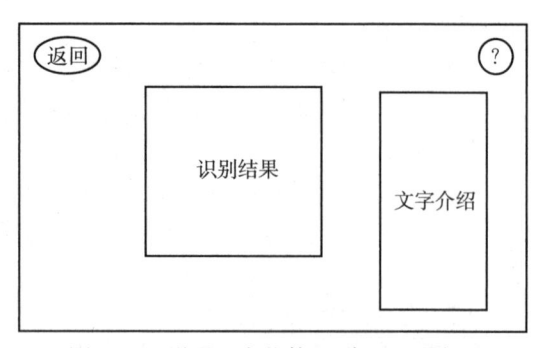

图 9-55　增强现实物体识别界面设计图

交互的音效，为用户增添听觉感受，从而更具沉浸性。

增强现实部分则采用轻音乐作为背景音乐，并配以轻快的冒泡声和简洁的敲击声为交互音效。当目标被识别后，系统会伴随文字介绍播报相应的语音朗读，与文字内容一致。

9.4.3 系统实现

虚拟校史馆系统的实现过程紧密围绕需求分析展开。根据系统设计部分的详细说明，可以完成美术制作、代码编程等方面的工作，系统的全部功能得以实现，从而满足用户的需求。

1. 虚拟现实交互功能实现

虚拟现实交互主要依托 HTC Vive 设备，HTC Vive 包括定位器、头戴显示器和两个手柄。定位器用于捕捉用户的位置和动作信息，手柄则用于获取用户的操作指令。二者将收集到的数据实时传递给虚拟校史馆系统。系统对获取的数据进行处理后，将结果以图形化的方式显示在头戴显示器上。由此，用户就可以与虚拟世界的事物进行交互，完成自己的参观旅程（见图 9-56）。

（1）场景漫游功能实现

场景漫游功能允许用户在虚拟场景中自由移动，其实现方式有两种：用户自身移动和手柄控制移动。但由于定位器的辐射范围有限，我们一般不采用第一种方式作为主要的移动模式。因此，本系统以手柄控制位置跳转为主要的位置转换方式。在小范围内，用户可以通过身体进行移动。这样既有效率，也不影响用户的真实性体验。

本系统采用第一人称视角进行漫游，以增加真实性和沉浸性。为此，我们需要设置第一人称控制器。虚拟现实中的第一人称控制器包括头部和双手两个主要部分，它们分

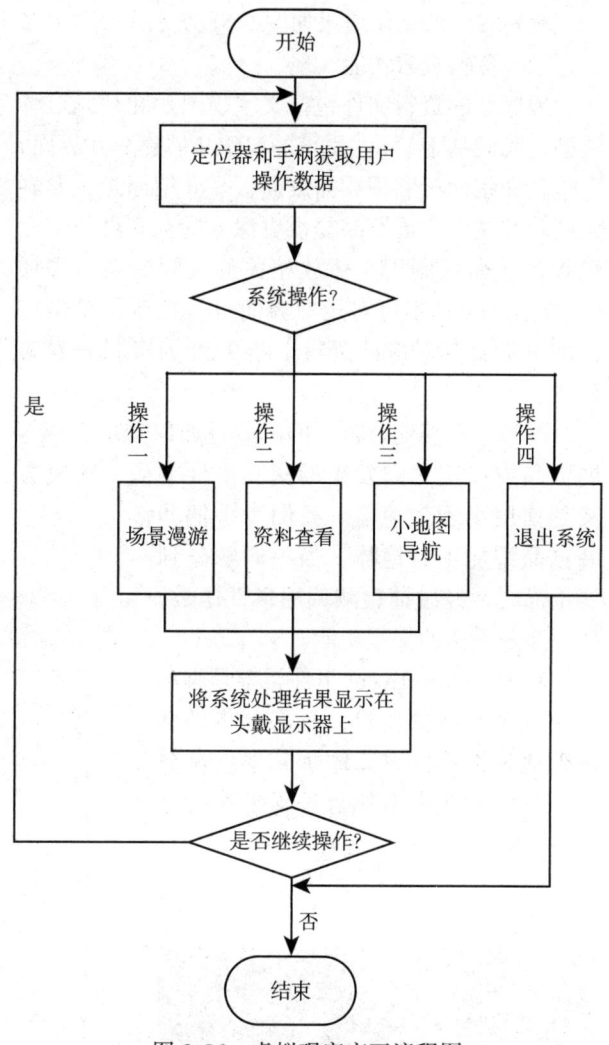

图 9-56 虚拟现实交互流程图

别对应硬件的头显和左右手柄。头部设有 ARCamera 和 HeadCollider。ARCamera 起到"眼睛"的作用，HeadCollider 是碰撞器，虚拟现实中主要依靠碰撞进行交互，由碰撞器触发碰撞事件，进而通过脚本编程来实现交互功能。手部则由手或手柄的模型和碰撞器构成，我们为手部添加 Hand.cs 脚本，提前预设触摸、拾取、投掷等手部交互接口。当用户在虚

拟场景中需要执行这些动作时，调用接口即可实现。

本系统的主要移动方式为位置跳转。当用户按下手柄触控板上方时，手柄会从顶端发射一条射线指向地面，射线与地面接触的地方会形成一个圆柱形指针。这个指针的角度应与地面保持平行，并且会实时更新以获取射线指向的位置信息。若指针显示为绿色，则代表该位置可以跳转；若指针颜色为红色，则代表该位置为非法区域（如墙壁、展柜等不可行走的地方），不可跳转。流程图见图 9-57。

跳转漫游的具体效果如图 9-58 所示。

（2）资料查看功能实现

展览品的资料文件包括文字、图片和视频三种类型。我们基于 Unity 引擎的 UGUI 创建交互界面，它包括介绍面板和视频播放面板。介绍面板主要利用图片和文字为展览品提供更深入的补充介绍，而视频播放面板则用于播放相关的视频资料。添加 Controller.cs 脚本可对用户界面进行控制，单击按钮即可查看其对应的资料。图 9-59 为资料查看流程图。

资料查看功能最核心的部分是如何实现手柄与展览品或按钮之间发生的交互事件响应。解决方案是使用物理碰撞器。我们为手柄和展览品添加了碰撞体，当手柄触碰到展览品时，经碰撞检测调用事件函数，从而实现手柄的交互功能。

其中，UnityEvent 事件类型是脚本引用外部函数的接口，只需要将外部函数通过拖拽的方式添加到事件函数下，就可以在脚本执行过程中执行这个添加的外部函数（见图 9-60）。

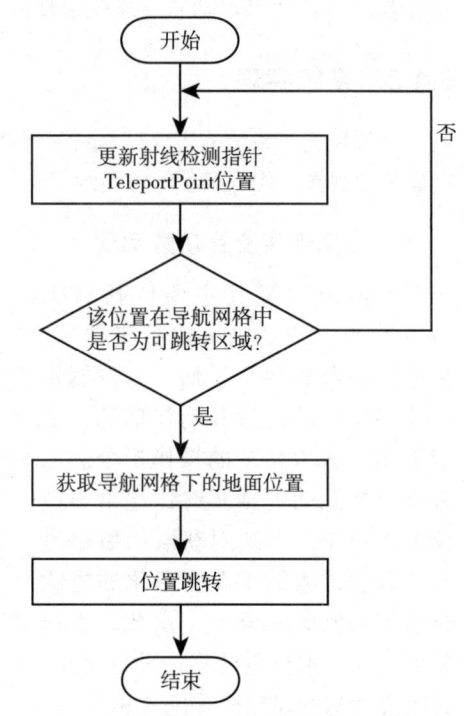

图 9-57　场景漫游代码实现流程图

图 9-58　跳转漫游效果图

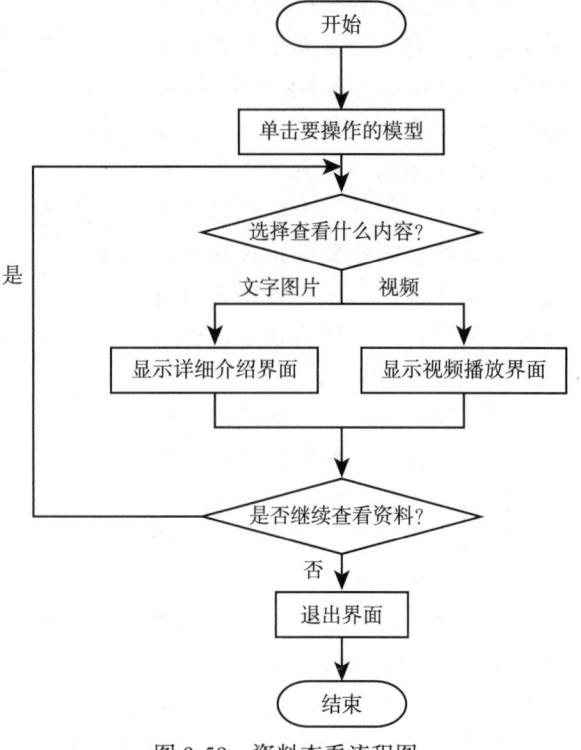

图 9-59　资料查看流程图

（3）小地图导航功能实现

小地图导航包括定位和自动寻路两个功能。小地图展示了校史馆的路线结构和总体布局，将用户当前所在位置用点标记出来。当用户在场景中走动时，这个点也会显示移动，实现了定位功能。流程图见图9-61。

小地图导航的制作流程如下。

1）在场景中创建一个新的摄像机，将它作为小地图的渲染摄像机。调整摄像机的位置，使其位于整个场景的正上方并垂直向下拍摄，同时将摄像机的投影方式改为正交投影（orthographic）。

2）通过图层（layer）命名，将场景中的模型分为展厅结构层和其他层。展厅结构层主要包括墙壁和展柜，由它们搭建出展厅的大体结构。将摄像机的渲染图层设置为仅包含结构层，从而使其他对于小地图没用的物品（如展览品等）不进入小地图摄像机渲染画面。

3）在第一人称控制器（player）下创建一个球体，并将其材质设为鲜明的红色。将该球体的图层标签设为结构层，使其纳入摄像机画面渲染范围，由于该球体是player的子物体，会跟随player移动，因此它就是用户位置标记点。

4）在用户界面上创建图片，通过渲染纹理将小地图摄像机的渲染画面显示在图片上，这样用户就可以在界面上查看小地图了（见图9-62）。

自动寻路功能允许用户单击小地图上的几个可选择点位，然后经系统牵引让用户自动移动到该地点。具体实现方法如下。

1）创建MiniMap.cs脚本，在小地图上标记出几个点作为可导航点位。这些点位与虚拟校史馆场景中对应的位置通过MiniMap.cs脚本关联起来。

2）在小地图UI界面的导航点位上添加碰撞体。当手柄触碰到该碰撞体时，MiniMap.cs脚本会根据导航点位获取与之关联的校史馆场景的对应位置信息。

3）在Unity编辑器的Inspector面板中，为展厅结构层（小地图制作流程中所述）的模型设置静态参数，然后进入Navigation视图Bake生成导航网格。

4）为player添加Unity引擎提供的Nav Mesh Agent导航代理组件。该组件可以控制角色躲避障碍物，以实现自动寻路。

5）最后一步是将第二步获得的位置信息作为导

图9-60 UnityEvent事件调用面板

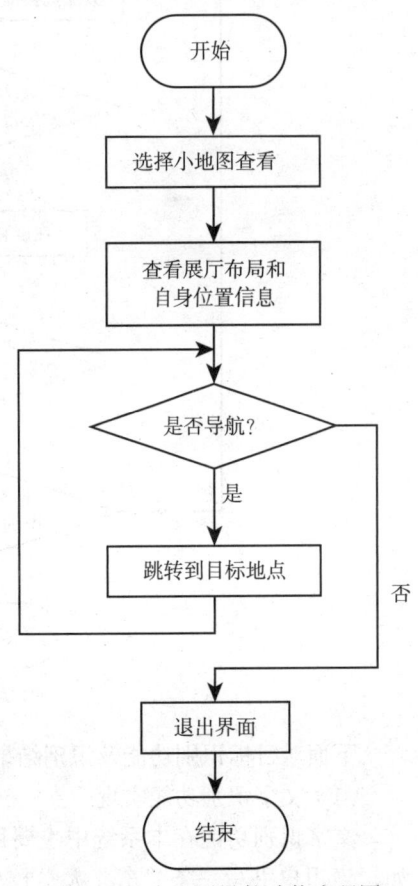

图9-61 小地图导航功能流程图

航终点，让 player 自动从当前位置移动到目标位置，从而实现自动寻路功能。其中，函数 Move（Transform targetPosition）在 Update() 函数中调用。

2. 增强现实交互功能实现

增强现实交互主要依托手机、平板等智能移动设备，用户通过手机摄像头扫描文字、图片或模型，经系统中识别得到结果。扫描识别的结果可以是图片、视频或模型，用户可以自由选择想要的结果。经系统处理后，将结果以图形化方法显示在智能移动

图 9-62　小地图实现效果图

设备的屏幕上。用户可以选择和识别得到的图片、视频、模型进行简单的交互操作，如移动、旋转、缩放等。流程图见图 9-63。

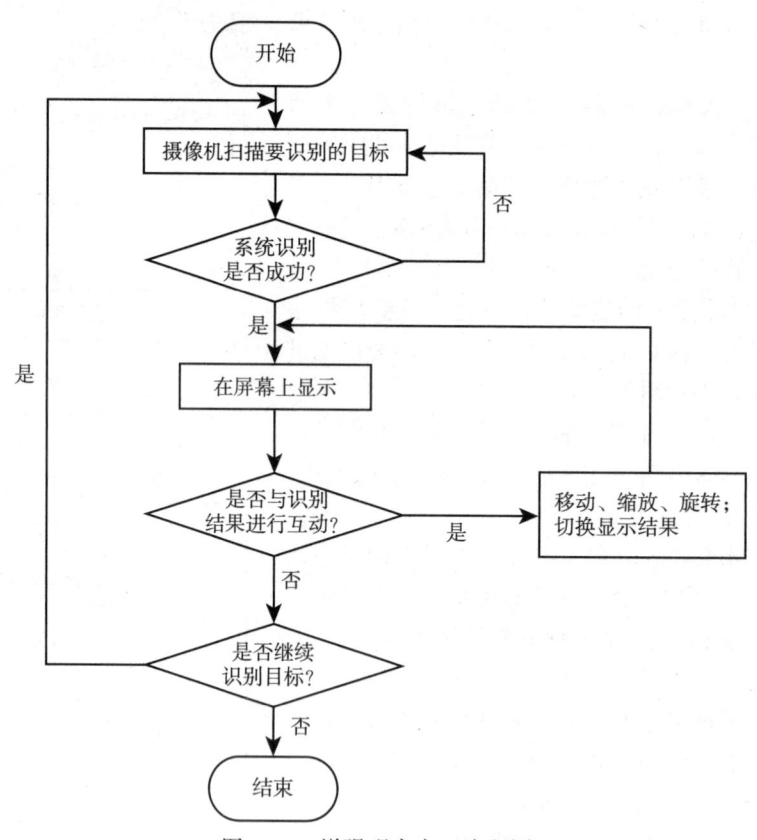

图 9-63　增强现实交互流程图

下面对目标识别功能及识别结果查看功能两部分的实现进行说明。

（1）文字识别功能实现

文字识别功能在本系统中主要用于识别一些固定词语，如"东北大学校史馆"等。例如，当用户手写一条"东北大学校史馆"，并用手机等设备的摄像头进行扫描时，如果识

别成功，系统会出现一座东北大学老校区的建筑模型，用户可以进行参观。文字识别主要源于图像识别，将扫描的文字截取成图片后，通过图像处理和深度学习算法得到识别结果。由于本系统的研究重心不在这方面，因此利用百度云 API 进行文字识别，并将得到的识别结果进行处理和应用。运行效果如图 9-64 所示。

（2）图片识别功能实现

图片识别和物体识别这两部分功能需要借助 Vuforia 增强现实开发工具包来实现。图 9-65 是 Vuforia 数据库的建立流程图。

图片识别过程是用户利用手机等设备的摄像机扫描识别图，经系统识别成功后，可以在识别图片上方呈现图片、视频和模型。用户可通过交互功能分别进行查看。其具体实现方法是将 Vuforia 引擎安装到 Unity，并在 Unity 的 PlayerSettings 中勾选 "Vuforia Augmented Reality" 选项，然后将按照上面步骤建立的 AR 数据集文件导入 Unity 中，这样就搭建好了增强现实开发环境。接下来，回到场景界面创建 AR Camera，并添加从 Vuforia 官网注册的密钥，然后选择 Vuforia 中的 Image Target 组件，选择数据库和要识别的目标图片。最后将识别成功后需要呈现的结果放到 Image Target 对象下作为子物体。这样，初步的图像识别流程就完成了。

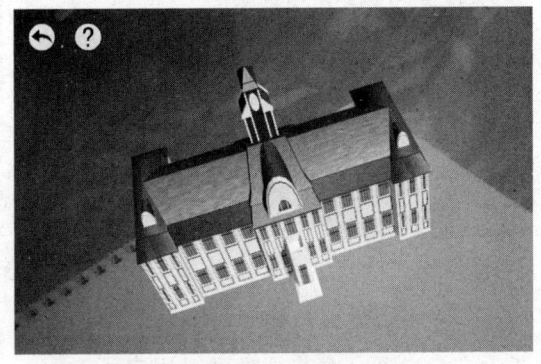

图 9-64 文字识别结果

本系统图片识别结果有三种，即图片、视频和模型。例如，当识别一张奖杯图片时，用户界面上会出现图片、视频、模型三种选择供用户查看。同时旁边还会附带文字介绍和语音播报。如果用户选择图片查看，则识别图上方会出现一张奖杯的照片。点击旁边的左右滑动按钮，用户可以查看不同类别的奖杯照片，用户还可以通过手指操作对得到的图片进行移动和缩放。图片查看效果如图 9-66 所示。

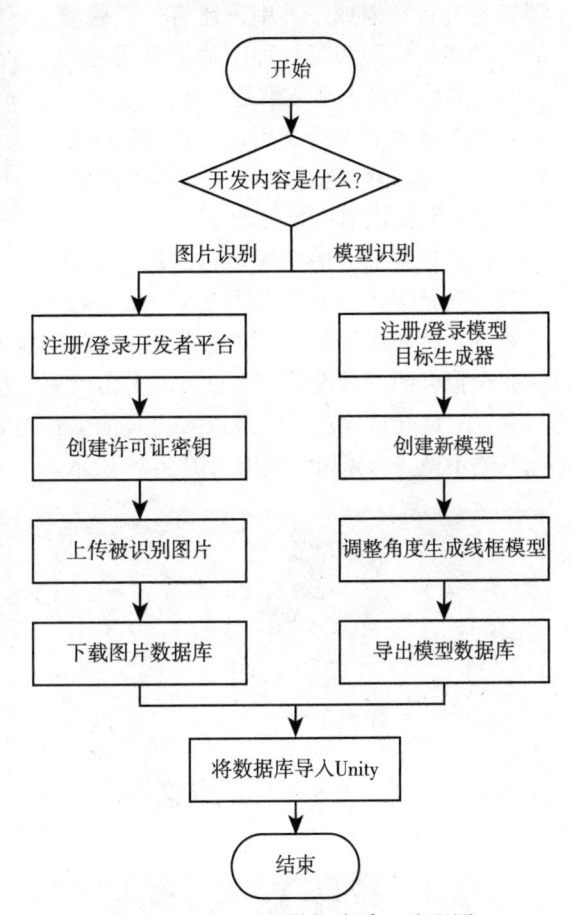

图 9-65　Vuforia 数据库建立流程图

如果用户选择视频查看，则识别图上方会出现一个播放器。点击播放按钮可以控制视频的播放或暂停，同时进度条会显示播放进度，并且有计时器显示已播放时间。视频查看效果如图 9-67 所示。

236　第 9 章

图 9-66　图片查看效果图

　　如果用户选择模型查看功能，则识别图上方会出现一个奖杯模型，用户可对模型进行旋转和缩放。其中，还有一个隐藏的小功能：模型和第一种图片结果是相对应的。如果当前识别结果是奖杯二的图片，当切换为模型查看模式后，显示的模型也将是奖杯二。模型查看效果如图 9-68 所示。

（3）物体识别功能实现

　　物体识别部分的实现过程与图片识别相似，只是选择的识别组件为 Model Target，其他步骤在此不再赘述。用户可以利用手机等设备，将屏幕中央的模型框线对准实际物体进行扫描。屏幕上随后会出现一个与实际物体完全拟合的三维模型，用户可以多角度旋转参观。通过物体识别得到的模型虽然不能进行移动、旋转或缩放，但可以实现其他交互功能，如换色等。由于本系统没有此需求，因此忽略不做。物体识别效果如图 9-69 所示。

图 9-67　视频查看效果图

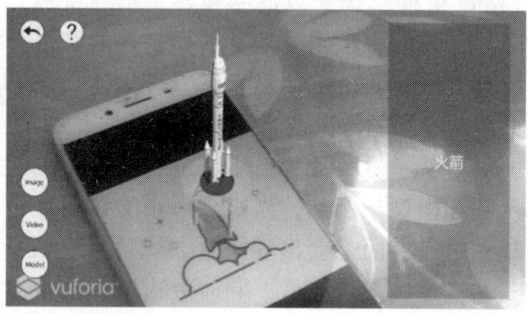

图 9-68　模型查看效果图

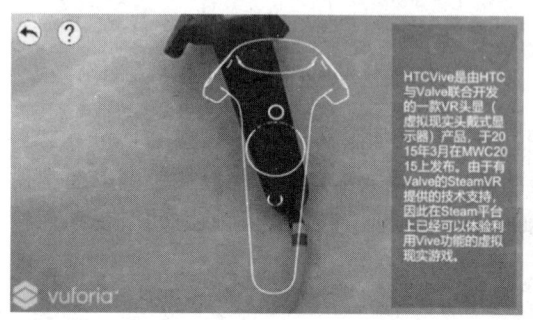

图 9-69　物体识别效果图

3. 用户界面的实现

（1）虚拟现实部分的用户界面实现

本界面采用微科幻风格设计，界面上设有"介绍""视频"和"退出"按钮，同时包括介绍面板和视频播放面板。本系统用户界面的实现采用 Unity 引擎的 UGUI 创建界面元素，包括画布、面板、按钮、图片、文本框等。图片采用的是模型实时渲染画面，创建一个渲染纹理（Render Texture），通过 Render Texture 将摄像机画面与图片关联起来，使得摄像机画面能够实时显示在一张图片上。同时，还为被渲染模型添加自动旋转代码，使得图片上显示的模型可以自动旋转，实现多角度观看。视频使用 Unity 自带的视频组件进行播放，同样利用渲染纹理将视频播放器的画面与图片关联起来，通过图片将播放内容显示在屏幕上（见图 9-70）。

图 9-70　VR 资料查看面板效果图

（2）增强现实部分的用户界面实现

本系统的增强现实部分用户界面主要包括主菜单界面、文字识别界面、图片识别界面和模型识别界面。主菜单界面包含文字识别、图片识别、物体识别这三个识别选项和退出系统按钮。通过三个识别选项可以进入对应的识别场景进行目标识别（如图 9-71 所示）。

由于各界面在布局和功能上相似，这里主要介绍图片识别界面。图片识别界面的最上方设有"返回"和"帮助"

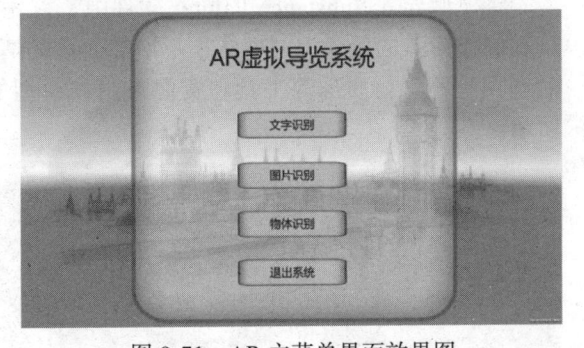

图 9-71　AR 主菜单界面效果图

按钮。"返回"按钮用于返回主菜单页面，"帮助"按钮用于提供操作方法说明介绍。界面左侧设有一排按钮，"图片""视频"和"模型"分别代表三种不同的结果查看模式，具有切换展示的功能。界面右侧设有一个详细介绍界面，以文字形式对展览品信息做补充说明，同时播放文字的语音朗读。

4. 音效的实现

虚拟现实场景将东北大学校歌设为背景音乐，采用简洁轻快的声音作为用户与展览品和界面交互的音效，为用户增添听觉感受，从而更具沉浸性。

增强现实部分则采用轻音乐为背景音乐，以轻快的冒泡声和简洁的敲击声为交互音效，当目标被识别之后，系统会伴随文字介绍播报语音朗读，与文字内容一致。其通过 UnityEvent 事件添加的方式播放音效。除了按钮事件，还在按钮的 Button 组件下添加 Audio Play（int i）函数，参数 i 代表播放的音效序号（见图 9-72）。

5. 场景和模型实现

虚拟校史馆系统的核心目的是展览，因此场景和模型必须完全还原，以追求逼真的效果。场景和模型的实现需要以下几个步骤。

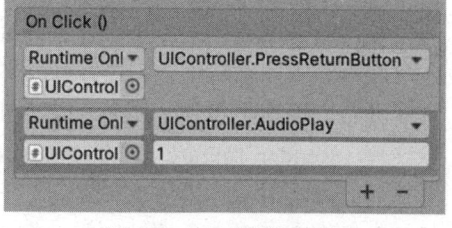

图 9-72 音效添加方法

（1）模型制作

虚拟校史馆系统使用 3ds Max 软件制作模型，依据展览品素材进行搭建，通过基础建模、复合建模、多边形建模和面片建模方法，借助软件中的快速工具来搭建模型。需要注意的是，一些看似复杂的展览品建模面数会很高，这将极大消耗系统性能。因此，需要先构建一个简单且面数少的低模，然后根据低模进行细化，建立高模。最后，利用贴图技术将低模做出高模的效果。

（2）UV 展开

我们需要把模型的 UV 展开才能在模型上绘制材质纹理，否则贴图会出现扭曲、拉伸等现象，导致无法使用。3ds Max 提供了 UV 展开工具，利用断开、缝合、皮毛、快速剥、松弛等工具，可以将模型 UV 展平。在展平过程中，尽量让 UV 接线处藏在隐蔽的位置，以使后续制作出的贴图看起来更流畅和自然。

（3）贴图纹理制作

将模型导入 Substance Painter 软件中，首先进行烘焙操作，将美观精细的高模纹理烘焙在制作简单的低模上。这样在不增加面数的情况下让低模呈现出与高模一样的效果。然后利用笔刷、材质球等工具和资源来制作模型的贴图。模型和贴图的展示效果如图 9-73 所示。

图 9-73 模型和贴图展示效果图

（4）场景搭建和灯管渲染

将模型、贴图资源导入 Unity 引擎中进行整合，并搭建出校史馆场景。然后，添加灯光、反射盒和探针，并烘焙光照贴图，以降低系统性能的损耗。最后，通过添加后处理效果，让场景看起来更加逼真（见图 9-74）。

图 9-74　场景渲染效果图

9.5　本章小结

　　校史馆作为铭记学校历史、传承校园文化的重要载体，在学校的精神文明建设和知识传播等方面发挥着举足轻重的作用，它是一所学校的灵魂。传统的校史馆以文字、图片、物品为主要展览方式，内容形式比较单一，展现效果不够直观。同时，它还受限于场地、空间等，导致展览效果呆板。另外，传统校史馆还存在设备维护开销大、展览品安全难以保障、资料更新成本高及自身损耗等问题。

　　本案例采用混合现实技术来实现虚拟校史馆系统，通过将学校优秀的历史文化和新兴的信息化技术相结合，可以更好地向学生和其他参观者宣传学校和传播知识，使用户足不出户即可在虚拟世界中畅游校史馆，身临其境地感受学校的历史文化。这一系统不仅完美地解决了传统校史馆所面临的难题，而且使展览更具吸引力，极大地提升了参观者的兴趣和热情。

参考文献

[1] 唐云龙. 吴莹莹. 赵晓伟. 基于 VR 技术的虚拟仿真校史馆设计与制作 [J]. 内江科技. 2020, 41（2）: 45, 50.

[2] 刘芳. 白国亮. 于泽洋. 基于 VR 全景技术的高校虚拟档案馆建设管理 [J]. 经营管理者. 2019（7）: 100-101.

[3] MARTINI R G, GUIMARÃES M, LIBRELOTTO G R, et al. Creating virtual exhibition rooms from emigration digital archives [J]. Universal Access in the Information Society, 2017, 16（4）: 823-833.

[4] Nancy N. Beyond reality: augmented, virtual, and mixed reality in the library [J]. Journal of Electronic Resources Librarianship, 2019, 31（4）: 283-284.

[5] HUTTAR C M, BRINTZENHOFESZOC K. Virtual reality and computer simulation in social work education: a systematic review [J]. Journal of Social Work Education, 2020, 56（1）: 131-141.

思考题

1. 虚拟现实交互依赖哪些设备？这些设备的作用是什么？
2. 在本案例中，虚拟校史馆系统的 Vuforia 数据库的建立流程是怎样的？该系统的图片识别结果包括哪几种类型？
3. HTC Vive 手柄一共有多少个按键？每个按键的作用分别是什么？定位器通过什么方式来获取用户的位置和动作信息？
4. 案例中的模型越精细越好吗？过于精细的模型会带来什么问题？通过什么办法可以很好地解决这些问题？
5. 请简述如何实现案例中的场景漫游功能。